한국군의
두 얼굴

한국군의 두 얼굴

발행일	2022년 8월 8일

지은이	김태훈		
펴낸이	손형국		
펴낸곳	(주)북랩		
편집인	선일영	편집	정두철, 배진용, 김현아, 박준, 장하영
디자인	이현수, 김민하, 김영주, 안유경	제작	박기성, 황동현, 구성우, 권태련
마케팅	김회란, 박진관		
출판등록	2004. 12. 1(제2012-000051호)		
주소	서울특별시 금천구 가산디지털 1로 168, 우림라이온스밸리 B동 B113~114호, C동 B101호		
홈페이지	www.book.co.kr		
전화번호	(02)2026-5777	팩스	(02)2026-5747

ISBN	979-11-6836-432-5 03390 (종이책)	979-11-6836-433-2 05390 (전자책)

이 책은 관훈클럽 정신영기금의 도움을 받아 저술출판되었습니다.

(주)북랩 성공출판의 파트너

북랩 홈페이지와 패밀리 사이트에서 다양한 출판 솔루션을 만나 보세요!

홈페이지 book.co.kr • **블로그** blog.naver.com/essaybook • **출판문의** book@book.co.kr

작가 연락처 문의 ▶ ask.book.co.kr

작가 연락처는 개인정보이므로 북랩에서 알려드릴 수 없습니다.

한국군의
두 얼굴

남북 군사적 충돌로 본
문민통제와 군사작전

김태훈 지음

북랩

서문

군이 박근혜 정부를 무력으로 수호하기 위해 계엄을 꾀했다는 의혹의 기무사령부 계엄령 문건 파동이 2018년 7월부터 몇 개월간 전국을 뒤흔들었다. 계엄령 문건은 2017년 이른바 촛불 혁명을 무력 진압하려는 군의 흉계로 받아들여졌고, 문재인 정부는 혼신을 다해 문건의 뿌리를 추적했다.

근본적 의문이 들었다. 21세기 두 번째 10년기를 맞은 정보통신 초강국 대한민국에서 군이 통신을 완전히 장악한 채 극비리에 전차를 앞세워 광화문으로 진군한다는 계획이 가당키나 한가. 우리가 아는 장교들이 시민들에게 총부리를 겨누는 흉심을 품었을까. 군이 문민정부에 복종하는 강력한 문민통제가 작동하는 민주국가에서 평시 계엄이 가능한가.

이러한 자문(自問)에 답을 찾는 학술적 과정에서 착안해 이 책『한국군의 두 얼굴』을 집필하게 됐다. 계엄은 문민통제의 실패와 같은 말이다. 만에 하나 군이 계엄령 계획을 세웠다면 그것 자체로 한국 문민통제에 대한 사형 선고이다. 한국의 문민통제가 진정 그 정도로 저급한지, 아니면 나름 역할을 하고 있는지에 대한 고찰의 결과가『한국군의 두 얼굴』이다. 민주화 이후 겉으로는 무난하게 이뤄지고 있는 것처럼 보이는 한국의 문민통제가 과연 제 소임을 다하고 있는지 따져보는 시도이다.

　문민정부의 군에 대한 통제, 즉 문민통제(civilian control of the military)는 안보 정책의 수립과 이행에 있어서 군에 대한 문민의 통제로, 민주주의와 안보를 동시에 지탱하는 민주국가의 필수적 제도이다. 군부 독재의 시대를 지나 김영삼 정부에서 한국 문민통제의 초석이 놓였다. 김영삼 정부는 하나회 숙청과 율곡비리 사건 수사를 시발로 군을 탈정치화함으로써 문민통제의 물꼬를 트는 데 성공했다. 이후 한국의 문민통제는 군의 반발이나 정치개입 없이 현재까지 비교적 안정적으로 운영되고 있다.

　하지만 문민통제는 현상적으로 순탄한 가운데 시비 판단이 어려운 특이점을 노정하고 있다. 남북의 군사적 충돌 시 나타나는 한국군의 군사적 행동은 문민통제의 안보적 측면에서 봤을 때 정치적 경향성을 극명하게 드러낸다. 북한군과 군사적 충돌이라는 상황적 조건은 동일한데 한국의 군은 때에 따라 총과 포를 내려놓는가 하면, 남북의 정세를 무시한 채 압도적 화력을 과시하기도 한다. 군의 수세적, 공세적 행동이 북한군이라는 외부 위협이 아니라 정부 성향별 상이한 문민통제에 기인하는 것이다.

　『한국군의 두 얼굴』은 정부 성향별 문민통제가 군의 군사적 행동을 어떻게 제약해 어떠한 결과를 낳았는지, 또 일련의 정부별 문민통제가 안보 이익에 부합했는지 진단한다. 결론적으로 민주주의와 국가안보를 동시에 보존할 수 있는 한국 문민통제의 개선 방향과 대안을 타진한다. 달리 말하면 한국 문민통제의 특수성을 궁구(窮究)하고 정부별 문민통제의 양상을 유형화함으로써 한국 문민통제의 문제점을 식별하고 개선 방안을 제시하는 것이다.

　『한국군의 두 얼굴』은 6개 장으로 구성됐다. 제1장 서론에서 문민통제의 의미와 한국 문민통제의 역사를 개괄한 뒤, 제2장에서 클라우제비츠, 헌팅턴, 피버, 스나이더, 데쉬, 키에, 코헌 등 대가들의 문민통제 이론과 해외 사례, 선행연구들을 검토해 한국 문민통제의 특수성을 밝히고 한국 문민통제를 유형화하기 위한 분석의 틀을 제시한다. 한국 문민통제의 분석 틀은 헌팅턴의 이데올로기적 문민통제론과 피버의 민군 상호작용 주인-대리인 이론을 통합해 창안했다.

『한국군의 두 얼굴』에서는 분단 상황 속에서 북한의 이중적 성격과 맞물려 이데올로기적 대치가 존재하는 특수한 문민통제의 사례로 한국을 인식한다. 이에 따라 정부와 군의 이데올로기적 대북인식 선호를 독립변수로, 문민통제 기구인 NSC를 매개변수로, 남북 충돌 시 군의 작전을 종속변수로 각각 설정한다. 이를 토대로 정부별 문민의 감시와 처벌, 그리고 군의 반발, 순응, 책임 이행, 책임 회피 등의 상호작용이 표출되는 분석의 틀을 구성한다.

제3장은 김대중, 노무현 대통령의 두 진보 정부를, 제4장은 이명박, 박근혜 대통령의 두 보수 정부를 각각 분석한다. 정부의 대북인식 선호와 군의 대북인식 선호의 일치 또는 불일치, NSC의 강화 또는 약화, 그리고 수세적 또는 공세적 군사작전으로 이어지는 순차적 관계에서 문민통제와 군사작전의 인과성을 찾아내는 작업이다.

제5장은 한국 문민통제의 발전을 위한 조언 대신 한국 문민통제의 정립을 위한 개선 방향과 대안적 모델을 도출한다. 제3, 4장에서 확인된 한국 문민통제의 문제점들을 적시하고, 이를 극복할 수 있는 한국 문민통제의 개선 방향과 새로운 모델을 내놓아 한국 문민통제의 미래상을 추구한다. 제6장 결론에서는 『한국군의 두 얼굴』에서 펼쳐진 모든 논의를 종합, 정리한다.

『한국군의 두 얼굴』에서는 권위 있는 이론들의 정리와 풍부한 사례의 분석을 함께 수행함으로써 논리의 밑돌 위에 경험의 윗돌을 얹는 노력을 경주했다. 문민통제의 과정을 직접 겪은 당사자들의 증언도 청취해 사례와 이론이 간과할 수 있는 틈을 메웠다. 민주화 이후 한국 문민통제의 특수성을 추적하고 한국 문민통제를 유형화하는 흔치 않은 저술인 만큼, 한국의 문민통제를 건실하게 구축하는 데 작은 도움이라도 되기를 기대한다.

2022년 8월

김태훈

contents

제 3 장
진보 정부의 관여적 문민통제 · 117

제 4 장
보수 정부의 자율적 문민통제 · 217

제 5 장
한국 문민통제의 관여-자율 균형 모델 · 297

제 6 장
결론 · 329

제 1 장

서론

1

＊

클라우제비츠(Carl Von Clausewitz)는 근대 국가의 전쟁을 통찰해 "전쟁은 단지 다른 수단에 의한 정책(정치)의 연속이다(War is a mere continuation of policy by other means)"라고 정의했다. 전쟁은 정부의 정책 중 하나이고 군은 정부 정책을 이행하는 조직이라는 뜻으로, 근대 국민국가의 정부와 군의 관계를 규정한 것이다. 클라우제비츠는 일찍이 국민국가의 군이 국가와 국민의 명을 받아 주권자인 국민과 주권의 공간적 영역인 영토를 수호한다는 문민통제의 핵심 정신을 통찰했다.

문민통제는 주권자로부터 권력을 위임받은 문민정부가 군을 통제해 안보와 민주주의를 제고하는 제도이다.[1] 국가의 모든 기관들은 문민정부의 통제를 받아야 하지만 유독 군에 대한 통제를 따로 떼어 논하고 발전시킨 이유는 군의 막강한 무력에 있다. 무력이 국가의 밖으로 향하

---

1   Aurel Croissant & David Kuehn, *Reforming Civil-Military Relations in New Democracies: Democratic Control and Military Effectiveness in Comparative Perspectives*(Heidelberg: Springer, 2017), pp. 3-4.

면 안보의 수단이지만, 자칫 국가 안으로 향하면 민주주의를 해치는 흉기가 되기 때문이다.

1927년 "권력은 총구에서 나온다(槍杆子裏面出政權)"라는 말로 군의 위력을 확인한 마오쩌둥(毛澤東)은 11년 뒤 "당이 총을 지휘한다(黨指揮槍)"라고 공표해 당에 의한 군의 영도(以黨領軍) 원칙을 세웠다.[2] 마오쩌둥도 "지키는 자를 누가 지킬 것인가"라는 문민통제의 오랜 질문을 탐구했고, 문민통제에서 해답을 찾았다.

종합하면 민주주의 제도로서 문민통제의 목적은 민주주의와 안보의 제고이고, 문민통제의 방식은 국가에 의한 군의 통솔이다. 군으로 하여금 국가와 국민의 안전을 철저히 지키도록 독려하고, 행여 국내 정치에 개입하는 일을 막는 정치의 과정이다. 국가와 국민의 안전을 지키는 자들인 군이 민주주의를 저해하지 않고 안보에만 전념하도록 관리하는 제도이다. 문민통제의 실패는 안보의 실패와 민주주의의 실패로 귀결된다. 그러므로 문민통제는 민주주의와 안보를 동시에 뒷받침하는 민주국가의 필수적 규범이 되는 것이다.

한국은 역사적으로 문민통제의 정신적 뿌리가 깊다. 고려와 조선의 관료제를 떼어놓고 봤을 때 정치적 권위에서 문신은 무신을 압도했다. 1170년 고려 의종 때 일어난 정중부의 난을 계기로 이의방, 경대승, 이의민, 그리고 최씨 정권으로 이어진 100년 무신정권은 한국 역사에서 무신 우위의 예외적 장면이다.[3]

---

2   전병곤, 중국공산당 16기4중전회 결과분석(서울: 통일연구원, 2004), p. 7.

3   김아네스, "서평: 고려 무신정권에 관한 총체적 연구," 『한국중세사연구』 제29권 제0호(한국중세사학회, 2010), pp. 401-421.

한국의 문민통제는 1948년 정부 수립 후 얼마 지나지 않아 수난기를 맞았다. 1961년 5·16과 1979년 12·12 등 쿠데타를 겪으며 33년 동안 군부 통치를 경험했다.[4] 1993년 김영삼 대통령은 정부의 명칭을 아예 '문민정부'라고 내걸었고, 군의 탈정치화를 적극 추진했다. 이후 한국의 문민통제는 제자리를 찾았다.

군부 독재의 권위주의 시대를 거치며 생성된 군에 대한 대중적 반감과 김영삼 정부 시기 군의 탈정치화에 따른 문민의 우위, 그리고 문민선호(preference)의 우세는 이제 한국 사회의 일반적 현상이 됐다.[5] 문민의 통제와 군의 복종 구도가 자리 잡은 것이다. 한국 사회에서 군의 정치개입은 비현실적 우려가 되고 있다.

김영삼 정부 이후 문민정부의 전통이 이어지면서 군과 시민사회의 관계도 호혜적으로 변모했다. 시민사회는 군의 각종 기구에 주도적으로 참가해 군의 비민주성을 감시 및 개선하고 있다.[6] 군부대 이전, 병영생활 혁신 등의 이슈를 민간인과 시민단체들이 주도함으로써 군의 폐쇄적 문화를 완화하는 데 기여했다.[7]

문민의 우위가 확고하고 민군관계와 문민통제가 안정적이라는 점은 가히 긍정적이다. 그렇다고 해서 현재의 민군관계와 문민통제가 온전하다는 뜻은 아니다. 문민통제는 민주주의의 안정만이 아니라 안보를 담

---

4 양병기, "한국의 군부정치에 관한 연구: 정치 정향을 중심으로," 『한국정치학보』 제27권 제2-1호(한국정치학회, 1994), pp. 165-192.

5 정태환, "김영삼 개혁정치의 성격과 정치적 동원," 『한국학연구』 제23권(한국학연구소, 2005), pp. 281-306.

6 김병조, "선진국에 적합한 민군관계 발전방향 모색: 정치, 군대, 시민사회 3자 관계를 중심으로," 『전략연구』 제15권 제44호(한국전략문제연구소, 2008), pp. 25-60.

7 권경득, "민군갈등 사례의 비교분석 및 갈등해결을 위한 전략-군사시설 입지갈등을 중심으로," 『한국거버넌스학회보』 제21권 제2호(한국거버넌스학회, 2014), pp. 29-59.

보하는 제도이다. 한국 문민통제가 성공한 결과, 안보가 강화됐다고 장담하기는 어렵다. 군은 북한의 침략을 억지하는 데 성공했지만 북한의 국지적 군사 행동은 끊임없이 기도되고 있다. 한국군이 이를 효과적으로 막고 있는지 의문이다.

6·25 전쟁 이후 현재까지 북한은 적대적 의도를 숨기지 않았고 수시로 군사적 행동을 했다.[8] 그럼에도 한국의 정부들은 이데올로기적 성향별로 북한에 대한 인식을 달리하며 군에 대한 통제를 강화 또는 완화했다. 한국군은 북한의 위협과 무관하게 하달되는 정부의 지침에 따라 일관적이지 않은 대북 군사적 대응을 했다.

이와 같은 현상은 근원적으로 한반도의 분단 상황이 초래한 사회적 균열로 한국의 정치 세력별 정파성이 현저하다는 점에서 비롯된다. 분단은 해방 직후부터 좌우대립과 보혁갈등 등 극심한 이데올로기적 분절을 낳았고, 그러한 분열은 시대적 상황에 맞춰 진화해 왔다.[9] 특히 6·25 전쟁 이후 분단은 고착되고 남북의 경쟁은 치열해지면서 한국의 정치는 군건한 이분법적 이데올로기의 대립 구조를 형성하게 됐다.[10]

집권 세력이 진보 성향이냐, 보수 성향이냐에 따라 정치적 목적이 비타협적으로 분기되고, 이는 정부별 상반된 대북인식과 대북정책으로 표출되고 있다.[11] 북한에 대한 인식과 정책의 방향이 제각각이니 대북

---

8 김태현, "북한의 공세적 군사전략: 지속과 변화," 『국방정책연구』 제33권 제1호(한국국방연구원, 2017), pp. 131–170.

9 김호진, "분단구조와 한국정치-지배구조의 모순을 중심으로," 『광장』 제201호(세계평화교수협의회, 1991), pp. 35–53.

10 주승현, "남북한 분단의 다면적 대립구조에 관한 고찰," 『인문사회과학연구』 제16권 제4호(부경대 인문사회과학연구소, 2015), pp. 23–46.

11 안정식, 『빗나간 기대』(서울: 늘품플러스, 2020), pp. 37–40.

안보를 관장하는 문민통제도 일관적일 수 없다. 문민통제의 결과인 군사작전도 실제적 필요에 부응하기가 쉽지 않다.

이처럼 한국 문민통제는 한국만의 특수한 요인들로 구성돼 작동하고 있다. 기존의 문민통제 이론으로 설명하고 예측할 수 없는 한국 특유의 민군 상호작용이 발생하고, 이는 예기치 않은 군사적 결과를 낳을 수 있는 안보의 불안 요인이다. 한국의 문민통제에 대한 깊은 성찰과 연구가 필요한 이유이다.

안보와 민주주의라는 민주국가의 두 날개를 지지하는 문민통제가 이렇게 중요한데도, 문민통제에 관한 한국의 학술적 토론과 연구는 충분하다고 할 수 없다. 20여 년간 실시된 한국의 문민통제가 어떠했는지, 한국적 특수성에서 어떠한 문민통제가 최적인지에 대한 연구는 전반적으로 부족하다.

한국 문민통제의 연구가 많지 않은 것은 울타리 높은 정부와 군의 종심(縱深)에서 민군의 상호작용이 벌어진다는 신입견에 학술적 접근이 어려웠기 때문으로 여겨진다. 또 현역 군인이나 예비역들이 자신들의 경험에 이론을 덧붙여 한국의 상황을 분석할 만도 한데 정치적 중립을 지켜야 하는 신분과 정치적으로 민감한 주제라는 이중의 속박에 학문적 운신의 폭이 좁은 점도 지적하지 않을 수 없다.

한국 문민통제의 특수성과 군사작전의 관계에 천착한 이 책『한국군의 두 얼굴』의 의의는 바로 여기에 있다. 한국의 문민통제를 본격적으로 다루는 연구가 드문 가운데 한국의 문민통제를 총체적으로 분석하는, 학문적으로 독창적인 접근이다. 한국의 문민통제와 그 결과로서 군사작전의 관계에 초점을 맞춘 연구는 더욱 흔치 않다. 군사적 측면에서 문민통제의 본질적 결과는 군사작전인데도 그동안 소홀히 다뤄진 것이다. 『한국군의 두 얼굴』은 한국 문민통제와 군사작전의 관계가 갖는 정책적 함의에 대한 통찰을 제시한다.

남북 충돌 시 군사작전은 장병과 국민의 안전, 나아가 안보와 직결된다. 북한의 군사적 행동에 효과적으로 대응하지 못하면 1차적으로는 장병의 안전, 그리고 국민의 안전, 최종적으로는 안보 전체에 해를 끼칠 수 있다. 따라서 군사작전의 양상을 형성하는 문민통제의 과정을 되돌아보고, 한국의 문민통제가 적절하게 실시되고 있는지, 이를 통해 형성된 한국군의 군사작전은 안보 이익에 부합한지 따져볼 안보적 필요성은 상당하다.

『한국군의 두 얼굴』에서는 헌팅턴(Samuel P. Huntington)의 객관적·주관적 문민통제 이론을 관통하는 이데올로기적 고찰과 피버(Peter D. Feaver)의 주인-대리인(principal-agent) 이론 등을 통합적으로 준용해 한국 문민통제의 해석을 위한 새로운 분석의 틀을 제시한다. 피버의 이론은 민군 상호작용의 역동성을 포착하는 데 빼어나지만 탈이데올로기적이고, 헌팅턴의 이론은 이데올로기와 문민통제의 인과관계를 직시했지만 민군 상호작용의 역동성에 대한 분석에 소홀했다. 분단 상황에서 정부별 이데올로기적 성향이 문민통제 방식과 직결되는 한국의 특수한 상황은 이러한 기존 이론들을 통합 적용해 분석했을 때 논리적 주장의 합목적성을 확보할 수 있다.

『한국군의 두 얼굴』은 기존 이론들을 통합해 새롭게 창안한 분석 틀로, 다음과 같은 몇 가지 문제의식에 대해 그 해답을 찾을 것이다.

● 한국의 절대적 외부 위협인 북한의 실체는 하나인데 한국의 진보 성향 정부와 보수 성향 정부의 대북인식은 왜 상이한가?

- 군은 북한을 적대적으로 인식한다. 진보 정부의 경우 민군의 대북인식이 불일치하고, 보수 정부의 경우 민군의 대북인식이 대체로 일치한다. 민군의 대북인식 차이 여부가 문민통제의 방식에 어떠한 영향을 미치는가?

- 군은 포용적 대북인식의 진보 정부, 원칙적 대북인식의 보수 정부와 각각 어떠한 상호작용을 하는가?

- 남북의 군사적 충돌 시 한국군의 대응은 시기별로 다르다. 민군의 대북인식 차이 여부는 한국군의 군사적 행동과 유의미한 관계인가?

『한국군의 두 얼굴』은 문민통제가 본격화한 김대중 정부부터 박근혜 정부까지의 기간을 통틀어 한국 문민통제의 특수한 작동 요인과 기제를 규명하고, 정부별 문민통제의 방식과 남북의 군사적 충돌 시 한국군 작전 양상의 관계를 밝힌다. 한국 문민통제의 특수성을 도출해 한국 특유의 문민통제를 유형화하는 작업이다. 이를 통해 한국 문민통제의 명과 암을 구분하고, 대안을 모색한다.

제 2 장

문민통제의 유형과 한국적 특수성

2

문민통제의 이론과 유형

1. 문민통제란 무엇인가

(1) 국민국가의 문민통제

국민국가(nation state)는 국가의 구성원으로서 국민(nation)과 정치적 통치체인 국가(state)의 합성어이다.[1] 주권자인 국민의 공동체를 기초로 성립된 국가이다. 1789년 프랑스혁명을 거치며 천부적으로 군주의 것으로 간주됐던 주권이 국민에게 있음이 선언됐고, 국민 정체성이 형성되면서 근대적 국민과 국가의 개념이 등장했다. 나폴레옹 전쟁을 통해 프랑스혁명의 정신이 널리 퍼지면서 유럽 각지에서 국민국가들이 출현했다. 가장 대표적인 사례로 독일은 오스트리아, 프랑스 등 강내국과 연이어 전쟁을 벌인 끝에 통일된 국민국가의 모습을 갖췄다.[2] 근대적인 군과 문민통제의 이론적, 실천적 틀은 바로 통일된 국민국가 독일에서 비롯됐다고 보는 것이 일반적 견해이다.

국민국가는 구성원인 국민들이 같은 집단이라는 정체성을 공유하고, 국가적 통치기구를 통해 영토를 통제 및 방어하며 각종 복리를 제공한다. 국가의 통치기구는 주권자인 국민들로부터 권력을 위임받은 정부이다.

---

1 진영재, 『정치학총론』(서울: 연세대 대학출판문화원, 2013), pp. 384-385.
2 권형진, "국민국가 속에서 국민의 자격," 『일감법학』 제26호(건국대학교 법학연구소, 2013), pp. 165-201.

국민국가의 군대는 국민의 안전과 영토를 지키기 위해 조직된 집단이다.[3] 주권자인 국민과 주권의 배타적 공간인 영토의 수호라는 군대의 존재 이유는 달리 표현하면 안보라고 할 수 있다. 안보는 군대의 최고 목적이다.

군은 원칙적으로 국가와 국민으로부터 안보의 명령을 수명(受命)한다. 따라서 국가와 군은 위계적 관계이다. 주권자의 안전과 영토 수호, 국가와의 위계적 관계는 군주의 군대, 용병, 민병대(militia) 등과 구분되는 국민국가 군대의 목적과 지위이다.[4] 군은 이와 같이 본질적으로 국가성을 내포하고 있다.

군에 대한 국가의 위계적 하명(下命)은 정부가 대리한다. 정부도 군과 마찬가지로 국가성에 입각해 군을 통제한다.[5] 국민을 대리하는 정부가 국민의 신복인 군대를 부려 국가의 안보 이익을 극대화하는 것이다. 따라서 안보는 정부와 군의 공통적 이익이 된다.

그러나 정부는 국가성과 함께 이데올로기적으로 정파성을 띤다. 정부는 권력 정치(power politics)의 산물인 권력의 갈등으로 인한 정파성으로부터 자유로울 수 없기 때문이다.[6] 양립하기 쉽지 않은 군의 국가성

3   Jean M. Callaghan & Franz Kemic, *Armed Forces and International Security: Global Trends and Issues*(Sozioiogie: Forschung und Wissenschaft, 2004), pp. 13-14.

4   안종만, 『정치학대사전』(서울: 박영사, 1988), p. 578. 유럽의 군인들은 17세기 말까지도 개인의 피복을 입고 민간인의 집에 기숙했다. 프랑스의 경우 루이 15세 때부터 군인들에게 군복이 지급됐고, 18세기부터 유럽 군인들의 막사 생활도 시작됐다. 군복 보급과 막사 생활은 군인들을 일반 사회와 분리하는 데 큰 역할을 했다. 이때부터 근대적인 군의 문화, 군인 윤리가 본격적으로 형성됐다. 프랑스 혁명을 계기로 국민과 국가를 위해 헌신하고 봉사하는 국민 군대가 형성되는 과정에서 군복과 막사의 기여도 작다고 할 수 없다. 존 하키트, 『전문직업군』, 서석봉 · 이재호 역(서울: 연경문화사), pp. 77-78.

5   David Chuter, *Defence Transformation: A Short Guide to The Issues*(Pretoria: Institute for Security Studies, 2000), p. 28.

6   E. H. 카, 『20년의 위기』, 김태현 역(파주: 녹문당, 2017), p. 141.

과 정부 정파성의 긴장 관계에서 민주주의는 문민의 우위를 민군관계의 대원칙으로 선택했다. 국민국가의 정치와 군의 위계적 관계, 곧 근대적 문민통제의 등장이다.

클라우제비츠의 『전쟁론(Vom Kriege)』은 문민통제의 기원적 문헌이라고 해도 과언이 아니다.[7] 근대 국민국가의 군대와 전쟁의 양상이 이전 봉건시대와 질적으로 달라진 점을 포착하고, 국민국가 군대의 존재 의의와 역할, 그리고 군과 정치의 관계를 밝혔다. 문민통제의 정신과 목적, 개념, 규범 등을 명징하게 제시한 문민통제의 기념비적 고전이다.[8]

총 8편으로 구성된 전쟁론의 제1편은 전쟁의 본질이다. 클라우제비츠는 1편에서 절대 전쟁(absolute war)과 현실 전쟁(real war)을 구분하면서 논의를 펼치기 시작한다.[9]

절대 전쟁은 수단으로서 폭력을 극한적으로 사용해, 목표로서 적을 저항하지 못하도록 무장해제시키며, 목적으로서 적으로 하여금 나의 의지를 따르도록 강요하는 것이다. 클라우제비츠의 유명한 언명 중 하나인 "적을 굴복시켜 자기의 의지를 강요하기 위해 사용하는 폭력행위"로서의 전쟁이다. 어느 한편이 파멸할 때 종식되는 절대 폭력의 상호작용이다.

폭력의 상호작용은 이론적으로 극단성과 절대성을 추구한다. 현실 세계에서는 상대성, 우연성, 개연성 등에 따라 제어되고 조율된다. 따라서 극단적인 절대 전쟁은 현실 세계에서 나타나지 않는 이론상, 개념상

---

7   전쟁론 관련 기술은 다음의 번역본에 의거한다. 카알 폰 클라우제비츠, 『전쟁론』, 김만수 역(서울: 갈무리, 2016).

8   군사연구회, 『군사사상론』(서울: 플래닛미디어, 2016), pp. 156-159.

9   클라우제비츠(2016), pp. 952-956.

의 전쟁이다.

현실의 전쟁은 현실적 전쟁이고, 제한적 전쟁이다. "전쟁은 단지 다른 수단에 의한 정치의 연속이다"라는 클라우제비츠 최고의 언명은 현실 전쟁의 본질을 관통한다. 정치적 목적을 추구하는 현실 전쟁에서 절대 전쟁의 극단성과 절대성은 퇴장하고 개연성이 부각된다. 현실 전쟁은 전쟁을 위한 전쟁이 아니다. 현실 전쟁은 정치적 목적 달성이라는 뚜렷한 한계를 설정하고, 절대 전쟁의 극단성과 절대성을 상대성과 개연성으로 대체한다.

문민통제는 정치적 목적을 이루기 위한 현실 전쟁에서 여실히 나타난다. 현실 전쟁은 문민정부의 정치적 목적을 구현한다. 정치적 목적이 크고 작음에 따라 전쟁의 군사적 목표는 수립된다. 문민정부가 전쟁을 통해 획득하려는 정치적 목적이 크면 군은 막대한 군사력을, 반대의 경우 군은 낮은 수준의 군사력을 동원한다. 즉, 군의 행동은 정부의 정치(적 목적)에 달려 있다.[10]

정치는 목적이고, 전쟁은 수단이다. 문민은 목적을 제시하고, 군은 이를 구체화한다. 문민은 주인이고, 군은 주인의 명을 따르는 일종의 대리인이다. 이렇듯 제한 전쟁론에서 문민 우위의 문민통제 정신은 그 모습을 온전히 드러낸다.

전쟁의 3요소와 삼위일체는 문민통제의 정치적, 안보적 위상을 구체화한다. 삼위일체는 클라우제비츠가 '이론을 위한 결론'이라고 정의하는 전쟁론의 정수이다. 3요소 중 첫째는 폭력성과 적대감이고, 둘째는 우연과 개연성, 셋째는 정치적 종속성이다. 이 3요소의 유기적 결합이 삼

---

10 클라우제비츠(2016), pp. 962-977.

한국군의 두 얼굴

위일체이다.[11]

전쟁의 3요소 중 첫 번째인 폭력성과 적대감은 절대 전쟁에서 궁극적으로 발현되는 전쟁의 근원적 특징이다. 맹목적 폭력과 적대감은 인간의 통제를 벗어나면 자체의 작동 원리와 작동 논리에 따라 무한 증폭된다.

클라우제비츠는 이러한 경향을 국민, 민족과 연결시켰다. 국민, 민족, 국가라는 공동체 의식은 원초적 폭력의 맹목적성을 강화한다. 맹목적 폭력과 적대감은 현실 전쟁, 현실 세계에서 정치적 통제의 대상이다. 폭력의 맹목적성은 정치적 목적에 따라 조절될 수 있다.

3요소의 두 번째인 우연과 개연성은 마찰과 불확실성이 만연하는 전쟁의 실질적 특징과 관련이 있다. 예측 불가능해 불확실한 전쟁은 우연성의 법칙이 지배한다. 상대방의 의중을 추측하며 전략과 전술을 수립하기 때문에 개연성도 작용한다. 전쟁의 불확실성과 우연성, 개연성은 인간적 특징이다. 불확실성과 우연성의 해결 방안도 인적 요인에서 찾아야 한다.

클라우제비츠의 처방은 두 가지다. 어둠 속에서도 인간의 정신을 진실로 이끄는 내면적 불빛, 즉 통찰력이 그중 하나이고, 통찰력이라는 희미한 불빛을 따르는 용기가 다른 하나이다. 이것은 이성과 감성의 복합체인 결단력이다. 최고 지휘관과 군이 갖춰야 하는 중요한 덕목이다.

세 번째 요소인 정치적 종속성은 정부와 관련이 있다. 정부는 지적 통합의 실체이고, 정책(또는 정치)은 지성과 동일하다. 정부는 전쟁을 정책의 종속적 도구로 삼고, 이성적이고 합리적인 수단이 되게 한다. 전쟁에서 예측 불가능성을 최소화하고 분별을 덧씌운다. 인적 요인인 폭력

---

11 군사연구회(2016), pp. 137-139.

성과 적대감은 정부의 의지에 따라 목적을 지닌 실체로 규범적 가치를 획득하게 된다.

이와 같은 3가지 요소는 상호 통합하려는 성향이 있다. 각각의 동태적 법칙을 유지한 채 최적의 균형을 추구한다. 이것이 삼위일체이다. 특히 세 번째 요소인 정치적 종속성, 즉 정부의 정치적 목적과 문민통제가 삼위일체의 중심적 작동 기제라고 할 수 있다. 지적 통합의 실체인 정부와 지성으로서의 정책은 삼위일체의 최적의 유기적 균형을 좇는다. 결국 삼위일체도 문민 우위의 통제를 지지한다. 문민통제 이론의 대가인 헌팅턴도 자신의 객관적 문민통제 이론의 개념적 기초를 클라우제비츠의 전쟁론에서 찾았다고 토로했다.[12]

클라우제비츠의 제자를 자처한 몰트케(Helmuth Karl Bernhard von Moltke)는 전쟁론에 내재된 문민통제의 방법론을 따랐다. 프러시아의 정치적 목적 달성에 충실함으로써 현실 전쟁의 수행을 실천한 것이다.

19세기 중반 프러시아의 정치적 목표는 독일 통일이었다. 통일의 주도권을 놓고 경쟁관계에 있었던 오스트리아와 외교적, 군사적 일전이 불가피했다. 프러시아 재상 비스마르크(Otto Eduard Leopold Fürst von Bismarck)는 오스트리아를 제외한 독일의 통일, 즉 소독일주의(Kleindeutch)를 지향했다. 오스트리아와 전쟁을 벌이더라도 오스트리아의 정복과 점령이 아니라 두 나라의 우열을 확고히 할 수 있는 수준의 승리이면 족했다.

비스마르크는 용의주도한 외교로 1866년 오스트리아가 먼저 전쟁을

---

12 John Binkley, "Clausewitz and Subjective Civilian Control: An Analysis of Clausewitz's Views on the Role of the Military Advisor in the Development of National Policy," *Armed Forces & Society*, 42-2(April, 2016), pp. 251-275.

선포하도록 유도했다. 오스트리아의 전쟁 선포에 프러시아의 강군은 파죽지세로 비엔나의 젖줄 도나우강까지 당도했다. 도나우강을 건너면 비엔나의 점령과 오스트리아의 정복도 가능했다. 몰트케의 프러시아군은 비엔나로 진입해 오스트리아를 섬멸할 능력을 갖추고 있었다. 몰트케는 빌헬름 1세에게 비엔나 공격을 건의한 바도 있다. 그러나 최고사령관 몰트케의 선택은 회군이었다. 프랑스, 러시아 등 주변 강국의 견제를 완화하는 소독일주의의 관철이라는 정치적 목적과 정부의 명령을 철저히 이행한 군사 행동이었다. 몰트케는 '정치의 다른 연속으로서 전쟁'이라는 클라우제비츠의 사상대로 정부의 정책적 가이드라인을 준수한 것이다.[13]

국민국가의 군은 국민과 영토를 지키기 위한 조직이다. 민주주의는 주권자인 국민들로부터 권력을 위임받은 정부에 군의 통제를 맡겼다. 문민통제의 일반적 모델이다. 클라우제비츠는 봉건국가에서 국민국가로 전환되는 국면에서 나타난 전쟁의 양상에서 문민통제의 정신을 포착해 이론적으로 정립했다.

(2) 문민통제 개념과 논의의 발전

문민통제는 말 그대로 문민 또는 민간인이 군을 통제한다는 의미이다. 문민이 군에 대해 권위를 강요하는 수준으로 정의되기도 한다

---

13 김재천·윤상용, "클라우제비츠 이론으로 본 테러와의 전쟁," 『국가전략』 제15권 제2호(세종연구소, 2009), pp. 5-34.

(civilian control means simply the degree to which the military's civilian masters can enforce their authority on the military services).[14] 앞으로 상술할 헌팅턴과 피버 등은 문민통제를 행정부, 국회 등 문민정부의 군에 대한 통제(governmental control of the military)로 보았다.

문민통제의 사전적 정의는 시민 또는 국민이 우위에 서서 군대를 통제하는 것이다. 문민의 우위(civilian supremacy)는 미국과 유럽뿐 아니라 한국에서도 헌법으로 보장된다. 문민 우위의 문민통제의 관건은 군대를 문민의 정치 목적에 어떻게 봉사시키느냐이다.[15]

군의 국가성과 정부의 정파성은 양립하기 까다롭기 때문에 민군관계는 근원적으로 갈등을 내재한다. 민주주의는 정부의 손을 들어 문민 우위의 통제를 확립했고, 군은 정부의 정치적 목적에 복무하도록 했다. 문민 우위는 민주주의 문민통제의 원칙이다.

문민통제의 또 다른 사전적 정의는 문민에 의한 군의 민주적 통제로서, 문민 정치가로 구성된 행정부, 국민을 대표하는 입법부, 그리고 사법부 등에 의해 실현된다.[16] 행정부, 입법부, 사법부로 구성된 문민정부 가운데 한국의 경우 행정부, 그중에서도 대통령을 위시한 청와대가 문민통제의 정점을 형성한다. 대통령은 헌법과 법률이 정하는 바에 입각해 국군을 통수한다.[17] 대통령은 국민들로부터 위임받은 권력이자 국민들에 의해 선출된 권력으로서 군에 대해 통제권을 행사할 법적 권한을

---

14 Richard D. Hooker, Jr., "Soldier of the State: Reconsidering American Civil-Military Relations," Parameters, *Journal of the US Army War College*, 33-4(Winter, 2003). pp. 5-18.

15 안종만(1988), pp. 578-579., 독일 바이마르헌법 제47조, 미국 헌법 제2조 제2항은 문민 우위의 원칙을 성문화했다.

16 두산동아, 『두산세계대백과사전』(서울: 두산동아, 1996), p. 582.

17 헌법 제74조 1항 "대통령은 헌법과 법률이 정하는 바에 의하여 국군을 통수한다" 참고.

한국군의 두 얼굴

갖는다. 대통령의 통수권과 함께 현역 군인의 국무위원 취임 금지 조항[18]은 한국 문민통제의 법적 근거이다.

문민통제는 쿠데타, 군부 통치, 정치개입의 근절과 동의어로도 사용된다. "지키는 자를 누가 지킬 것인가"라는 전통의 명제가 적실히 표현하듯 외부 위협으로부터 국민과 영토를 지키는 군대의 잠재적 폭력은 누가 어떻게 통제할지가 문민통제의 오랜 과제이다. 이와 같은 맥락에서 문민통제를 쿠데타, 군부 통치, 정치개입과 상극의 관계로 보고, 쿠데타와 군부 통치의 부재 또는 낮은 발생 가능성으로 정의한다.[19] 쿠데타와 군부 통치는 군에 의한 정치개입의 극단적 상황이다. 문민통제는 우선적으로 쿠데타와 군부 통치를 반대하고 저지하기 위해 노력해야 한다.

민주주의가 미성숙한 국가에서는 군의 잠재적 폭력성을 억제하는 문민통제가 특별히 중요하다. 그러나 군 정치개입의 종류는 많고, 문민통제의 목적과 의의도 다양하다. 문민통제를 쿠데타, 군부 통치의 부재 상황과 등치하는 견해는 문민통제 논의의 폭을 제한하는 결과를 초래할 수 있다.

쿠데타, 군부 통치는 성숙한 민주주의 국가에서 성사되기 불가능한 과거의 유물이 되고 있다. 높은 정치의식의 시민들은 군의 정치참여를 백안시하기 때문에 그러하다. 한국을 비롯한 민주주의가 제도적으로 안정된 국가에서는 군의 폭력성에 대한 억제보다 군의 복종과 안보정책 의사결정 과정이라는 수준에서 문민통제의 개념과 의의를 고찰할 필요

---

18 헌법 제87조 4항 "군인은 현역을 면한 후가 아니면 국무위원으로 임명될 수 없다" 참고.

19 Croissant Aurel & David Kuehn & Paul Chambers & Siegfried O. Wolf, "Beyond the Fallacy of Coupism: Conceptualizing Civilian Control of the Military in Emerging Democracies," *Democratization*, 17-5(October, 2010), pp. 948-978.

가 있다. 군의 복종을 전제로 안보정책은 결정되고, 군은 이러한 안보정책 수행의 명령에 복종해야 한다.

이러한 관점에서 문민통제는 시민과 국가에 의해 존재하고 조직되는 군의 복종이라고 정의된다(By civil control is meant the obedience which the military owes to civis, the state). 군은 시민과 납세자의 이익을 지키기 위해 국가에 의해 조직됐다. 피고용된 군은 고용주인 국민과 국가의 도구로서 국가에 충성할 의무가 있다.[20]

문민정부에 대한 군의 복종은 민주국가에서 군의 기본적 의무로 인정된다. 정부는 국가와 국민을 대표하는 대리인이어서 군은 문민정부에 복종하는 것이다. 문민정부에 대한 군의 복종은 통수권의 제도로 구현된다. 한국의 헌법도 대통령의 군 통수권을 명문화했다. 하위 법률들에 따르면 국방부장관은 대통령의 명을 받아 군령권과 군정권을 행사하고, 합참의장은 국방부장관을 보좌해 작전사령부를 지휘하도록 규정했다.[21] 통수권자인 대통령이 주도하는 문민정부에 대한 군의 복종을 법적 의무로 지정한 것이다.

헌팅턴도 군의 복종을 전문직업군의 기본적 특징으로 들었다. 국가안보는 군의 책임이고, 사회 전체에 대한 봉사는 군의 의무이다. 이러한 의무와 책임의 무게와 가치로 인해 군은 개인보다 집단의 중요성을 중시한다. 권위적 집단의 의지에 개인의 의지를 종속시키는 복종은 군과 불가분의 관계이다.

웰치(Claude Welch)는 헌팅턴의 주장에 동의하며 문민정부에 대한 군

---

20 Chuter(2000), p. 27.

21 국군조직법 조항에 따른 규정으로, 자세한 설명은 제2장 2절 한국 문민통제의 특수성 검토에서 다룬다.

한국군의 두 얼굴

의 복종을 '복종의 추종(cult of obedience)'이라고 표현했다.[22] 스미스(Louis Smith)는 복종을 '문민통제의 규범(norm of civilian control)'[23], 헨드릭슨(David Hendrickson)은 '군의 윤리(military ethic)'[24]라고 정의했다. 군이 문민 정부에 복종하고 문민정부에 종속되면 쿠데타, 군부 통치는 존재할 수 없다. 문민 권위체로부터 명령을 받으면 군은 논쟁도 주저함도 없이 즉각적으로 이를 이행해야 한다. 군은 정책 자체가 아니라 정책 수행의 즉시성과 효율성, 즉 정책 수행의 결과로 평가받는다.[25]

문민통제는 군 역할의 한계를 분명하게 설정한다. 군의 합당한 책임 범위를 두고, 그 안에서 군의 역할을 허용하는 것이다.[26] 이러한 취지를 따르면 문민통제는 문민정부가 문민, 민간인, 시민을 대표하면서 군의 책임 범위와 역할을 한정하는 것이다.[27]

안보정책 의사결정 과정에서 군의 역할 범위는 조언이고, 군은 결정된 정책의 이행이라는 명령에 복종해야 한다. 정책의 최종적 결정은 국가와 시민을 합법적으로 대표·대리하는 문민정부의 권리이다. 문민정부가 잘못된 정책을 결정하더라도 군의 책임 범위는 조언이고, 군은 또 정책의 옳고 그름을 따지지 않고 정책을 수행할 의무가 있다.

---

22 Claude Welch, *Civilian Control of the Military: Theory and Cases from Developing Countries*(Albany: State University of New York Press, 1976), p. 33.

23 Louis Smith, *American Democracy and Military Power*(Chicago: University of Chicago Press, 1951), p. 5.

24 David Hendrickson, *Reforming Defence: The State of American Civil-Military Relations*(Baltimore: Johns Hopkins University Press, 1988), p. 26.

25 Samuel P. Huntington, *The Soldier and The State: The Theory and Politics of Civil-Military Relation*(Cambridge, Mass: Havard University Press, 1957), pp. 73-76.

26 Welch(1976), p. 2.

27 Chuter(2000), p. 28.

정책을 수행하지 않겠다면, 또는 정책 수행의 수단이 미흡하다고 판단되면 지휘관은 그러한 점을 지적할 수 있다. 정책 결정 이후에 발휘되는 군의 조언기능이다. 조언이 받아들여지지 않았을 때 지휘관은 사임하거나 부대 지휘를 거부하면 된다. 그러나 정부에 군의 의사를 강요하는 것은 군 역할의 한계를 넘어서는 월권이다.[28]

이 책의 문민통제 분석 수준 역시 안보정책의 결정 과정과 결과로서의 정책, 군의 복종 여부 등이다. 김대중 정부부터 한국의 민주주의는 쿠데타를 우려하지 않아도 될 정도로 성숙했고, 문민통제는 제도적으로 정착했다. 이 책은 특히 김대중 정부 이후 문민통제의 과정과 그 결과로서 형성된 안보정책 중 군사작전에 주목한다.

(3) 문민통제 환경의 이론과 사례

문민통제의 환경과 조건을 설명하는 이론으로는 데쉬의 외부 위협과 내부(국내 정치) 위협 환경의 매트릭스가 뛰어나다. 매트릭스는 외부 위협이 높고 낮은 환경과, 내부 위협이 높고 낮은 환경에 따라 4개 구획으로 구성된다. 외부 위협이 높고 내부 위협이 낮은 구획에서 문민통제의 성공 가능성은 크다.

데쉬의 연구는 문민통제의 민주주의 보호와 안보적 기능에 초점을 맞췄다. 위계적으로 조직되고 작동하는 군은 비민주성을 내재하고 있기 때문에 민주주의를 지키기 위해 문민의 통제가 필수적이다. 데쉬는

---

28 바실 리델 하트, 『전략론』, 주은식 역(서울: 책세상, 2015), pp. 452–455.

한국군의 두 얼굴

이에 더해 문민 선호의 우위에 입각한 민군 간 균형은 더 나은 안보정책을 도출할 수 있다고 보았다. 데쉬에 따르면 문민은 안보 이슈에 대해 국가적 관점을 강하게 가지며, 조직의 선입관에 영향을 덜 받는다. 반면 군은 외부 위협을 과대평가하는 성향이 있고, 조직의 논리가 강하다. 합리적 의사결정을 위해 문민 선호 우위의 민군 간 균형이 필요한데 데쉬는 성공적 문민통제의 핵심이 바로 이것이라고 지목했다.

데쉬의 문민통제 매트릭스에서 민군 각각의 선호는 내부 위협의 독립변수로서 중요하다.[29] 데쉬는 문민의 선호가 압도하는 상황을 최상으로, 군의 선호가 압도하는 상황을 최악으로 각각 상정했다. 최상과 최악의 사이는 민군의 선호가 혼합되거나, 문민통제의 환경이 열악한 구간이다.

군의 선호가 압도하면 내부 위협은 고조된다. 문민이 열세한 환경에서 문민통제는 쉽지 않다. 이와 달리 외부 위협이 고조된 환경은 문민통제에 오히려 긍정적이라는 것이 데쉬의 사례 연구 결과이다. 외부 위협이 문민통제의 긍정적 환경이 되는 요인으로는 안보결집효과(rally round the flag effect)가 절대적이다.[30] 외부 위협으로 민군의 안보결집효과가 작용하면 군의 정치개입 가능성은 낮아지고, 민군은 안보의 목적을

---

29 데쉬뿐 아니라 피버도 민군 각각의 선호를 문민통제의 독립변수로 삼았다. 이 책도 피버의 이론을 활용해 한국 문민통제의 독립변수로 민군의 선호를 분석한다. 피버의 민군 선호 분석은 제2장 1절에서 자세히 다룬다.

30 국가가 안보위기에 맞닥뜨렸을 때 통수권자의 지지율이 상승하는 현상을 안보결집효과라고 부른다. 안보위기 시 언론, 정치 엘리트, 수사적 기법 등 3가지 요소가 안보결집효과를 촉발한다. 정치 엘리트의 정점인 대통령이 수사적 기법으로 여론을 형성함으로써 안보결집효과를 극대화할 수 있다. Jocelyn E. Norman, "The Rally Around the Flag Effect: A Look at Former President George W. Bush and Current President Barack Obama," Honor Thesis(College of Saint Benedict & Saint John's University, 2003), pp. 5-10.

공유하게 된다. 민군의 선호가 일치되는 환경이다.

따라서 내부 위협이 낮고 외부 위협이 높은 환경은 최상(good)의 문민통제 조건으로 제1구획(Q1)이다. 내부 위협이 높고 외부 위협은 낮은 환경이 최악(worst)의 문민통제 조건으로 제4구획(Q4)이다. 내부 위협과 외부 위협이 공히 높은 환경은 열악한(poor) 문민통제 조건으로 제3구획(Q3)이고, 외부 위협과 내부 위협이 공히 낮은 환경은 문민통제의 혼합(mixed) 조건으로 제2구획(Q2)이다.[31]

〈그림 2-1〉 데쉬의 문민통제 매트릭스

		외부위협	
		높음	낮음
내부위협	높음	제3구획(Q3) poor	제4구획(Q4) worst
	낮음	제1구획(Q1) good	제2구획(Q2) mixed

출처: Desch, 『Civilian Control of the Military: The Changing Security Environment』(1999), p. 14.

문민통제가 작동하기 위한 공통된 환경은 내부 위협의 완화, 즉 국내 정치의 안정이다. 문민의 선호가 군의 선호보다 우세한 경우 문민통제와 민주주의는 적어도 위험에 빠지지 않는다. 이에 더해 외부 위협이 높다면 안보결집효과가 발현돼 민군의 선호는 일치하게 된다. 문민통제의 성공 확률이 획기적으로 높아진다.

---

31 Micheal Desch, *Civilian Control of the Military: The Changing Security Environment*(Baltimore and London: The Johns Hopkins University Press, 1999), pp. 1-14.

한국군의 두 얼굴

최상의 문민통제 환경인 제1구획의 매개변수는 경험 많은 지도자, 통일된 문민과 군, 객관적 문민통제, 외부 지향, 합일적 사고 등이다. 최악의 문민통제 환경인 제4구획의 매개변수는 경험 없는 지도자, 분열된 문민과 통일된 군, 주관적 문민통제, 내부 지향, 분열된 사고 등이다.

열악한 문민통제 환경인 제3구획의 매개변수 중 특징적인 것은 분열된 문민이다. 3구획에서 경험 없는 지도자, 군의 분열 정도, 문민통제 방식과 국가의 지향 등은 그 정도와 수준이 불분명하다. 혼합 환경인 제2구획의 매개변수의 특징은 분열된 문민과 군이다.

〈그림 2-2〉 데쉬 문민통제 매트릭스의 사례

		외부위협	
		높음	낮음
내부위협	높음	Q3(poor) 일본 32~45 독일 14~18 프랑스 54~62	Q4(worst) 아르헨 66~72, 76~82 브라질 64~74 칠레 73~78
	낮음	Q1(good) 미국 41~45, 48~89 일본 45 아르헨·브라질 82~	Q2(mixed) 러시아 91~ 미국 45~47, 89~ 일본 22~32

출처: Desch, 『Civilian Control of the Military: The Changing Security Environment』(1999), p. 20.

미국의 경우 2차 세계대전 시기인 1941년부터 1945년, 냉전기인 1948년부터 1989년까지 최상의 문민통제가 실시됐다. 독일과 소련 등 강력한 외부 위협이 존재했고, 국내 정치는 상대적으로 안정적이었다. 제1구

획의 환경이다.[32]

2차 대전 기간 루스벨트(Franklin D. Roosevelt) 대통령은 군의 반발을 물리치며 결과적으로 올바른 전략·전술적 결정을 내렸다. 1943년 군의 반대에도 불구하고 유럽 대신 북아프리카를 침공하는 횃불 작전(Operation Torch)을 강행해 성공했다. 전력의 급격한 증강으로 문민정부에 대해 상대적으로 영향력이 커진 미군은 2차 대전 기간 28차례나 각종 작전과 정책에 반기를 들었지만 루스벨트 행정부의 선호가 군의 선호를 압도했다는 것이 데쉬의 사례 연구 결과이다.

냉전기 미국에서 민군갈등의 사례는 30차례 식별됐다. 이 가운데 90% 이상의 사례에서 문민의 선호가 우세했다. 대표적 사례는 트루먼(Harry S. Truman) 대통령의 맥아더(Douglas MacArthur) 사령관 해임 사건이다. 맥아더 사령관의 대중적 인기와 대중국 공격 전략의 고수는 미국 문민통제 역사상 가장 위험한 장면으로 통한다. 결국 맥아더는 트루먼 대통령에 의해 해임됐고, 이는 성공적인 문민통제의 사례이자 문민정부의 높은 처벌 확률을 공포하는 계기가 됐다.

베트남 전쟁에서도 문민의 선호는 군의 선호보다 앞섰다. 개전을 전후해 미군은 지상군 투입에 소극적이었는데도 문민정부는 지상군 투입을 관철했다. 본격적인 전쟁 국면에서 군은 전면전을 원했다. 문민정부는 제한적 전쟁을 선호했다. 1967년 여름 이러한 갈등에 합참은 주요 직위자들의 집단 사퇴(resigning en masse)도 고려했으나 결국 문민의 뜻을 따랐다.

냉전기에도 군의 선호가 선명하게 드러난 경우가 몇 차례 있었다.

---

32 이하 데쉬의 매트릭스 구획별 사례는 Desch(1999), pp. 19-38.

한국군의 두 얼굴

1977년 카터(James Earl Carter, Jr.) 대통령은 주한미군의 철군을 추진했다. 군은 반발했고 철군은 소규모에 그쳤다. 1980년대 초반 군은 레이건(Ronald Reagan) 행정부의 니카라과 산디니스타 정권과 쿠바 카스트로 정권에 대한 공격 시도를 완화했다. 그렇지만 대부분의 사례에서 군은 문민의 선호에 설득됐고, 문민통제는 안정적이었다.

냉전이 끝나자 미국은 외부 위협과 내부 위협이 공히 낮아지는 제2구획의 혼합 환경에 놓였다. 미국의 민군관계는 위기라고 불릴 정도로 갈등 국면으로 바뀌었다. 이는 파월(Collin Luther Powell) 합참의장이라는 걸출한 장군과 반동성애적 미군의 규정과 관습을 혁파하려는 진보 성향의 빌 클린턴(William Jefferson Clinton) 대통령의 등장과 무관치 않다.

파월 의장은 코소보 침공과 같은 안보정책에 대한 자신의 의견을 언론 인터뷰에서 공공연히 설파했다. 군의 적극적 조언에 그치지 않고 문민정부가 결정한(또는 협의 과정 중의) 정책에 대해 군 최고 지휘관이 입김을 행사한 사례이다. 파월의 영향력은 미군 역사에서 유례를 찾기 어려울 정도인데 대중의 전폭적 지지를 전제로 단기적이고 결정적 분쟁에만 미군의 압도적 무력을 사용한다는 이른바 파월 독트린이 미군의 무력 사용 기준으로 받아들여질 정도였다. 무력 사용의 결정은 문민의 몫인데 장군의 독트린이 무력 사용의 기준으로 통용되는 군부 선호 우위의 위기적 상황이 미국에서 펼쳐졌다.

군의 반동성애적 규정의 폐지를 대선 공약으로 내건 클린턴 대통령에 대한 군의 반발은 노골적이었다. 고위 장군들이 공개 연설에서 클린턴 대통령을 야유하는 일까지 벌어졌다. 군사작전의 측면인 보스니아 내전 개입 방식을 놓고도 클린턴과 파월은 팽팽히 맞섰다. 파월 의장은 특유의 대중 설득 기법으로 보스니아에 대한 미군 개입에 반대했고, 전쟁이 개시된 후에도 사사건건 문민의 압력에 저항했다.

　오바마(Barack Obama) 대통령은 아프간 전쟁의 종식을 위한 방안을 찾는 과정에서 군과 갈등을 빚었다. 오바마 대통령은 "단 하나의 옵션만 제시하는 사령관들에게 감금된 것 같다"라는 말로 민군 간 대화에서 어려움을 표현했다. 미국 군부 역시 자신들의 아이디어가 존중받지 못한다는 생각에 불만이 가득했다.[33]

　탈냉전기 미국의 민군관계는 민주주의 정치제도의 탄탄한 뒷받침에 힘입어 갈등 속에서 위기를 역동적으로 넘겼다고 평가할 수 있다. 외부 위협이 작고 국내 정치도 안정되어 내부 위협도 낮은 데쉬의 제2구획에 해당한다. 문민통제의 혼합 환경을 잘 극복한 것이다.

　열악한 문민통제 환경의 3구획은 태평양 전쟁 기간인 1932년부터 1945년의 일본과 1차 세계대전 기간인 1914년부터 1918년의 독일 등의 경우이다. 이렇게 외부 위협이 높은 환경에서 군이 외부 위협에 집중하면 문민통제와 국내 정치는 동시에 안정될 수 있지만 군이 국내 정치의 문제에 개입하면 문민통제는 악화된다. 이 기간 일본과 독일에서는 군부가 국내 정치를 장악함으로써 문민통제는 작동하지 않았다. 군 우위의 정치 환경에서 문민은 군의 공격적 선호를 추종했다.

　최악의 문민통제 환경의 4구획은 남미 국가들 차지이다. 1966년부터 1972년, 1976년부터 1982년의 아르헨티나와 1964년부터 1974년의 브라질, 1973년부터 1978년의 칠레 등이다. 이 기간 미국, 소련, 영국, 프랑스 등 강대국은 남미 문제에 개입하지 않았기 때문에 남미의 외부 위협

33　Janine Davidson, "Civil-Military Friction and Presidential Decision Making: Explaining the Broken Dialogue," *Presidential Studies Quarterly*, 43-1(March, 2013), pp. 129-145.

은 낮았다. 반면 남미의 고질적인 군부 선호 우위의 정치 환경으로 인해 내부 위협은 높았다. 외부 위협이 희박한 상황에서 군부의 국내 정치개입이라는 최악의 정치 환경이 형성된 것이다. 결과적으로 당시 남미에서 군부 통치가 횡행했고, 문민통제와 민주주의는 실종됐다.

데쉬의 문민통제 환경 매트릭스는 선험적, 경험적으로 모두 입증됐다. 데쉬의 통찰은 외부 위협이 고정적으로 높고 국내 위협의 수준은 역동적으로 변한 한국 문민통제의 환경을 이해하는 수단으로도 적합하다. 이 책의 고찰 대상인 민주화 이후 한국의 상황은 외부 위협은 높고, 국내 정치의 안정으로 내부 위협은 낮다고 할 수 있다. 냉전기 미국과 같은 문민통제 최상의 조건, 제1구획의 환경이다.

2. 이데올로기와 문민통제의 관계

(1) 객관적 문민통제와 주관적 문민통제

헌팅턴의 『군인과 국가(The Soldier and The State)』는 1957년 출간된 이래 현재까지도 시의성이 현저해 문민통제 토론의 준거가 되는 고전이다. 문민통제를 포함한 민군관계 전반에 대해 연구자들이 두루 참고하면서도, 이론적 미비점과 경험적 한계를 보완하고 극복해야 하는 대상이다.

미국은 자발적 민병대에 안보를 의탁하는 반군(反軍)적 전통의 국가에서 1, 2차 세계대전을 치르며 수백만 명의 전문직업군(professional soldiers), 즉 정규군(regulars), 상비군(standing army)을 거느린 군사대국으로 변모했다. 2차 대전 이후 미국은 주권자로부터 권한을 위임받은 문민정부가 대규모 정규군을 안정적으로 통제 및 관리할 필요성, 동시에 미소 냉전에서 승리해야 하는 당위성과 긴급성에 직면하게 됐다.[34]

헌팅턴은 정규군의 통제와 미소 냉전 승리의 방법론으로 문민통제에 주목했다. 전자는 민주주의를 보호하는 문민통제이고, 후자는 외부의 위협으로부터 국민과 국가를 보호하는 안보 강화 수단으로서의 문민통제이다. 헌팅턴은 이를 각각 군사제도의 사회적 요구(societal imperatives)와 기능적 요구(functional imperatives)라고 정의했다. 민주주의와 안보라

---

34 Huntington(1957), pp. 2–3.

는 문민통제의 2가지 목적을 직시했다.

헌팅턴이 제시한 문민통제의 방식은 주관적 문민통제(subjective civilian control)와 객관적 문민통제(objective civilian control)로 나뉜다. 주관적 문민통제는 민간 권력의 극대화, 객관적 문민통제는 군 전문직업주의의 극대화를 통한 문민통제라고 설명할 수 있다. 이데올로기적으로는 주관적 문민통제는 자유주의와, 객관적 문민통제는 보수주의와 각각 관련이 있다.

주관적 문민통제는 크게 3가지 형태로 구분된다. 정치제도와 사회 계급, 입헌 형태에 의한 문민통제가 그것이다. 정치제도에 의한 주관적 문민통제는 국왕에 대항해 의회의 권력을 증대하기 위한 수단으로 17세기 영국에서 등장했다. 18~19세기 유럽에서 군부의 통제권을 두고 벌인 귀족과 부르주아지의 경쟁에서 나타난 것이 사회 계급에 의한 통제이다. 입헌 형태에 의한 문민통제는 전체주의와 절대주의 체제에서 군부의 지배가, 민주주의 체제에서 문민의 통제가 이뤄진다는 개념이다.[35]

주관적 문민통제는 지배적 지위를 추구하는 문민이 군을 수단으로 삼아 권력을 강화하는 상황을 설명한다. 주관적 문민통제에서 문민은 군부를 포섭해 장악해야 하고, 군부는 이에 호응하는 정치의 과정이 불가피하다. 따라서 주관적 문민통제는 군의 정치개입, 군의 정치화와 동시에 진행된다. 정부의 정파성이 군의 국가성에 직접적인 영향을 미치는 방식이다. 경우에 따라 군이 안보적 기능을 등한시하고 정파의 이익에 복무하는 극단적 상황으로 치우칠 수도 있다.

이와 반대로 객관적 문민통제는 군을 전문직업화하고, 군의 정치적 중립을 강제하는 것을 요체로 한다. 객관적 문민통제는 전문직업화를

---

35 Huntington(1957), pp. 109-112.

통해 군인을 군인답게 만들고, 탈정치화를 통해 군을 특정 민간 권력이 아니라 국가와 국민의 도구로 삼는 것이다. 헌팅턴은 객관적 문민통제의 반대 명제를 군의 정치참여라고 규정했다.[36]

〈그림 2-3〉 헌팅턴의 문민통제 구조

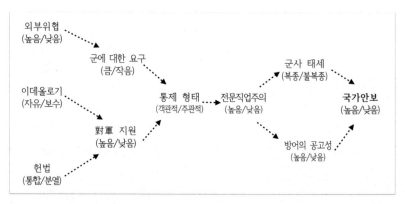

출처: Feaver, 『Armed Servants』(2005), p. 19.

달리 말하면 객관적 문민통제는 군이 정치에서 퇴장하는 대신 독자적인 전문직업화의 기회를 보장받는 것이다. 문민정부는 군에 자율을 부여하고, 군은 안보 전문 집단으로서 자기 영역을 확고히 할 수 있다. 군을 정부의 정파성으로부터 독립시켜 국가성을 극대화하는 방식의 문민통제이다.

객관적 문민통제에서 문민정부와 군은 문민 우위의 위계적 관계이다. 군인은 정치가의 공복이고, 군은 전쟁의 도구이다. 전쟁은 정치인, 여론

---

36 Huntington(1957), pp. 113-115.

한국군의 두 얼굴

등이 일으키며 군은 전쟁을 수행한다.[37] 안보 강화를 위해 정부는 군에 자율을 부여하고, 민주주의 안정을 위해 군은 정치 중립적이어야 한다. 야노비츠(Morris Janowitz)는 문민정부에 종속되는 군의 지위를 인정하면서 군은 정치를 초월(above politics)한다고 주장했다.[38] 야노비츠의 정치 초월은 헌팅턴의 정치 중립과 일맥상통한다.

헌팅턴은 객관적 문민통제를 민주주의 체제에 적합한 문민통제이자, 냉전 퍼즐의 처방으로 제안했다. 군의 탈정치화는 군이 민주주의 사회를 위해할 가능성을 근절하고, 전문직업화는 군사력의 강화를 통한 안보 능력의 제고를 꾀할 수 있기 때문이다.

군에 대한 지나친 개입을 야기하는 주관적 문민통제는 군 본연의 안보적 기능을 저해한다는 관점이 군에 널리 퍼져 있다. 이와 같은 맥락에서 미국에서는 문민정부의 개입에 대한 군의 반발이 드물지 않게 관찰된다.[39]

대표적인 사례가 케네디(John Fitzgerald Kennedy) 행정부의 맥나마라(Robert Strange McNamara) 국방부장관에 대한 군의 반발이다. 맥나마라 장관은 랜드연구소의 민간 전문가들을 대거 펜타곤으로 불러들여 민간의 방식으로 국방부와 군의 개혁을 단행했다. 군을 합리적으로 운용하기 위해 맥나마라 장관이 도입한 방법은 시스템 분석이다. 동일한 임무를 수행할 무기인데도 각 군이 제각각 개발에 나서 자원과 시간을 낭비

---

37 Huntington(1957), pp. 80~97.

38 Morris Janowitz, *The Professional Soldier: A Social and Political Portrait*(New York: Free Press, 1988), p. 233.

39 F. Clifton Berry. Jr., "A General Tells Why the Army Is Its Own Worst Enemy," *Armed Forces Journal*, 114(July, 1977), p. 22.

하는 데 대해 채찍을 들었다. 맥나마라는 시스템 분석을 통해 육해공군이 각각 개발하겠다는 무기의 상대적 이점을 비교, 분석해 가장 경쟁력 있는 무기만 개발하도록 했다.

포드자동차의 고집불통 사장 출신답게 소신을 굽히지 않고 시스템 분석 개혁을 밀어붙이자 군은 반발했다. 고위 장교들은 맥나마라 장관과 그의 핵심 참모들로 구성된 차관보실을 '국방 지식인'이라고 비꼬며 그들의 방식을 '교실에서 하는 게임', '추상적인 관념'이라고 비판했다.[40]

군에 대한 개입의 심화가 안보 약화를 낳는다는 시각은 민간 연구자들 사이에서도 지지받곤 한다. 문민정부가 군을 통제하되 군 본연의 임무를 효과적으로 수행할 수 있도록 보장하는 객관적 문민통제를 지향해야 한다는 주장이다.[41]

『손자병법』 제3편 모공(謀攻)에도 객관적 문민통제와 유사한 구절이 나온다.

> 夫將者，國之輔也．輔周則國必強，輔隙則國必弱．故君之所以患于軍者三：不知軍之不可以進而謂之進，不知軍之不可以退，而謂之退，是為縻軍；不知三軍之事，而同三軍之政者，則軍士惑矣；不知三軍之權，而同三軍之任，則軍士疑矣。三軍既惑且疑，則諸侯之難至矣，是謂亂軍引勝[42]

---

40 Thomas G. Mahnken, *Technology and the American Way of War*(New York: Columbia University Press, 2008), pp. 60-66.

41 박휘락, "객관적 문민통제 보장을 위한 군대의 전문성 향상", 『군사논단』 제47권 0호(한국군사학회, 2006), pp. 72-87.

42 손자, 『손자병법』, 김원중 역(서울: 휴머니스트, 2016), pp. 103-106.

한국군의 두 얼굴

우선 "장수는 나라를 보좌하는 자"라며 군주에 대한 군의 지위를 분명히 한다. 그리고 "(군주에 대한 장수의) 보좌가 두루 미치면 나라는 반드시 강성해지고 보좌에 틈이 벌어지면 나라는 반드시 망한다"라며 문민 우위와 군의 중요성을 동시에 선언했다. 이어 군주가 관여하지 말아야 할 장수의 임무 3가지를 들었다. 군의 자율성을 보장하는 객관적 문민통제의 원형(原形)과도 같은 고대 중국의 이상적 민군관계이다.

그러나 헌팅턴의 객관적 문민통제는 문민정부의 군사적 역할을 과도하게 제한한다는 비판을 받는다.『손자병법』모공 편처럼 문민정부가 개입할 수 없는 군사적 영역을 형성함으로써 군이 문민정부의 통제에서 벗어나 행동할 수 있는 비민주적 여지를 남긴다는 견해이다.[43]

한발 더 나아가 애브람슨(Bengt Abrahamsson)은 문민통제는 군대의 자율성을 제한하는 데 주력해야 한다고 제안했다. 주관적 문민통제와 객관적 문민통제의 균형을 찾는 시도로써 객관적 문민통제를 실시하되 군이 소속 사회의 가치와 규범을 수용하도록 주관적 문민통제가 화학적으로 결합돼야 함을 강조했다.[44]

정부의 개입은 군의 자율성을 저해하고, 군의 자율은 정부의 개입이 적을수록 커진다. 군에 대한 문민정부의 개입과 군의 자율 보장이 현실적으로 병존하기가 쉽지 않은 이유이다. 애브람슨의 통찰에 따르면 헌팅턴의 객관적 문민통제와 주관적 문민통제 사이의 어떤 지점, 즉 군의 자율과 정부 개입 사이의 어떤 지점에 문민통제의 균형이 존재한다.

---

43 김정섭, "민군(民軍) 간의 '불평등 대화': 한국군의 헌팅턴 이론 극복과 국방기획에 대한 문민통제 강화," 『국가전략』 제17권 제1호(세종연구소, 2011), pp. 93-126.

44 Bengt Abrahamsson, *Military Professionalization and Political Power*(Beverly Hills: Sage Publications, 1972), pp. 157-158.

야노비츠는 문민통제와 다소 차별적인 민간인의 통제 개념을 제시했다. 대통령이나 입법부 등 제도에 의한 통제가 아니라, 군인과 민간인의 상호의존적 관계의 발전을 통해 군을 통제해야 한다는 발상이다. 야노비츠는 군대와 사회 통합을 전제로 하고, 전문직업군은 국제관계를 이해해 무력의 사용을 계획하는 등 정치적으로 행동해야 할 필요성을 제기했다.[45]

야노비츠가 말하는 군의 정치적 행동이란 군의 정치개입과 다르다. 이는 국내외의 정치적 역학관계의 이해를 토대로 한 정무적 판단과 행동에 가깝다. 정치에 함몰해 정치에 개입하는 퇴행을 넘어 정치를 초월하는 개념이다.

(2) 이데올로기별 대군 인식의 차이

헌팅턴은 문민통제의 독립변수를 이데올로기에서 찾았다. 군인의 사고방식과 양립하는 이데올로기의 사회에서 객관적 문민통제가 실현되고, 반대의 경우에는 주관적 문민통제가 가동된다는 것이다. 이데올로기와 문민통제의 상관관계가 모든 사회에 적용되지는 않겠지만 이데올로기적 배타성이 현격한 사회에서는 시사하는 바가 크다.

근대 이후 서유럽과 미국에 만연했던 반군사적 풍조는 2차 세계대전 이후에도 이어져 정규군에 대한 문민의 태도 저변에 자리했다. 개인의 이성과 존엄을 강조하는 서유럽과 미국의 자유주의는 군을 경계한 것

---

45 Janowitz(1988), pp. 16-53.

이다. 반면 보수주의는 군인 윤리, 군의 위계적 성질과 유사성을 갖는다. 보수주의는 군을 경계하지 않고 사회의 공기(公器)로 간주한다.[46]

헌팅턴이 말하는 자유주의는 개인주의와 유사하다. 자유주의는 이성과 개인의 윤리적 존엄을 중시하고, 개인의 자유를 침해할 수 있는 정치적, 사회적 속박에 반대한다. 반면 군인 윤리는 집단의 가치, 조직의 중요성을 개인보다 상위에 놓음으로써 자유주의의 관점과 배치된다. 군사 조직이 강요하는 복종은 자유주의와 대척점에 있다.

자유주의 관점에서 안보는 소수 전문가의 책임이 아니다. 안보는 자유를 누리는 모든 개인의 공동 책임이다. 자유주의가 전문직업군 대신 자유의지로 총을 든 지원병, 시민병, 민병대를 선호하는 이유가 여기에 있다.

자유주의는 정규군에 대해 뿌리 깊은 반감을 가지고 있다. 대규모의 정규군을 자유와 민주주의, 평화, 경제적 번영에 대한 위협으로 본다. 자유주의 정부는 군대를 창설하더라도 자유주의적 원리가 반영되도록 군대를 조직하고자 한다. 자유주의 정부가 정규군을 구성했을 때 군을 통제하고 관여하는 경향을 보이는 것은 자연스러운 귀결이다.

미국의 제5대 부통령인 엘브리지 게리(Elbridge Gerry)는 "정규군은 공화정의 원칙과 배치되고, 자유로운 인민에 대한 위험"이라는 견해를 고

---

46 Huntington(1957), pp. 120-126. 헌팅턴은 자유주의와 보수주의 외에 파시즘, 마르크시즘과 문민통제의 관계도 고찰했다. 그러나 한국 문민통제를 다루는 이 책은 한국적 상황을 설명하는 데 적실성이 없는 파시즘과 마르크시즘 관련 분석은 다루지 않는다. 헌팅턴은 문민통제 작동 이데올로기로서 보수주의는 에드먼드 버크의 보수주의라고 설명했다. 버크는 사회를 발전시키기 위해 존재하는 기존 선한 생활의 다양한 요소를 더욱 강화하고 조화해야 한다고 주장했다. 버크는 독일과 프랑스의 반혁명사상을 고취하는 데 기여했다. 한국의 현실에 적용하면 이명박, 박근혜 보수 정부의 보수주의와 통한다.

수했다. 미국 대륙의회는 그의 생각을 받아들여 대륙군을 해산했다.[47] 전통적으로 미국은 전평시를 막론하고 정규군의 존재를 경계했다. 영국은 적어도 평시에만 군부를 적대시했다.

보수주의는 군인 윤리를 보수적 현실주의의 일종으로 본다. 군은 불확실성이 많은 전쟁에서, 또는 전쟁에 대비해서 일사불란한 명령과 복종 체계에 따라 조직되고 작동한다. 군은 근본적으로 질서와 위계, 규정을 중시할 수밖에 없는 바탕 위에 성립된 것이다. 군은 이러한 보수적 성향으로 말미암아 사회적, 정치적 안정을 추구한다.

보수주의는 기존의 제도와 가치를 지키려는 경향이 있고, 군을 제도와 가치를 수호하는 안보의 조직으로 인식한다. 군은 개인에 대한 사회의 우위를 수용하고, 국가를 정치 조직의 최고 형태로 파악한다. 보수주의와 군은 상호 인정하는 우호적 관계이다.

군인도 스스로를 보수주의자로 여기는 경향이 뚜렷하다. 야노비츠의 연구에서 1950년대 미국 군인들의 다수는 자신이 보수적 또는 보수주의적 성향을 지녔다고 생각했다. 본인을 자유주의자라고 여기는 군인은 3%대에 머물렀다.[48]

헌팅턴은 객관적 문민통제의 채택과 이를 위한 보수주의의 집권을 냉전 퍼즐의 처방으로 제안했다. 소련을 제압하려면 전문직업군의 고조된 군사력이 필요했고, 탈정치화된 전문직업군을 조직하려면 군인 윤리

---

47 미국 문서기록관리청(The U.S. National Archives and Records Administration), https://www.archives.gov/publications/prologue/2006/spring/gerry.html

48 1954년 미국 국방부에 소속된 현역 장교 576명을 조사한 결과, '보수적(conservative)' 14.7%, '다소 보수적(somewhat conservative)' 46.5%, '다소 자유주의적(somewhat liberal)' 31.8%, '자유주의적(liberal)' 3.2%로 나타났다. Janowitz(1988), pp. 236-241.

한국군의 두 얼굴

를 배척하지 않고 군에 자율을 보장하는 보수주의의 득세가 필수적이라는 것이다.

오메라(Andrew P. O'meara)는 미국 군부의 기대와 현실이라는 관점에서 보수주의가 군에 대해 덜 개입적이라는 점을 관찰했다.[49] 군은 국방부 내에서 군사적 활동을 조율하는 데 중요한 역할을 할 것이라는 기대와 달리 현실에서는 무력함에 직면하게 된다. 자유주의 정부는 계획, 기획, 예산의 업무(Planning, Programming, and Budgeting System: PPBS) 절차에서 군의 독립성을 인정하지 않는다. 이에 반해 보수주의 정부는 군에 상당한 독립성을 부여한다.

이데올로기별 정부의 문민통제는 기획, 계획, 예산 등의 업무뿐 아니라 군사적 영역으로까지 확장된다. 군은 보수주의와 자유주의 정부의 차별적 문민통제에 맞춰 대응하는 행동 패턴을 보인다는 것이 오메라의 연구 결과이다.

(3) 군의 자율성과 공격성의 관계

보수주의는 객관적 문민통제를 지지하고, 이에 따라 군은 전문직업군의 자율을 부여받게 된다. 폭력을 조직하고 관리하는 전문가인 군에 재량껏 군사정책을 집행하고, 자율적으로 군사작전을 수행할 여건이 보수주의하에서 주어지는 것이다.

---

49 Lieutenant Colonel Andrew P. O'merea, Jr., "Civil-Military Conflict Within The Defense Structure," Parameters, *Journal of the US Army War College*, 3-1(March, 1978), pp. 85-92.

자율을 확보한 군은 본능을 발휘하기 마련이다. 폭력의 관리자인 군은 공격적이다. 클라우제비츠가 나폴레옹 전쟁 중 치른 예나-아우어슈테트 전투(Schlacht bei Jena und Auerstedt)에서 폭력의 확장성을 목도하여 착안한 전쟁의 무제한성(Begrenzyng)과 절대 전쟁도 정부의 개입이 배제된 상태에서 벌어지는 군의 목적 달성을 위한, 군에 의한, 군의 전쟁을 의미한다.[50] 제한 전쟁은 정부의 정책을 이행하기 위해 정부의 목적 범위 안에서, 즉 문민통제의 제약하에서 수행되는 정치적 전쟁이다.

스나이더는 1차 대전 발발 직전 문민통제의 약화와 군부의 자율성 확대로 군의 공격성이 강화되는 양상에 주목했다.[51] 문민통제의 약화, 즉 군 우위의 환경에서 문민정부의 개입은 줄어들고 군의 자율성은 확대됐다. 유럽 무기체계의 방어적 특장점도 군의 공격성을 제어할 수 없었다.

1차 대전 시기 유럽의 무기체계는 기관총, 철조망, 참호, 대포 등으로 대표된다. 몇 겹의 철조망으로 둘러싸인 참호를 구축해 완충지역을 형성하고 기관총과 대포로 무장한 전선은 난공불락의 요새였다. 철도망을 통해 예비전력과 보급품을 원활하게 이동시킬 수 있어서 철조망, 참호, 기관총의 방어 우위적 성격은 더욱 공고해졌다. 그럼에도 불구하고 유럽의 열강들은 방어적 교리(defensive doctrine) 대신 공격적 교리(offensive doctrine)를 앞다퉈 채택했다.

스나이더는 1차 대전 직전의 독일을 '통제되지 않은 군부(uncontrolled military)', '군부화된 문민(militarized civilians)'의 국가라고 정의했다. 이러한

---

50 김태현, "『전쟁론』 1편 1장에 대한 이해와 재해석," 『군사』 제95호(국방부 군사편찬연구소, 2015), pp. 185–230.

51 Jack Snyder, "Civil–Military Relations and the Cult of the Offensive, 1914 and 1984," International Security, 9–1(Summer, 1984), pp. 108–146.

한국군의 두 얼굴

기류 속에서 독일의 1차 세계대전 작전계획인 슐리펜(Schlieffen) 계획은 정부 내에서 어떠한 협의도 없이 군 단독으로 추진됐다. 프랑스를 단 6 주 만에 장악하겠다는 무모한 구상이었는데도 말이다.

1891년 참모총장에 오른 슐리펜이 1906년 퇴임하면서 슐리펜 계획을 메모 형태로 남긴 이래 독일 전쟁성은 1912년에야 계획의 존재를 알았다. 베트맨(Bethmann Hollweg) 재상은 군부로부터 직접 보고받지 못했고, 슐리펜 계획을 인지한 후에도 계획에 어떠한 문제제기를 하지 않은 채 순응했다. 군사작전은 재상이 관여할 일이 아니라고 생각한 것이다.[52]

베트맨 재상은 1912년까지만 해도 전쟁의 위기를 통제하기 위해 강온 양면정책을 펼쳐야한다는 '통제된 위협(controlled coercion)'의 입장이었다. 그런데도 슐리펜 계획을 인지하게 되자 전쟁이 시작되는 1914년부터 강경책으로 급선회했다.[53]

베트맨 재상을 포함한 독일의 민간인 정부 지도자들이 슐리펜 계획의 존재를 파악했을 때 그들은 이미 수동적 방관자(passive bystander)였다고 스나이더는 묘사했다. 슐리펜 계획과 같은 군사 전략에 있어서 문민 정치가들은 합법적 정통성과 군사적 경쟁력에서 밀릴 뿐 아니라, 국내 정치적 이해관계에 얽매여 속전속결의 결과를 희망했다. 정치적 이익을 위해 안보결집효과에 편승하고자 한 것이다. 러시아가 급격히 군비를 증강해 동부전선의 압박이 커지던 상황도 서부전선에서 '전부 아니면 전무'의 선택을 강요했다.

---

52 김정섭, 『낙엽이 지기 전에: 1차 세계대전 그리고 한반도의 미래』(서울: 엠아이디, 2017), pp. 58-70.

53 Konrad Jarausch, *The Enigmatic Chancellor*(New Haven: Yale University Press, 1973), pp. 110-111, 195.

프랑스는 1871년 프로이센과의 전쟁에서 패배한 이후 방어 위주의 교리에 몰두했다. 아무래도 독일에 비해 군사력이 취약했기 때문에 국경지대 요새를 거점으로 선(先)방어-후(後)반격(defensive-offensive)의 계획을 세웠다. 그러나 프랑스가 차츰 국력을 회복하게 되자 프랑스군의 작전계획도 서서히 공격적으로 변했다.

프랑스군의 공격적 교리는 포슈(Ferdinand Foch) 육군대학 교장과 그의 제자 그랑메종(Loyzeau de Grandmaison) 총참모부 작전부장에 의해 '극한까지 밀어붙이는 공격(Offensive à Outrance)' 전략으로 탄생했다. 공격지상주의, 무한공격사상은 육군대학의 이론에서 프랑스군의 야전교범, 작전계획으로 빠르게 구체화됐다.[54]

드레퓌스 사건 이후 프랑스에서는 자유주의와 보수주의 진영 간, 그리고 민군 간에 갈등의 골이 깊어졌다. 그럼에도 프랑스 문민 지도자들은 공세적 세계대전의 분위기가 무르익는 과정에서 종국에는 공격 지상주의를 수용했다. 개전 초기 프랑스군은 공격 일변도의 작전을 구사할 수 있었다.

견제가 사라지자 균형이 형성될 리 만무했다. 외교가 국제 정치의 문제들을 해결하지 못하니 군의 창검으로 정치적 매듭을 일거에 잘라내겠다는 총참모부의 논리에 문민정부는 속수무책이었다.

반 에베라(Stephen Van Evera)는 정치적, 전략적 고려보다 군사적, 전술적 판단에 의해 위기가 관리되는 20세기 초 유럽의 상황을 '잘못된 낙관주의(false optimism)'라는 개념으로 질타했다.[55] 잘못된 낙관주의의 국

---

54 김정섭(2017), pp. 70-77.

55 Stephen Van Evera, *Causes of War: Power and the Roots of Conflict*(Ithaca, NY: Cornell University

한국군의 두 얼굴

가는 무모하게 군사적 행동을 감행하면 상대방이 지레 겁을 먹어 굴복할 것이라고 믿는다. 공격 우위가 강조되면서 상대방의 공격을 기다리기보다, 먼저 상대방을 공격해야 주도권을 잡을 수 있다는 '전술적 조급함(jumping the gun)'이 나타난다.

보수주의와 군의 자율성, 그리고 공격성의 상관관계는 이와 같다. 군 자체의 보수성과 보수주의에 대한 군의 선호는 이론적, 경험적으로 강력하게 지지된다. 보수주의는 군에 자율을 허용하고, 이에 군은 공격적으로 행동하는 메커니즘을 어떻게 조율하느냐의 문제는 문민통제 성공을 위한 방법론의 중요 주제이다.

Press, 1999), pp. 14-73.

3. 민군 선호의 일치·불일치에 따른 문민통제

(1) 민군의 선호와 문민통제의 균형

헌팅턴은 미국과 소련의 냉전에서 미국이 승리하기 위한 처방적 방안으로 보수주의와 객관적 문민통제를 제안했다. 미국의 전통적 자유주의와 반군적 경향은 냉전 퍼즐을 성공적으로 해결할 수 없기 때문에 자율적 전문직업군을 보장하는 보수주의의 득세를 촉구했다.

미국은 결국 냉전을 승리로 이끌었다. 냉전 퍼즐을 성공적으로 풀어낸 것이다. 그러나 냉전 기간 미국은 자유주의 이데올로기를 포기한 적 없다. 보수주의가 밀려나도 반군사적 경향은 두드러지지 않았다. 헌팅턴의 처방 없이도 냉전 퍼즐이 해결된 상황, 즉 헌팅턴의 이론으로 설명되지 않는 상황이 미국에서 벌어진 것이다.

피버는 경제학에서 폭넓게 논의되는 주인-대리인 이론을 채용해 이와 같은 헌팅턴 이론의 한계를 극복하고자 했다.[56] 민군 간에도 민간의 경제 부문에서처럼 선호의 일치, 불일치라는 독립변수에 따라 정보의 비대칭 유무 현상이 나타나고, 이어 민군의 전략적 상호작용이 발생한다는 것이 피버의 이론이다.

주인-대리인의 문제는 주식회사의 경영에서 분명하게 드러난다. 주식

---

56 연구자에 따라 Principal-Agent 모델에서 Principal을 본인, 주인 등으로 해석하는데 이 책에서는 주인으로 통일해 사용한다.

회사의 주인은 주주이다. 주주들은 회사를 직접 경영하지 않고 통상 전문경영인에게 회사의 경영을 위임한다. 주주와 전문경영인의 관계가 바로 주인과 대리인의 관계이다.

주주와 전문경영인의 이익이 일치한다면 주인-대리인 문제는 발생하지 않는다. 그렇지만 주주와 전문경영인의 이익은 정확하게 일치하지 않는다. 전문경영인은 주인의 이익이 아니라 대리인인 자신의 이익을 극대화하려는 경향이 있다. 배임의 유혹이다.

배임은 주인-대리인 간 정보의 비대칭이라는 구조에서 나타난다. 주식회사의 주인은 분명히 주주이다. 그런데 대리인인 전문경영인이 회사의 정보를 훨씬 많이 가지고 있다. 주주와 전문경영인의 이익이 일치하지 않기 때문에 전문경영인은 독점적으로 소유한 정보를 숨기거나 선택적으로 공개해 주주의 이익보다 자신의 이익을 극대화한다.

배임을 차단해 전문경영인의 이익을 최소화하고 주주의 이익을 극대화하기 위해 대리인 비용이 필요하다. 급여, 성과급, 복지 등이 그것이다. 이와 별도로 주주는 스스로 정보 획득의 노력을 기울이고, 외부 기관의 감사 등을 활용해 전문경영인을 감시할 수 있다. 정보의 비대칭을 완화하는 장치들이다.

주인-대리인 모델을 민군관계에 적용하면 주인은 문민정부이다. 문민정부는 주권자인 국민으로부터 권력을 위임받았기 때문에 민군관계 분석 수준에서 주인의 자격이 인정된다. 군은 대리인이다.

피버는 주인의 범주를 행정부로 한정했다. 이에 반해 애번트(Deborah Avant)는 군에 대한 실질적 통제력과 영향력을 행사하는 의회도 주인의 범주에 포함시켜 민군관계를 폭넓게 분석했다.[57] 애번트의 접근법은 민군관계를 실체적으로 설명할 수 있다는 장점이 있다. 국회 대 군, 행정부 대 군, 국회 대 행정부 간의 전략적 상호작용, 그리고 여야의 각각다른 대응 등이 복잡하게 펼쳐지는 것은 단점이다. 피버의 접근법은 분석 대상의 역동적 상호작용을 간결하게 보여준다는 점에서 뛰어나다.

피버 이론의 시작은 민군 각각의 선호이다. 문민정부와 군은 모두 안보에 대해 책임을 지고 있다. 양자의 공통된 목적과 이익이 안보라고 해도 크게 틀리지 않다. 그럼에도 각각의 선호가 같을 수만은 없다. 개전을 하느냐 마느냐의 전략적 차원에서부터 전투를 어떻게 치르느냐의 전술적 차원에 이르기까지 민군의 선호는 일치하기도 하고 분기하기도한다.

또 군은 문민정부보다 월등한 양과 질의 군사 정보를 가지고 있다. 군은 무력 운용의 전문가로서 군사적 지식과 경험이 풍부하다. 무기와 장비, 병력, 사기 등 자국과 상대국 군사력에 대한 정보도 독점하고 있다.

군은 독점적 정보를 이용해 자기의 선호를 추구할 수도 있고, 역으로 문민정부의 선호를 실현하기 위해 노력할 수도 있다. 피버는 전자를 shirk, 후자를 work라고 칭한다.[58]

shirk의 사전적 의미는 회피, 태만이다. 문민에 대한 복종을 천부적의무로 여겨야 하는 군이 문민의 선호를 이행해야 하는 책임을 회피한다는 차원에서 '책임 회피'로 명명함이 타당하다. 문민의 선호를 따르는

---

57 Deborah Avant, "The Institutional Sources of Military Doctrine: Hegemons in Peripheral Wars," *International Studies Quarterly*, 37-4(December, 1993), pp. 409-430.

58 Peter D. Feaver, "Crisis as Shirking: An Agency Theory Explanation of the Souring of American Civil-Military Relations," *Armed Forces & Society*, 24-3(Spring, 1998), pp. 407-434.

한국군의 두 얼굴

work는 책임을 이행한다는 차원에서 '책임 이행'이라고 부르는 것이 적당하다.[59]

군이 문민정부의 선호에 순응해 책임 이행을 선택할 때 문민통제는 안정적이다. 군이 문민정부의 선호 대신 자기 선호를 선택해 책임을 회피하면 민군갈등이 발생한다. 이에 앞서 민군의 선호가 불일치할 때부터 민군의 갈등적 상황은 나타난다. 민군갈등은 문민통제의 피할 수 없는 한 과정이다.

선호의 분기성과 정보의 비대칭성은 필연적은 아닐지라도 빈번하게 역선택(adverse selection)과 도덕적 해이(moral hazard)를 낳는다. 역선택과 도덕적 해이라는 개념은 미국의 보험 시장에서 처음 정립됐다는 것이 정설이다. 도덕적 해이는 1800년대 중반[60], 역선택은 그보다 20여 년 후 각각 개념적으로 사용되기 시작했다.[61]

보험의 경우에 역선택은 계약 이전 단계에서 발생한다. 정보의 비대칭으로 인해 보험회사가 피보험자의 리스크를 정확히 파악하지 못한 채 계약하는 것이다. 도덕적 해이는 계약 이후 발생한다. 피보험자가 지나치게 보험 계약에 의존하거나 보험의 혜택을 노려 사고 방지 노력을 게을리하는 것이다.

월등한 군사적 정보를 가지고 있는 군이 피보험자이고, 문민정부는 보험회사와 같은 입장이다. 역선택은 장교의 임관과 진급 단계, 나아가

---

59 work는 책임 이행, shirk는 책임 회피라는 정의는 논의의 여지가 많다. 이근욱(2017)은 shirk를 책임 회피라고 표현한 데 반해 송승종(2018)은 사전적 의미를 준용해 work는 근무, shirk는 태만이라고 표현했다.

60 Tom Baker, "On the Genealogy of Moral Hazard," *Texas Law Review*, 75(December, 1996), pp. 237-292.

61 David Rowell, & Luke B. Connelly, "A History of the Term Moral Hazard," *Journal of Risk and Insurance*, 79(December, 2012), pp. 1051-1075.

정책의 선택 과정에서 나타난다. 문민정부는 능력과 신념이 불분명한 장교를 임관 및 진급시키는 오류를 범할 수 있다.

대리인은 주인의 선호보다 자신의 선호를 좇으려는 경향이 있다. 대리인이 책임 이행보다 책임 회피를 선택하는 동기가 뚜렷함으로 인해 도덕적 해이는 나타난다.[62] 군이 자기 선호에 따라 책임 회피를 선택했으면서도 문민의 선호에 부응해 책임 이행하는 것처럼 행동하는 것이다. 정보가 빈약한 문민을 속이는 전형적 도덕적 해이이다.

민군의 선호가 분기하고 정보의 비대칭과 이에 따른 역선택과 도덕적 해이의 가능성이 크기 때문에 문민정부는 군을 전적으로 신뢰할 수 없다. 따라서 문민정부는 군에 대해 간섭적 감시(intrusive monitor)를 하고 군의 책임 회피를 처벌한다.[63]

권한 위임의 범위를 제한하는 수준에 따라 감시의 방법을 배열하면 계약 유인(contract incentives), 진입장벽과 선택(screening selection), 화재 경보(fire alarm), 제도적 견제(institutional checks), 경찰 순찰(police patrols), 위임 결정의 수정(revising delegation decision) 등으로 나뉜다.[64] 계약 유인은 군의 순응을 대가로 간섭적 감시를 완화하는 것이다. 군의 자율성과 군에 위임된 권한을 인정한다. 진입장벽과 선택은 장교단 진입과 진급의 자격요건을 강화하는 제도이다. 전문직업군으로서 합당한 자격을 갖춘

62 Peter D. Feaver, *Armed Servants: Agency, Oversight, and Civil-Military Relations*(Cambridge, Massachusetts, and London: Harvard University Press, 2005), pp. 72-75.

63 피버는 문민통제의 방식을 간섭적 감시와 비간섭적 감시 등 크게 2가지로 구분했다. 피버의 intrusive monitor는 간섭적 감시라고 해석해야 하지만 간섭의 사전적 의미는 '부당한 참견'인바, 문민정부의 군에 대한 통제의 의미와 다소 거리가 있다. 따라서 이 책에서는 피버의 이론을 기술할 때는 간섭이라는 용어를 쓰지만 이외 한국의 문민통제를 기술할 때는 '관계하여 참여한다'는 의미의 관여(關與)를 사용한다.

64 Feaver(2005), pp. 75-87.

인원들에게 장교단 진입과 진급의 기회가 주어진다. 장교단의 선발과 진급 과정에서 문민정부의 선호를 다소 비간섭적으로 주입할 수 있다.

조금 더 간섭적인 방식은 화재 경보이다. 언론 미디어, 국방 관련 연구소와 같은 제3자가 군을 감시하고, 제3자는 군의 행동을 문민정부에 보고한다. 군종별 경쟁(interservice rivalry)을 통해 특정 군이 타군을 감시하고 경고하는 것도 화재 경보의 일종이다.

제도적 견제는 미국의 경우 민병대, 주(州) 방위군(National Guard) 등 정규군을 대체할 수 있는 전력과 문민 장관 등을 통한 군에 대한 감시이다. 미국은 민병대의 전통과 주 방위군의 편제가 탄탄하다. 문민 국방부장관도 법적으로 보장돼 제도적 견제가 활성화됐다.

경찰 순찰은 간섭적 감시의 방식이다. 문민정부는 계획, 기획, 예산의 업무(PPBS)를 장악해 군의 단기적 예산 편성부터 장기적 계획 수립까지 개입한다. 군사적 개입(military engagement)의 방식도 문민정부가 결정한다. 행정부외 의회의 감사와 감시 제도들도 군을 면밀히 들여다볼 수 있다.

가장 간섭적인 감시의 방식은 위임 결정의 수정이다. 군에 위임된 군사작전의 결정을 문민정부의 관점에서 변경하는 것이다. 군에 하달된 전략적 목적과 전술적 목표, 그리고 이 목표를 수행하기 위한 작전의 구체적 방식도 재정립함으로써 군의 자율성을 상당폭 제한한다.

〈그림 2-4〉 피버의 민군 게임

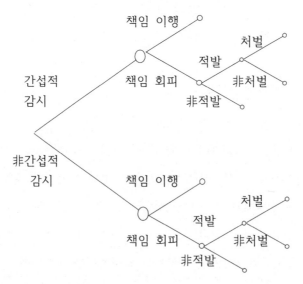

출처: Feaver, 『Armed Servants』(2005), pp. 106.

문민정부는 이와 같이 다양한 옵션을 이용해 군이 문민정부의 선호대로 책임을 이행하는지 감시한다. 군이 책임 회피를 선택한다면 문민정부는 군을 처벌할 수 있다. 군은 처벌의 가능성을 따져 책임 이행과 책임 회피 중 한 가지를 선택하는 민군의 게임(civil-military game)이 벌어진다.

낮은 수준의 처벌은 감사 또는 의무적 교정 훈련 등이다. 이어 물질적 불이익을 줄 수도 있는데 현재적 조치로써 예산 감축이 대표적이고, 미래적 조치로는 계급 강등 후 전역, 전역 특권의 축소 등 물질적 불이익과 함께 명예를 침해하는 것들이다. 군사법원 제도와 구두경고, 그리고 숙청과 같이 법을 초월한 조치도 처벌의 수단이다.[65]

---

65 Feaver(1998).

한국군의 두 얼굴

피버의 이론에서 문민정부는 군을 간섭적으로 감시할 수도 있고, 그렇지 않을 수도 있다. 군의 책임 회피를 인지했을 때 처벌할 수도 있고, 그렇지 않을 수도 있다. 군은 처벌받을 가능성이 높으면 책임 이행을 선택하려는 유인이 커지고, 반대로 처벌을 받을 가능성이 낮으면 책임 회피의 유혹과 직면한다. 즉, 군의 책임 이행과 책임 회피의 선택은 처벌의 기대함수에 따른다.

민군갈등과 군의 책임 이행, 책임 회피라는 민군의 역동적이고 전략적인 상호작용을 거쳐 미국은 냉전에서 승리했다. 그렇다면 냉전 승리를 낳은 미국 민군관계의 균형 조건(equilibrium condition)은 무엇일까. 피버의 결론은 문민정부의 간섭적 감시와 군의 책임 이행(intrusive monitoring with working)이다.

간섭적 감시와 책임 이행의 균형은 민군의 선호는 불일치하되 그 차이가 크지 않을 때, 간섭적 감시의 비용이 낮을 때, 비간섭적 감시의 신뢰도가 낮을 때, 책임 회피에 따른 처벌에 대한 군의 예상치가 높을 때 나타난다.[66]

냉전 시기 미국의 대외 군사정책에 대한 민간 엘리트와 군 엘리트의 선호 조사에서 민군의 선호는 대체로 불일치했다.[67] 피버는 설득과 협의를 통해 그 불일치의 조정이 가능하다고 보았다. 무엇보다 정치인들도 냉전기 안보의 중요성을 강조해야 안보결집효과에 따른 유권자들의 지지를 얻을 수 있었다는 점에서 민군의 안보 관련 선호의 불일치는 타협

---

66 Feaver(2005), pp. 152-179.

67 Feaver(2005), pp. 38-45. 피버는 1976년부터 1992년까지 미국 민군 엘리트들의 대외정책에 대한 태도를 조사한 홀스티(Holsti)사의 자료를 인용했다.

이 가능한 수준이었다.

이에 따라 간섭적 감시의 비용은 낮았다. 간섭적 감시의 비용이 낮으니 비간섭적 감시의 유인도 높을 수 없었다. 또 인기 없는 대통령 트루먼이 대중적 인기가 높고 공화당의 지지를 받던 맥아더를 처벌한 사례는 책임 회피에 대한 처벌의 가능성을 크게 높였다. 냉전기 미국의 민군관계는 간섭적 감시와 군의 책임 이행이라는 균형 조건에 상당히 가까웠다.

기술의 혁신은 민군 간 정보의 비대칭 문제를 완화하고, 간섭적 감시 비용을 낮춤으로써 미국 민군관계의 균형에 기여했다. 정보통신기술의 발달로 통수권자는 현장 상황을 관찰하고 현장 지휘관에게 직접 명령할 수 있게 됐다. 1968년 푸에블로호 나포 사건 때 존슨 대통령은 동해로 진입한 엔터프라이즈 항공모함의 함장에게 직접 명령을 하달했다.[68] 1962년 쿠바 미사일 위기 당시 케네디 대통령도 봉쇄작전에 나선 해군 사령관에게 직접 명령을 내릴 수 있었다.[69]

(2) 미국 민군의 전략적 상호작용 사례

피버는 1945년부터 1989년 냉전기 미국의 해외 무력 개입 여부를 결정하는 데(on the decision whether to use force) 있어서 군의 책임 이행과 책

---

68 Joseph A. Sestak, "The Seventh Fleet: A Study of Variance between Policy Directives and Military Force Postures," *Ph.D. diss.*, (Havard, 1984), pp. 72.

69 Joseph F. Bouchard, *Command in Crisis: Four Case Studies*(New York: Colombia University Press, 1991), pp. 62–68.

한국군의 두 얼굴

임 회피 사례를 분류했다.[70] 무력 개입을 할 것인지, 말 것인지를 결정하는 과정과 그 결과를 사례 분석한 것이다. 총 29개 사례 중 23개 사례에서 군은 책임 이행을 선택했고, 6개 사례에서 책임 회피했다. 헌팅턴의 이론을 적용하면 책임 이행은 민군의 이데올로기적 선호가 같은 보수주의 정부 시기에, 책임 회피는 이데올로기적 선호가 다른 자유주의 정부 시기에 발생할 것으로 예측하기 쉽다. 그러나 결과는 달랐다.

〈표 2-1〉 미국 민군의 무력 사용의 결정 과정

사례	민군 갈등	군의 선호	W/S	의사결정
베를린 1948	○	전구사령관 공격적	work	공습
한국 1950	○	전구사령관 공격적, 합참 덜 공격적	work	6·25
인도차이나 1954	○	육군·해군·해병대 덜 공격적	shirk	정부 의도와 달리 군사개입 안 함
대만해협 1954	○	해군 공격적	work	해군 전개
대만해협 1958	○	해군 공격적	work	해군 전개
베를린 1958	○	전구사령관 공격적	work	군사개입 안 함
레바논 1958	×		work	해병대 상륙
라오스 1961	○	정부의 제한적 개입 요구에 합참 반발	shirk	무력 사용 안 함
라오스 1962	○	정부의 제한적 개입 요구에 합참 반발	work	해병대 태국 진입
쿠바 1961	×		work	피그만 침공

---

70 Feaver(2005), pp. 132-139.

베를린 1961	×		work	베를린 재무장, 무력 사용 안 함
베트남 1961-1963	○	공군 공격적	work	군사적 지원·조언의 증가
쿠바 1962	○	합참 공격적	work	해상 봉쇄
베트남 1964	○	합참·해공군·해병대 등 공격적	work	통킹 보복 위한 제한적 공습
도미니카 1965	×		work	침공
푸에블로 1968	○	전구사령관 공격적	work	해군 전개, 보복 안 함
북한 1969 (EC-121 추락)	○	육군·공군·전구사령관 덜 공격적	shirk	해군 전개, 보복 안 함
요르단 1970	○	합참·육군 덜 공격적	shirk	무력 사용 안 함
캄보디아 1970	×		work	침공
욤키푸르 전쟁 1973	×		work	이스라엘 지원
마야구에즈 1975	×		work	구출작전 실시
이란 1980	×		work	구출작전 시도
니카라과 1983	○	합참·육군·전구사령관 덜 공격적	shirk	침공 안 함
레바논 1982-1983	○	합참 덜 공격적	work	다국적군 합류
레바논 1983	○	합참 덜 공격적	shirk	보복 최소화, 완전 철군
그레나다 1983	○	합참 덜 공격적	work	침공
리비아 1986	×		work	공습
페르시아 1987	×		work	쿠웨이트 전차 보호 위해 선적 변경
파나마1989	×		work	침공

출처: Feaver, 『Armed Servants』(2005), pp. 134-136.

책임 회피의 사례는 다음과 같다. 1954년 인도차이나 전쟁에서 미국

한국군의 두 얼굴

정부는 군사적 개입을 선호했다. 미국 육군과 해군, 해병대는 반대했다. 군사적 개입은 이뤄지지 않았다. 1961년 라오스 내전 중 미국 합참은 정부의 제한적 개입 요구에 반대해 뜻을 관철했다.

1969년 북한이 미 공군 정찰기 EC-121을 격추했을 때 미국 정부는 보복적 행동을 선호했음에도 불구하고 육군과 공군, 전구사령관은 소극적이었으며 결과적으로 보복은 없었다. 1971년 요르단 사례, 1983년의 니카라과 사례, 레바논 사례에서도 정부는 공격적이었던 데 반해 군은 상대적으로 덜 공격적이었고 군의 선호가 실현됐다.

6개 책임 회피 사례에서 정부는 모두 군사적 개입을 강요했고, 군은 개입에 반대했다. 군은 군사적 개입이 정치적, 전략적으로 과도하다고 생각했다. 군의 선호가 채택됐다. 나머지 23개 책임 이행 사례는 모두 정부의 선호대로 군이 군사적 개입을 한 것이다.

6개 책임 회피 사례 중 1961년 라오스 사례만 민주당 케네디 정부 때의 일이었고, 나머지 5개 사례는 모두 공화당 정부 때의 일이었다. 문민 정부의 선호를 따르지 않는 군의 책임 회피는 보수주의적인 공화당 집권 시기에 오히려 많았다는 점이 특기할 만하다. 보수주의와 군이 상호 친화적으로 행동할 것이라는 헌팅턴의 예측은 빗나갔다.

같은 기간 군사적 개입을 하는 상황에서 무력 사용의 구체적 방법을 결정하는 데(on the decision how to use force) 있어서도 군은 주로 정부의 선호를 따르는 가운데 종종 거스르는 경우가 있었다. 총 27개 사례 중 책임 회피는 4개 사례, 책임 이행은 23개 사례이다. 책임 회피이든 책임 이행이든 대부분 사례에서 민군갈등은 발생했다.[71]

---

71 Feaver(2005), pp. 139-152.

〈표 2-2〉 미국 민군의 무력 사용 방법의 결정 과정

사례	이슈	민군 갈등	군의 선호	의사결정
베를린 1948	베를린 지원	○	전구사령관 공격적/work	공수
한국 1950	인천상륙	○	전구사령관 공격적/work	인천 공격
한국 1950	38선 돌파	○	전구사령관 공격적/work	트루먼 설득
한국 1950	압록강 접근	○	전구사령관 공격적/shirk	압록강 접근
한국 1950-1951	중국 확전	○	전구사령관 공격적/shirk	한국으로 제한, 맥아더 처벌
한국 1951-1953	전투 제한	○	전구사령관 공격적/work	정전협상 진행
대만해협 1954	전개 방법	○	해군 공격적/work	해군 전개
대만해협 1958	전개 방법	○	해군 공격적/work	해군 전개
레바논 1958	점령 수준	○	합참 공격적/work	베이루트 제한점령
쿠바 1961	반군 지원	○	합참 공격적/work	지원 안 함
베트남 1961-1963	대반란 교리	○	공군 공격적/work	대반란 실행
쿠바 1962	폭격 vs 봉쇄	○	합참 공격적/work	봉쇄만 실시
베트남 1964	통킹 보복	○	군 공격적/work	제한적 폭격
도미니카 1965	침공 규모	○	전구사령관 공격적/work	제한적 침공
베트남 1965	지상군 투입	○	합참·사령관 공격적/work	제한적 지상전
베트남 1965	북베트남 폭격	○	합참·사령관 공격적/work	제한적 폭격
베트남 1966-1967	전장 제한	○	합참·사령관 공격적/work	전장 제한
테트(Tet) 1968	전투 제한	○	합참·사령관 공격적/work	협상 지속
베트남 1968-1972	지상군 역할↓	○	합참·사령관 공격적/work	지상군 역할↓
캄보디아 1970	급습 규모	○	합참·사령관 공격적/work	제한적 급습
마야구에즈 1975	B-52 보복	○	합참 덜 공격적/shirk	보복 안 함

이란 1980	구출 시도	×	-/work	구출 시도
레바논 1982-1983	전개 규모	○	합참 공격적/work	미군 대기
그레나다 1983	침공 규모	○	합참 공격적/shirk	압도적 전력투입
리비아 1986	폭격	×	-/work	단일 폭격
페르시아 1987	쿠웨이트 전차 선적 변경	×	-/work	쿠웨이트 전차 선적 변경
파나마 1989	침공 방법	×	-/work	압도적 전력투입

출처: Feaver, 『Armed Servants』(2005), pp. 141-144.

민군갈등은 4개 사례를 제외한 23개 사례에서 나타났다. 모든 책임 회피 사례에서 민군의 갈등이 발생하는 것은 당연하다. 책임 이행 사례도 대부분 민군갈등을 겪은 후에 작전 방법이 결정됐다.

민군갈등이 없었던 사례는 1980년 주(駐)이란 미국대사관 억류 미국인 인질 구출, 1986년 리비아 공습, 1987년 걸프전 당시 쿠웨이트군 전차 호위, 1989년 파나마 침공 등 4건이다.

나머지 23개 사례들은 무력 사용 방법에 대해 민군의 선호가 불일치했다. 한국에서 발발한 6·25 전쟁 당시 압록강 진군과 중국으로의 전쟁 확대, 1975년 마야구에즈(Mayaguez) 미국 해병대 포로 학살에 대한 보복, 1983년 그라나다 침공 사례에서 군은 갈등 끝에 문민정부의 선호를 따르지 않고 책임 회피했다.

6·25 전쟁에서는 전구 사령관인 맥아더의 공격성이 두드러졌다. 이에 반해 미국 정부는 덜 공격적이었다. 38선 돌파와 북진은 맥아더에 의해 트루먼 대통령과 UN이 설득돼 실행됐다고 피버는 분석했다. 압록강 넘

어 만주 지역까지 폭격해 중국으로 전선을 확대하는 문제로 초래된 갈등은 공격 일변도의 맥아더를 본국으로 소환해 전역 조치하는 처벌이 단행됨으로써 봉합됐다.

민군의 선호 일치로 갈등이 없었던 4개 사례 중 카터 대통령 시기 주이란 미국대사관 구출 사건을 제외한 나머지 3개 사례는 모두 공화당 집권 때 벌어졌다. 23개 갈등 사례들은 민주당 집권기 15개, 공화당 집권기 9개로 민주당 집권기가 상대적으로 많았다(사례 1건은 민주, 공화당 집권기에 걸쳐서 발생했다). 4개의 책임 회피 사례는 맥아더의 책임 회피 사례 2개가 민주당 집권기이고, 나머지 2개는 공화당 집권기의 일이다.

군의 자율성을 인정하는 보수주의 정부에서도 민군의 갈등과 군의 책임 회피는 나타났다. 갈등은 자유주의 정부에서 많았으며, 보수주의 정부에서도 적지 않았다. 미국의 보수주의 정부도 민군의 선호 불일치, 민군갈등, 군의 책임 회피를 피할 수 없었던 것이다. 헌팅턴 이론의 설명력은 바로 이 지점에서 한계를 드러냈고, 피버의 주인-대리인 모델은 이를 극복했다.

미국 민군관계에서 민군의 선호 불일치는 일상다반사이다. 선호가 다르니 민군갈등도 흔하게 벌어진다. 미군은 선호 불일치와 갈등의 상황에서도 대체적으로 문민정부에 순응하며 책임을 이행했다. 미국은 문민통제의 성공과 냉전의 승리라는 두 마리의 토끼를 잡았다. 정부의 이데올로기는 미국의 문민통제에 별다른 영향을 미치지 않았다.

4. 정치와 군의 관계

(1) 문민정부와 군의 불평등한 대화

"전쟁은 너무나 중요하기 때문에 장군들에게만 맡겨놓아서는 안 된다(La guerre, C'est une chose trop grave pour la confier à des militaires)."

1차 세계대전의 승리를 견인한 클레망소(Georges Benjamin Clemenceau) 프랑스 총리의 이 유명한 발언은 문민통제의 필요성을 설득적으로 표현했다. 개전이라는 전략적 판단은 물론이고 전술적 수준의 전투에서도 군은 문민의 통제를 받아야 한다는 주장이다. 피버의 간섭적 감시와 같은 맥락이다.

코헌은 클레망소를 문민통제의 성공과 전쟁의 승리라는 완벽한 시나리오를 구현한 정치인으로 간주한다. 코헌이 클레망소와 같은 반열에 올린 정치인들은 미국 남북전쟁의 링컨(Abraham Lincoln) 대통령, 2차 세계대전의 처칠(Sir Winston Leonard Spencer-Churchill) 총리, 1차 중동전쟁의 벤구리온(David Ben Gurion) 총리 등이다. 코헌은 이들 문민 정치인들의 업적을 관찰한 후, 문민 정치인이 군과 밀접하게 소통하며 군의 작전에 시시콜콜 관여하고 최종 결론을 내리는 불평등한 대화(unfair dialogue)를 성공적 문민통제의 전형으로 제시했다.[72] 정책 결정 과정의 민군 대화

---

72 Eliot A. Cohen, *Supreme Command: Soldiers, Statesmen and Leadership in Wartime*(New York:

는 평등하되, 정책 결정은 문민에 의해 행해진다는 점에서 민군의 상호 작용을 불평등한 대화라고 정의했다.

링컨은 전문적인 군사 교육을 받은 적이 없다. 독학으로 전쟁 관련 지식을 습득하고 민병대 부관으로 몇 달 복무한 것이 군 관련 이력의 전부이다. 그는 휘하 장군들은 물론이고 위관급 장교들의 의견도 폭넓게 청취했다. 결정은 온전히 자신의 의지와 판단에 따랐다.[73]

1861년 3월 남부 해안의 섬터 요새(Fort Sumter)와 피켄스 요새(Fort Pickens)에 고립된 북부군 부대는 수적 열세에다 장교들까지 남부군에 투항하면서 절망적 상황에 빠졌다. 링컨은 장교들에게 요새에 보급물자를 재지원해야 할지 자문을 구했고, 장교들은 보급은커녕 철수를 주장했다.

링컨의 결정은 장군들과 반대로 추가 보급이었다. 부대를 철수하지도 증강하지도 않고 추가 보급만으로 전선에서 버티게 하는 다소 무모한 선택을 함으로써 전쟁에 대한 의지를 드높이는 정치적 효과를 얻었다.

그랜트(Ulysses Simpson Grant)와 셔먼(William Tecumseh Sherman) 장군에게는 재량권을 상당폭 이양했다. 링컨이 직접 전쟁 초기에 마련한 전략과 이를 토대로 작성한 전쟁 계획이 확고해서 전술적 재량권을 장군들에게 허용한 것이라고 코헌은 분석했다. 동시에 링컨은 그랜트 장군을 미 육군 총사령관으로 임명하기 위해 수 년간 사전 조사를 진행했고, 임명 후에도 조사를 멈추지 않았다. 주요 지휘관의 임명부터 임명 후까지 감시함으로써 군에 대한 통제력을 공고하게 한 것이다.

The Free Press, 2002).

73 이하 링컨의 전시 리더십은 Cohen(2002), pp. 15–51.

한국군의 두 얼굴

링컨은 전쟁의 수단으로 도입된 혁신적 기술인 전신을 백분 활용했다. 군사 전용 전신망은 명령과 보고의 속도를 획기적으로 높였다. 링컨은 전신 사무소를 전쟁 지휘소와 다름없이 이용했다. 워싱턴에서 전신으로 전황을 보고받고 전신으로 지침을 하달함으로써 링컨은 야전 사령관 못지않게 전쟁의 상황을 정확하게 파악하고 명령할 수 있었다. 문민 정치인이 전황에 따라 전쟁의 목표와 전략을 수정하고, 이를 실시간으로 전장에 전파하는 양상이 전개됐다.

링컨이 전신망을 통해 장군들과 소통했다면 클레망소는 전선을 직접 방문하는 일종의 현장 방문 경영(management by walking around)을 통해 장병들과 함께 호흡했다. 70대 고령의 총리는 1주일 중 하루는 적 기관총의 사거리 범위 안으로 들어가 참호의 장병들과 대화했다.[74]

사회주의자 클레망소는 "군은 문민통제에 절대 복종하고, 정치적으로 중립을 지켜야 한다"라고 생각했다. 미국 그랜트 장군과 직접 만나 대화한 후 감명받은 점도 그랜트의 문민 시도사에 대한 복종심이었다. 군이 문민의 통제에 복종하는 구조를 프랑스에 이식하기 위한 그의 방법론이 바로 현장 경영, 즉 참호 방문이었다.

1주일에 한 번 전선을 방문하는 그의 루틴은 1918년 1월부터 시작됐다. 현장에서 장군들을 직접 만나 전쟁 현황을 살핀다는 것이 명분이었다. 그렇다손 치더라도 그의 최전선행은 무모해 보였다. 장성급 지휘관들도 전선 후방에서 전투를 지휘하는데 군 통수권자가 주기적으로 참호에 갔으니 동서고금의 상식으로도 파격이다.

클레망소는 군사적 식견이 높은데다 현장에서 전황을 직접 관찰했기

---

74 이하 클레망소의 전시 리더십은 Cohen(2002), pp. 52~94.

때문에 백전노장 최고사령관들도 그의 주장에 반대할 수 없었다. 최고사령관들도 잘 안 가는 곳에 통수권자가 찾아가 확인한 바여서 장군들도 부정할 도리가 없었다. 결국 클레망소가 현장에서 본 사실들에 기초한 판단이 결심의 주요 근거가 됐다.

백발의 군 통수권자가 위험을 무릅쓰고 꾸준히 전선에 나타나자 참호 속 장병들의 사기와 함께 총리에 대한 국민의 지지도 크게 높아졌다. 프랑스 국민들은 클레망소를 확고한 전쟁 지도자로 인정했다. 국민과 장병들의 지지는 군에 대한 문민정부의 통제력 강화로 이어졌다.

클레망소 이전의 프랑스 행정부와 의회는 군을 통제하지 못했고, 군의 공격적 교리를 무비판적으로 수용했다. 현장 경영으로 단련된 클레망소 총리는 이러한 악습을 뒤집었다. 그는 최고사령관에서 사단장급에 이르기까지 장군들의 인사에 관여할 정도로 용의주도했다. 걸출하고 개성이 뚜렷한 포슈(Ferdinand Jean Marie Foch)와 페탱(Henri Philippe Benoni Omer Joseph Pétain) 두 장군도 요령껏 다뤄 그들의 능력을 최대치로 끌어올렸다.

영국 처칠 총리는 2차 대전 종전 후 예비역 장군들로부터 혹독한 비판을 받았다. 처칠이 위대한 전략가, 초인적 존재로 여겨지는 데 대해 그와 함께 전쟁을 치른 노장들은 엉뚱하고 심술궂은 고집불통에 불과하다고 혹평했다. 처칠은 전쟁 중 군사적으로 세세한 부분까지 지칠 줄 모르고 월권에 가까운 개입을 했고, 이에 대한 반감이 전후(戰後)에 나타난 것이다.[75]

처칠이 장군들의 판단을 전적으로 신뢰하는 경우는 드물었다. 전략

---

75 이하 처칠의 전시 리더십은 Cohen(2002), pp. 95–132.

부터 전술에 이르기까지 모든 면에서 처칠은 통수권자의 권리로 관여했다. 그 수단은 끊임없는 질문이었다. 처칠은 질문하고 장군들은 대답하면서 처칠은 자신의 의중을 군부에 전달했고, 군부의 판단과 행동을 지속적으로 감시하고 통제했다.

독일군의 영국해협 횡단 및 침공에 대비한 훈련에 대해 처칠은 1941년 3월 말부터 5월 중순까지 훈련 책임자인 브룩(Alan Francis Brooke) 장군과 수차례 편지를 주고받으며 훈련의 상세한 내용까지 묻고 또 물었다. 적 전투기와 전함, 병력의 규모뿐 아니라 차량과 탄약 등 군수물자 내역까지 캐물었다. 방어가 상대적으로 허술했던 영국의 그리스 상륙작전과 강력한 방어력의 영국에 대한 독일의 상륙작전을 비교, 분석하며 장군을 곤혹스럽게 했다.

1944년 해군은 함대의 병력과 조선소의 인력을 증원해달라고 요구했다가 처칠의 질문 세례를 받았다. 처칠은 독일 유보트의 패배, 독일 티르피츠(Tirpitz) 전함의 전력 이탈, 이탈리아 함대의 항복, 태평양 선선에서 미국의 일본에 대한 우위 등 반증 사례들을 일일이 열거하며 병력 증원에 의문을 제기했다. 해군이 당초 희망한 증원 병력은 36만 명이었다. 처칠과 실랑이를 벌인 끝에 실제로 확보한 추가 병력은 그 절반에도 못 미쳤다.

처칠의 질문은 일견 사소한 분야로까지 파고들었다. 종전 이후인 1945년 11월 육군 위원회(Army Council)는 각 연대별 견장 부착을 금지했다. 처칠은 국방부장관에게 편지를 보내 "연대 단위의 단결정신을 해치게 될 것"이라며 견장 부착 금지 조치의 취소를 종용했다. 통상부가 "견장 공급을 위해서 전반적인 물자 부족 상황에도 불구하고 의복 재단 설비를 확충해야 한다"라는 의견을 내자 처칠은 재단 관련 실수요 현황

보고서를 통상부에 요구했다.

확정돼 시행된 조치를 뒤집는 데 국방장관은 주저했다. 견장 부착에 소요되는 자원이 미미한 것으로 드러나자 장관은 더 이상 버틸 재간이 없었다. 견장 부착 전통을 복구하기까지 모든 과정을 조사하고 질문함으로써 처칠은 군의 사기를 고양하기 위해 노력을 아끼지 않는다는 정치적 이미지를 얻었다.

처칠은 강압적으로 일방적인 명령을 한 것이 아니라 질문을 통해 조사했다. 주장을 뒷받침할 근거들을 테이블 위에 올려놓고 합리적인 근거에 따른 타당한 결과를 선택한 것이다. 모든 과정은 편지와 보고서 등 문서를 이용함으로써 질문의 절차적 공정성과 근거 공개의 개방성, 결심의 타당성을 확보했다.

처칠처럼 꼬치꼬치 캐묻는 상관을 좋아할 부하는 없다. 그래서 처칠과 장군들의 관계는 근본적으로 원만할 수 없었다. 장군들의 감정이 그러했음에도 처칠은 순종적인 장군보다 자기 주장이 세고 본인에 대해 부정적 견해를 가진 장군들을 중용했다. 처칠은 의견을 달리하는 장군들이라도 능력이 인정되면 인사상 불이익을 주지 않는 관용적 용인술을 펼쳤다.

뒹케르트 탈출 작전을 기획해 성공시킨 브룩 장군이 대표적인 예이다. 독일군의 영국해협 횡단 및 침공에 대비한 훈련 계획을 두고 처칠과 오랜 논쟁을 벌였던 바로 그 장군이다. 브룩은 순수한 군사적 결정의 경우 장군이 집행의 책임자가 돼야 한다고 굳게 믿었다. 처칠이 애매한 근거를 내놓으면 브룩은 비타협적 태도를 취했다. 격렬한 토의를 벌인 후 둘은 곧바로 우정을 되찾았다. 전쟁성장관 그리그 경(Sir Percy James Grigg)은 "두 사람은 모든 중요한 문제에 대해 토론을 되풀이한 후

의견일치를 보고 최종 결정을 내렸다"라고 말했다.[76] 장군들은 통수권자의 말에 복종하지 않고 의문을 품은 채 문제를 제기함으로써 토론에 참여했고, 처칠은 이러한 토론의 과정을 통해 의사결정을 한 것이다.

문민 정치인들이 대중적 인기와 군내 지지 기반이 확고한 '전쟁 전문가' 장군들을 통제하고 이끌어 전쟁에서 승리하는 불평등한 대화의 배경에는 정치와 군사의 불명확한 경계, 정치와 군사의 불가분적 관계가 있다. 코헌은 정치와 군사의 경계와 관계에서 정치, 즉 문민의 우위를 역설했다.

군에 대한 문민의 우위는 전문직업군의 '비전문적 전문성'의 영향이라는 견해도 있다. 전문직업군의 전문성은 의사, 법률가의 그것과 다르다. 의사와 법률가는 각자의 현장에서 다양한 치료와 소송을 하며 실전 경험을 쌓는다. 이와 달리 군인들은 실전 경험이 상대적으로 적다. 한국군의 경우 현재 현역 중 실제 전쟁과 전투를 경험한 장교는 거의 없다. 2009년 대청해전, 2010년 연평도 포격전에서 소수의 지휘관들이 전투를 치렀을 뿐이다.

어제의 전쟁에서 실전 경험을 풍부하게 쌓았더라도 오늘의 전쟁에서 이긴다는 보장은 없다. 2차 세계대전에서 압도적 전력과 전술을 선보인 미군도 불과 5년 후 6·25 전쟁에서 북한군과 중공군에 고전을 면치 못했다. 유럽의 평원에 특화된 미군의 전술은 산 높고 계곡 깊은 한반도 전구에서 북한군과 중공군의 게릴라 전술, 변칙 전술에 속수무책이었다.[77] 미군은 우여곡절 끝에 6·25에서 단련됐지만 베트남의 정글 전투에

---

76 아서 브라이언트, 『워 다이어리(War Diary)』, 황규만 역(서울: 플래닛미디어, 2010), pp. 37–38.

77 시어도어 리드 페렌바크, 『이런 전쟁(This Kind of War)』, 최필영·윤상용 역(서울: 플래닛미디어, 2019),

서 또 고통을 맛보았다.

전문직업군은 무력 사용의 전문가라는 평가가 무색하게 실전 경험이 희소하거나 경험이 있어도 보편적이지 않다. 전쟁은 대단히 중요한데 장군들의 전문성이 실효적이지 않다면 문민의 개입 여지는 커진다. 따라서 불평등한 대화의 필요성, 적어도 민군 대화의 필요성은 상당하다.

또 군은 문민 정치의 의도와 목적을 토대로 전략과 전술을 도출하는 것이 타당하다. 클라우제비츠도 전쟁의 유일한 원천은 정치라고 선언했다. 전쟁의 목적, 전쟁의 개시, 그리고 전쟁의 범위와 방법까지도 정치적 목적 안에서 결정된다. 군은 문민의 정치적 판단을 이행할 뿐이다.

문민이 군사에 대한 관여와 개입, 즉 불평등한 대화를 해야 하는 논리적 근거들이다. 탈정치화된 전문직업군의 자율성과 재량권을 인정하는 객관적 문민통제는 문민의 지나친 관여와 개입을 경계했는데 코헌은 합리적 대화를 거친 관여와 개입을 위대한 정치인들의 승전을 설명하는 요인으로 꼽았다.[78]

(2) 안보정책 결정 요인으로서 국내 정치

종속변수로서 군사정책 또는 안보정책의 독립변수는 외부 위협인가, 국내 정치인가. 이 질문에 대한 현실주의 국제정치학의 대답은 단연코 외부 위협이다. 한 국가의 안보정책은 외부 위협에 따라 결정된다는 것

---

pp. 405-426.

78 Cohen(2002), pp. 21-23.

한국군의 두 얼굴

이다. 상대 국가의 군사력과 적대적 의도 등이 외부 위협을 구성하고, 해당 국가의 안보정책은 이 외부 위협에 대응해 형성된다는 논리이다.

북한이 재래식 또는 비대칭적 군사력을 증강하고 핵실험을 하면서 적대적 행동을 하고, 노동신문과 조선중앙TV를 통해 적대적 의도를 노골화하던 때를 돌이켜 보자. 한국은 방위력 개선사업을 확대하고, 한미는 연합훈련과 미군 전략자산의 전개 등을 빈번히 실시하곤 했다. 북한이라는 외부의 위협에 대응해 한국과 미국이 군사적으로 행동한 전형적인 사례이다.

그러나 북한의 위협적 행동에 대해 한국의 정부가 항상 비슷한 수준의 공세적 대응을 한 것은 아니다. 외부 위협으로부터 독립적인 한국 정부의 이데올로기적 성향에 따라 대북정책은 달라졌다. 김대중, 노무현 대통령의 진보 성향 정부는 북한의 위협에도 대화와 타협, 교류를 강조했다. 이명박과 박근혜 대통령의 보수 성향 정부는 북한의 위협에 대해 강경했다.

한국의 경우는 국가의 안보정책 결정에 있어서 외부 위협 외에 국내 정치도 중요한 작용을 한다는 하나의 유효한 사례이다. 안보정책을 결정하는 데 있어 외부 위협과 국내 정치가 어느 정도 비중으로 작용하는지는 국가별 상황에 따라 다양하다. 따라서 국가의 안보정책을 설명하고 예측하기 위해서 외부 위협뿐 아니라 국내 정치를, 또 외부 위협과 국내 정치의 상호관계를 관찰할 필요가 있다.

헌팅턴과 스나이더, 피버, 코헌의 공통점은 안보정책 결정 과정에서 국내 정치적 요인에 주목한 것이다. 헌팅턴은 미소 냉전에서 미국이 승리하기 위해 보수주의의 객관적 문민통제를 제안했다. 스나이더는 1차 대전 당시 방어 위주의 군사 기술적 조류에도 유럽의 막강한 군부는 문민정부들로 하여금 공격적 교리를 수용하도록 강요했다고 설명했다. 피버는 문민정부와 군이 선호의 차이 여부에 따라 전략적 상호작용을 하며 이를 통해 안보정책이 결정된다는 것을 밝혔다. 코헌은 군에 대한 문민 정치인의 체계적인 개입이 전쟁의 승리를 가져왔다고 보았다.

한발 더 나아가 키에는 국내 정치와 안보정책의 상관관계를 직접적으로 규명했다. 1차 대전 시기 프랑스, 영국 등의 사례를 들어 안보정책이 외부의 위협이 아니라 국내 정치에 의해 결정됐음을 경험적으로 입증했다.

키에에 따르면 안보정책의 일부분인 공격적 또는 방어적 교리는 외부의 위협이 아니라 국내 수준의 힘의 배분(the distribution of power at the domestic level)과 군의 조직 문화(military's organizational culture)에 의해서 좌우된다. 안보정책의 결정에 있어서 국제 체제의 힘의 배분 이상으로 국내 정치적 함의는 중요하다.[79]

웬트(Alexander Wendt)는 외부 위협을 조장하는 국가와의 관계, 그리고 사회적 맥락에 따라 달라지는 위협의 의미를 통찰했다.[80] 대외정책 결정의 메커니즘은 국내 정치에 의해 형성된 국가별 정체성들이 상호작용하고 이의 결과가 구조화된 맥락으로 확장될 수 있다.

영국과 북한 핵의 상대적 의미를 비교하면 웬트의 이론은 명확해진다. 물리적으로 따지면 영국의 핵이 북한 핵보다 몇 배 더 강력하다. 그러나 자유주의 국가들은 영국의 핵보다 북한의 핵을 더 위협적이라고

79 Elizabeth Kier, *Imagining War: French and British Military Doctrine Between the Wars*(Princeton: Princeton University Press, 1997), pp. 140-165.

80 Alexander Wendt, "Anarchy is What States Make of It: The Social Construction of Power Politics," *International Organization*, 46-2(January, 1992), pp. 391-425.

간주한다. 사회주의 국가인 중국은 북한의 핵을 직접적인 위협으로 여기지 않는다. 핵의 물질적 측면과 함께 영국과 북한이 타 국가들과의 관계에서 형성한 사회적 맥락이 작용했기 때문이다.

국제적 무정부 상태도 사회적 맥락에 따라 여러 가지 형태로 나타날 수 있다. 웬트는 이를 무정부 상태의 홉스적, 칸트적, 로크적 문화 유형으로 구분했다. 홉스적 유형은 상대를 적으로 인식해 적을 무찌르지 않으면 내가 당하는 정글과 같은 환경이다. 칸트적, 로크적 문화는 상대를 각각 친구, 경쟁자로 인식해 영구평화, 공존공생을 추구한다.

웬트의 무정부 상태 문화 유형은 한국의 문민통제에도 직접 적용할 수 있다. 정부의 이데올로기적 성향이 진보적일 때 한국은 칸트적 남북관계를 추구한다. 한국 정부의 이데올로기적 성향이 보수적일 때 남북관계는 홉스적이다. 외부 위협에 대한 국내 정치적 인식이 달라지면 안보정책의 방향도 바뀌기 마련이다.

한국 문민통제의 특수성

1. 한국 문민통제의 기존 연구 검토

(1) 군부 우위의 민군관계에 관한 연구

지금까지 한국 민군관계 연구는 군부가 적극적으로 정치에 참여했던 노태우 정부까지를 주요 대상으로 삼았다. 해당 기간에는 대체적으로 군부 우위의 민군관계가 형성됐으며, 3공화국부터 6공화국까지는 사실상 군부 통치가 실시됐다. 문민통제는 발 디딜 공간이 없던 시기였다. 대부분의 연구들은 주로 군부 정치의 폐해에 주목하면서 역사적 교훈 도출에 주력했다.

군의 정치개입 관련 연구는 △건군기부터 2공화국 △5·16 군사정변과 3공화국 △유신과 4공화국 △전두환 대통령의 5공화국 △노태우 대통령의 6공화국으로 연구 범위를 구분하는 것이 일반적이다. 이와 같이 한국 민군관계를 통시적으로 구분하고 각 시기를 유형화한 연구자는 한용원, 조영갑 등이다. 민주화 이전 한국의 민군관계를 선구적으로 유형화한 탁월한 연구로서 이후 연구의 지표가 됐다.[81]

건군기부터 6공화국까지 한국의 민군관계를 설명하는 이론으로는 스테판(Alfred Stepan)의 구(舊)직업주의·신(新)직업주의론이 대표적이다. 스

---

81 한용원의 연구는 『創軍』(서울: 박영사, 1984), "군부의 정치개입과 그 내부의 파벌"(광장 202, pp. 122-147) 등이 있고 조영갑의 연구는 『한국민군관계론』(서울: 한원, 1993), 『민군관계와 국가안보』(서울: 북코리아, 2005) 등을 참고.

테판은 정부와 군이 안보를 중시하는 구직업주의와 사회 안정, 경제 개발을 위한 군부의 정치개입을 설명하는 신직업주의를 대비했다.

구직업주의는 군이 탈정치화, 전문직업화하는 헌팅턴의 객관적 문민통제와 관련이 깊다. 신직업주의는 군이 기술적, 직업적으로 전문화하는 구직업주의적 단계를 거쳐 사회적 역할이 증대되고 이에 따라 정치개입을 하게 되는 현상을 의미한다.[82] 이와 별도로 헌팅턴의 객관적 문민통제와 주관적 문민통제는 문민통제의 대표 이론으로 인정되는바, 두 가지 문민통제 방식도 한국의 민군관계를 분석하는 틀로 유용하게 활용된다.

사회의 정치 문화 수준에 주목하는 파이너(Samuel E. Finer)의 이론도 한국 민군관계 연구에 미친 영향이 크다. 성숙한 정치 문화의 국가에서 군의 정치개입은 시민의 저항에 직면하고, 낮은 정치 문화의 국가에서 군은 별다른 저항 없이 정치개입을 할 수 있다는 논리이다.[83]

온만금(2013)은 파이너의 이론을 활용해 군의 정치개입을 초래하는 구조적 조건으로서 정치 문화의 수준과 군대의 상대적 능력을 함께 고려했다. 정치 문화의 수준이 높고 낮음과 군대의 능력이 높고 낮음에 따라 군대의 사회적 역할은 작아질 수도, 커질 수도 있다는 주장이다.[84]

온만금의 분석 틀을 적용하면 1950년대 2공화국까지 정치 문화의 수

---

82 Alfred Stepan, *The New Professionalism of Internal Warfare and Military Role Expansion*(Alfred Stepan ed., Authoritarian Brazil: Origins, Policies and Future, New Haven: Yale University Press, 1977), pp. 51-53.

83 Samuel E. Finer, *The Man on Horseback: The Role of the Military in Politics*(Baltimore: Penguin Books, 1975), pp. 86-139.

84 온만금, "해방 이후 한국군의 역할에 대한 동태적 분석," 『한국군사학논집』 제69권 제2호(화랑대연구소, 2013), pp. 31-53.

한국군의 두 얼굴

준과 군대의 능력이 공히 낮아서 군은 권위주의적 통치자에게 종속됐다. 유신 이전인 1970년대 초까지 정치 문화의 수준은 낮고 군의 능력은 상대적 우위를 점해 군의 정치적, 사회적 역할이 증대했다. 군의 정치개입에 대한 국민들의 인식도 일정 정도 긍정적이었다.

유신 이후부터 정치 문화 수준과 군대 능력의 역전 현상이 점진적으로 나타났다. 정치개입에 대한 국민들의 인식도 부정적으로 변했다. 이 연구는 정치 수준과 군대의 능력이라는 명료한 기준으로 민군관계를 설명했지만 유신 이후 군대 능력의 열세에 대한 실증적 분석은 부족했다는 한계를 노정했다.

정일준(2008)도 한국의 민군관계를 민주화의 정도, 즉 정치 수준에 따라 시대별로 구분해 고찰했고,[85] 송재익(2018)은 정치적 차원에서 상대적 힘의 배분을 따져 한국의 민군관계를 분석했다.[86] 이주희(2011)는 정치적 리더십의 부재와 함께 시민사회의 응집력과 이데올로기적 교의의 결핍을 한국군 정치개입의 배경으로 제시했다.[87] 김경호(2003)는 신군부에 한정해 군의 정치개입 현상을 진단하고 정치적 불안, 경제적 침체, 사회적 혼란을 원인으로 지목했다.[88]

양병기(1998)는 헌팅턴의 구직업주의와 스테판의 신직업주의적 정향으로 한국의 민군관계를 고찰했다. 장면 정부는 객관적 문민통제를 실현하

---

85 정일준, "한국 민군관계의 궤적과 현황: 문민우위 공고화와 민주적 민군협치," 『국방정책연구』 제24권 제3호(한국국방연구원, 2008), pp. 109–136.

86 송재익, "건전한 민군관계 속의 국민으로부터 한국군의 신뢰 회복 방안," 『군사논단』 제94권(한국군사학회, 2018), pp. 195–223.

87 이주희, "민주화 이후 군부에 대한 문민통제," 『사회과학연구』 제27권 제3호(사회과학연구소, 2011), pp. 53–75.

88 김경호, "한국군의 정치개입 원인분석," 『21세기정치학회보』 제13권 제2호(21세기정치학회, 2003), pp. 23–41.

기에 정부의 힘 자체가 취약했고, 이승만 정부의 주관적 문민통제의 영향으로 신직업주의 정향의 군부 세력이 주도권을 장악했다고 설명했다.

박정희 정부 시기의 군은 직업화, 제도화해서 구직업주의적 정향을 띠었지만 정부는 주관적 통제를 실시함으로써 군부의 정치화가 심화했다고 주장했다. 전두환, 노태우 정부도 영남 군맥인 하나회 출신들을 중용하며 주관적 통제를 함으로써 박정희 정부와 본질적으로 다르지 않은 군의 정치개입을 허용했다고 보았다.[89]

신직업주의가 구직업주의의 완성을 거쳐 생성되는 일련의 과정으로서 군부와 정부 및 사회의 관계에 관한 문제라면, 객관적 통제와 주관적 통제는 정부 또는 의회가 군을 관여적, 자율적으로 통제하고 군은 이에 호응하는 민군 상호작용의 차원이다. 양병기의 연구는 군의 직업주의와 정부의 통제를 병렬적으로 혼용함으로써 분석의 수준과 결과가 다소 모호하다.

박휘락(2006)은 한국의 민군관계를 객관적, 주관적 문민통제의 분석 틀로 고찰해 군에 대한 정치권의 통제라는 주관적 문민통제의 요소가 예나 지금이나 만연한 점을 지적했다. 이어 객관적 문민통제와 군의 전문직업화가 한국의 안보에 유익하다는 결론에 도달했다.[90]

이 연구는 민주화 이전과 민주화 이후의 민군관계 지형을 구분하지 않고 정치권의 통제를 부정적인 요소로 일반화함으로써 군부 통치 시기 정치권의 통제와 민주화 시기 정치권의 통제를 동일시했다. 민주적

---

89 양병기, "한국 민군관계의 역사적 전개와 교훈," 『국제정치논총』 제37권 제2호(한국국제정치학회, 1998), pp. 309-331.

90 박휘락(2006).

한국군의 두 얼굴

절차로 선출되고 구성된 문민정부의 군에 대한 통제는 민주주의에서 필수적 제도이다.

(2) 민주화 이후 문민통제에 관한 연구

1990년 여당인 민주정의당과 야당인 통일민주당, 신민주공화당의 3당 통합으로 탄생한 민주자유당이 1992년 정권 재창출에 성공함으로써 김영삼 정부가 출범했다. 직선제를 거쳐 대통령이 당선된 만큼 김영삼 정부가 절차적으로 민주적이라는 데 반론은 많지 않다.

김영삼 정부는 군의 탈정치화를 달성한 점에서 한국의 민주주의에 기여한 바가 지대하다. 군부의 사조직인 하나회를 해체하고, 율곡비리 사건 수사를 통해 무기 도입 관련 군의 비리 사슬을 끊었다.

김영삼 정부는 용의주도하게 계획을 세워 하나회를 척결했다. 김영삼 정부 초대 국방부장관을 역임한 권영해는 "대통령이 되기 전에 하나회 척결 구상을 했다", "무소불위로 정치권에까지 영향력을 행사하는 집단에 대해 사전에 많은 자료를 준비했다", "대통령에 취임하면 신중하게 추진하겠다는 복안을 가지고 있었다"라고 증언했다.[91]

하나회 출신들은 5공화국과 6공화국의 육군참모총장, 보안사령관, 수도방위사령관 등 군부의 요직을 독점했다. 전역 후에도 청와대와 행정부, 국회, 기업체 등 각계의 핵심적 자리로 진출했다. 5, 6공화국에서만

---

91 국방부 군사편찬연구소, 『국방사연표 제2집(1991-2010)』(서울: 국방부 군사편찬연구소, 2013), p. 482.

2명의 대통령과 5명의 안기부장, 4명의 경호실장을 배출했다.[92] 김영삼 정부는 전광석화처럼 하나회 출신 고위 장성들을 축출하고, 하나회 출신 하급 장교들의 진급을 불허했다.

율곡사업은 1974년부터 1986년까지 매년 국방예산의 30~40%를 투입한 전력증강계획이다. 김영삼 정부의 감사원과 검찰은 율곡사업 과정에서 업체로부터 금품을 수수한 전 국방부장관, 전 참모총장, 전 청와대 외교안보수석 등을 적발해 구속했다. 군 내 만연했던 비리를 청산함으로써 정치 군인의 자금줄을 차단했다. 하나회 청산과 율곡사업 비리 수사는 정치 군인의 퇴장과 문민 우위의 민군 양립 체계를 정립하는 결정적 계기가 됐다.[93] 탈정치화된 군에 대한 본격적인 문민통제는 김대중 정부부터 실시됐다.

이근욱과 송승종은 피버의 주인-대리인 이론을 이용해 한국의 문민통제를 분석했다. 이근욱(2017)은 한국 민군관계의 역사적 전개를 서술하는 데 치중한 기존 연구의 한계를 비판하며 헌팅턴 이론이 현실적으로 해결하지 못한 냉전 퍼즐의 새로운 해법인 주인-대리인 이론의 활용을 제안했다.[94]

송승종(2018)은 한발 더 나아가 문재인 정부의 민군관계를 주인-대리인 이론으로 설명했다. 주한미군이 THAAD(Terminal High Altitude Area Defense: 고고도미사일방어체계)를 반입, 배치하는 과정에서 국방부는 관련

92 조현연, "한국 민주주의와 군부독점의 해체 과정 연구," 『동향과 전망』(한국사회과학연구회, 2007), pp. 1-19.

93 김명수·전상인, "한국 민군관계의 역사적 전개와 발전방향-비교역사적 분석," 『전략논총』 제2권(한국전략문제연구소, 1994), pp. 7-95.

94 이근욱, "민주주의와 민군관계: 새로운 접근법을 위한 시론," 『신아세아』 제24권 제1호(신아시아연구소, 2017), pp. 106-135.

한국군의 두 얼굴

정보를 청와대에 정확하게 설명하지 않았고 청와대는 이를 조사해 관련자들을 처벌하는 과정을 민군 간 정보의 비대칭, 그리고 감시와 처벌의 메커니즘으로 기술했다.[95] 이근욱이 피버의 주인-대리인 이론을 소개해 한국의 문민통제를 해석하기 위한 이론의 지평을 넓혔다면, 송승종은 한국 문민통제 해석에 있어서 주인-대리인 이론의 적실성을 보여줬다.

김정섭(2011)은 코헨의 불평등한 대화를 대안적 모델로 소개하며 헌팅턴의 객관적 문민통제 이론을 극복하고 국방기획 관련 문민통제 강화 방안을 모색했다. 객관적 문민통제는 코헨도 'norm theory', 즉 정상 이론 또는 표준 이론이라고 부르는 문민통제의 정석이다. 객관적 문민통제는 이렇듯 문민통제의 표준으로 통용되지만 민군 영역의 중첩성, 민주주의 이론과 긴장 등의 문제로 민군관계에 광범위하게 적용하기에 다소 무리가 따른다. 김정섭은 따라서 코헨의 불평등한 대화 모델을 적용해 정책-전략-예산이 일체화된 국방기획시스템을 제안했다.[96]

여영윤(2014)은 브룩스(Risa Brooks)의 전략평가 모델로 천안함 폭침과 연평도 포격전 과정에서 민군의 상호작용을 평가했다. 전략평가는 민군 간 정보를 공유하고, 이를 바탕으로 서로의 부족한 역량을 보완하며, 위기 시 신속하고 명확한 군사적 결정을 내리는 일련의 과정이다. 여영윤은 천안함과 연평도의 두 사건에서 군이 상대적으로 자율성을 누림에 따라 전략평가에서 오류가 발생했다고 결론을 내렸다.[97] 천안함

---

95 송승종, "민군관계의 주인-대리인 이론과 그 함의에 관한 연구," 『전략연구』 제25권 제3호(한국전략문제연구소, 2018), pp. 210-255.

96 김정섭(2011).

97 여영윤, "억지되지 못한 북한의 국지전 위협과 민군관계: 천안함 사건과 연평도 포격사건을 중심으로," 『동아연구』 제67권(동아연구소, 2014), pp. 121-166.

폭침, 연평도 포격전에서 한국군 행동의 적절성을 평가함에 있어 주로 언론의 비판적 보도를 기준으로 삼았는데 이는 객관성 측면에서 비판의 여지를 남겼다.

선진 민주국가의 민군관계와 문민통제 방식을 모색하는 연구들도 진행됐다. 김병조(2008)는 민군관계를 정치와 군의 양자 모델에서 확대해 정치, 군, 시민사회 등 3자를 민군관계의 행위 주체로 설정한 후 한국의 민군관계를 발전시켜야 한다는 대안을 제시했다. 시민사회는 안보를 유지하는 군의 역할을 인정하고, 군은 시민사회의 지지와 성원 없이 존재할 수 없음을 인식해야 한다고 강조했다.[98]

민주화 이후 문민통제에 관한 대부분의 연구는 특정 민군관계 이론에 의존해 특정 민군관계 사건을 진단하는 방식으로 진행되고 있다. 반면 한국의 민군관계는 북한이라는 외부 위협의 상시적 존재와 국내 정치 세력별 정태적 대북인식, 문민통제 방식의 미성숙 등 특수성을 내포하고 있다. 단일 이론으로 하나의 사건을 설명할 수는 있겠지만 아무리 빼어난 이론이라도 그것 하나만으로 한국의 문민통제를 통시적으로 분석하는 데에는 한계가 있다.

---

98 김병조(2008)

한국군의 두 얼굴

2. 한국 문민통제의 환경과 특수성

(1) 분단 상황과 정부별 차별적 대북인식

　해방 이후 한국 정치의 역사는 분단의 역사이다. 이데올로기적 분단은 해방 정국의 좌우 대립으로, 민족적 분단은 1948년 남북의 단독 정부 수립으로 각각 시작됐다. 3년간의 6·25 전쟁은 분단을 이데올로기적, 민족적으로 고착화했다. 분단으로 전쟁이 발발했고, 전쟁은 분단을 강화했다. 이후 분단은 냉전과 맞물려 국제성을 띠며 남북과 남남 차원에서 깊게 뿌리 내리며 현재에 이르고 있다.[99]

　6·25 이후 한국 사회의 정치적 주도권은 이승만, 박정희, 전두환, 노태우 대통령의 반공주의 보수 정부들이 쥐었다. 해방 정국 좌파에 뿌리를 둔 진보 세력은 급진과 온건의 스펙트럼에 따라 각각 지하와 재야, 야권에 편재했다. 보수 정부들은 친북과 용공, 이적의 낙인을 찍어 진보 세력을 탄압했고, 진보 세력은 대정부 투쟁을 벌이며 저항했다. 탄압과 저항의 대결이었다. 이런 상황을 두고 보수는 정치적 실체가 뚜렷한 집단으로만, 진보는 권력이 부재한 관념으로만 존재했다고 묘사하기도 한다.[100]

99　정경환, "한반도 분단체제의 성격과 통일전략의 방향," 「통일전략」 제14권 제1호(한국통일전략학회, 2014), pp. 99-125.

100　최석만 · 국민호 · 박태진 · 한규석, "한국에서의 진보-보수적 태도의 구조와 유형에 대한 연구," 「한국사회학」 제24집 겨울호(한국사회학회, 1991), pp. 83-102.

냉전이라는 외부의 압력과 정치 투쟁이라는 내부의 동력이 함께 작동하며 강화된 분단 상황은 직접적으로 정치는 물론이고 경제, 사회, 문화 전 분야와 한반도 구성원의 생활과 사고에 깊은 영향을 미치고 있다. 분단의 이분법적 대립과 비타협적 배타성이 한반도 전체에 내재화된 것이다. 이른바 한반도의 분단체제가 형성된 것이다.[101]

세계적 냉전의 종식에도 남북 분단은 해소되지 않았다. 오히려 분단으로 인한 이데올로기적 대립은 표면화됐다. 1987년 6월 항쟁 이후 민주화 요구가 분출하고, 1991년 소련의 붕괴로 탈냉전의 흐름이 거세지면서 진보 이데올로기는 냉전·반공의 보수 이데올로기와 본격적인 경쟁을 벌였다. 1998년 김대중 대통령 당선 이래 이른바 진보 정부 10년을 거치면서 진보 세력은 지하, 재야, 야권을 넘어 진보 헤게모니를 구축했다.[102] 진보와 보수의 장내 투쟁이 벌어지기 시작한 것이다.

민주화 이후 분단 상황 속에서 한국의 보수와 진보는 공화주의적 공동선을 추구하는 정치의 주체들이라고 범주화하기 어렵다. 별도의 가치와 사고의 틀에 의존한 상호배타적 주체들로 각각 자리 잡았다. 정치, 경제, 사회적 가치에서 획일적으로 자기 진영의 논리를 내세우고, 이 틀에서 벗어나면 진영 이탈로 치부돼 같은 진영으로부터 공격을 받았다. 진보와 보수의 대립과 대결, 경쟁은 호남, 영남 등을 기반으로 한 지역주의와 결합해 더욱 활성화됐다.[103]

진보와 보수의 시각이 가장 갈리는 지점 중 하나가 북한이다. 북한은

---

101 백낙청, 『흔들리는 분단체제』(파주: 창비, 1998), pp. 15-24.

102 조성환, "민주화 이후 한국 진보·보수의 이념적·정치적 경쟁의 특성," 『통일전략』 제16권 제1호(한국통일전략학회, 2016), pp. 283-316.

103 안정식(2020), pp. 31-32.

적이자 동포이다. 북한은 세습적 독재체제로서 극복해야 하는 적대적 세력인데 북한의 주민들은 전체주의적 독재 치하의 동포로서 구제의 대상이다. 또 한국에 대해 북한은 강력한 외부 위협이자, 역사를 공유하는 단일민족 동포의 국가이다. 북한은 위협 회피의 원심력과, 통일의 구심력으로서 동시에 작용하는 셈이다. 전자의 북한은 타도와 억지의 대상이고, 후자의 북한은 공존의 대상이다.[104] 보수는 전자의 북한을, 진보는 후자의 북한을 강조한다.

북한의 이중적 성격은 북한이 현상유지 체제(status quo power)인가, 현상타파 체제(revisionist power)인가의 국가 성향론(state orientation) 논쟁으로 확장된다. 북한이 현상유지 체제라면 방어적 군사 교리를 채택할 테고, 현상타파 체제라면 공세적 교리를 채택할 가능성이 크다. 북한의 실체적 성향이 어떤 것이냐에 따라 대북정책은 180도 달라진다.

저비스(Robert Jervis)가 국제정치의 인식과 오인의 과정을 고찰한 결과, 타국에 대한 정치 지도자와 정부의 인식은 대외정책을 수립하는 데 일종의 경향성을 형성했다.[105] 분단의 이데올로기적 대립 구조에서 북한의 정체성은 정치 세력별로 차별적으로 선택되고, 이는 정치 세력별 상이한 대북정책으로 구현될 수 있다.

실제로 보수 정부는 북한을 현상타파 체제로 상정하고 안보와 통일정책 중 안보정책을, 진보 정부는 현상유지 체제의 북한을 상정하고 통일정책을 중시한다.[106] 역사적 정권 교체로 출범한 김대중 정부 이후

---

104 김기호, 『현대북한의 이해』(서울: 탑북스, 2018), pp. 20–26.

105 Robert Jervis, *Perception and Misperception in International Politics*(Princeton, New Jersey: Princeton University Press, 1976), pp. 143–154.

106 박상철, 『정치놈, 정치님』(서울: 솔과학, 2017), pp. 228–234.

한국의 민주 정부들에서 단 한 번의 예외도 없이 이와 같은 공식이 적용됐다.

이와 달리 북한은 상시적으로 한국에 대해 적대적 의도를 표출하며 꾸준히 군사적으로 위협적인 행동을 했다. 우선 북한은 대남 적화통일 전략전술을 명시적으로 파기한 적이 없다. 한국의 가장 포용적인 대북정책으로 꼽히는 햇볕정책을 펼친 김대중 정부 시기에도 북한의 위협적 행동은 끊이지 않았다. 간첩이 승선한 잠수정들이 잇따라 침투했고, 북한 대형 상선들은 한국의 영해를 무단 침범했다. 제1, 제2연평해전도 북한 함정들의 의도적 NLL(Northern Limit line: 북방한계선) 월선과 선제사격으로 인해 벌어졌다.

김대중 정부와 비슷한 포용정책을 펼친 노무현 정부 출범 1주일 후 북한 전투기들은 미 공군 정찰기에 초근접 위협 비행을 했다. 북한 함정들의 NLL 월선도 잦았다. 북한의 최초 핵실험도 노무현 정부 시기인 2006년 10월 9일 실시됐다.

이명박, 박근혜 대통령의 보수 정부에서도 북한의 군사적 행동은 끊이지 않았다. 천안함 폭침, 연평도 포격전, 목함지뢰 사건, 핵실험과 장거리 로켓 발사 등 군사 행동의 강도는 더 세졌다.

이렇게 대남 적대적 의도를 철회하지 않고 군사적 행동을 멈추지 않는 북한은 즉자적으로 현상타파 체제에 가깝다. 상황이 이러한데도 한국의 정부들은 제각기 이데올로기적 배경에 따라 북한의 국가 성향을 규정해 왔다.[107] 이는 대북정책, 군사작전으로 직결됐다.

웬트의 사회적 맥락에 따른 무정부 상태 분석에 따르면 진보 정부가

---

107 이근욱, 『왈츠 이후』(파주: 한울 아카데미, 2009), p. 117.

한국군의 두 얼굴

보는 남북의 무정부 상태는 상대를 친구로 인식하는 칸트적 상태이다. 보수 정부가 보는 남북의 무정부 상태는 상대를 적으로 인식하는 홉스적 상태이다. 북한이라는 하나의 실체에 이데올로기라는 정치적 맥락이 작용함으로써 한국의 정부들은 북한을 2가지 실체로 달리 인식하는 것이다.

(2) 민군 대북인식 선호의 일치와 불일치

안보는 문민정부와 군의 공통적 이익이다. 한국의 안보에서 외부 위협은 단연 북한인데다 북한의 군사적 위협은 현실적이다. 한국의 정부들은 보수와 진보의 이데올로기 렌즈를 통해 각각 북한을 바라본다. 문민정부의 대북인식은 집권 세력의 성향이 보수냐 진보냐에 따라 달라지고, 이는 정부별 대북정책의 방향을 제약한다.

한국의 문민정부와 달리 군의 대북인식은 고정적이다. 군은 근본적으로 위협을 과대평가하고 안보를 중시하는 보수적 집단이다. 한국군도 예외는 아니다. 강력한 군사력을 보유한 채 적대적 의도를 숨기지 않는 북한이라는 외부 위협이 존재하는 한 한국의 군은 적대적 대북인식을 거둬들이기 어렵다. 군이 진보 정부에서 주적(主敵)의 표현을 삼가고 장병의 민주주의 의식 고양을 강조하기도 하지만 정부의 성향에 대한 피상적 적응일 뿐 대북인식이 본질적으로 변했다고 볼 수 없다.

정부의 이데올로기적 성향에 따라 민군의 대북인식이 일치하기도, 불일치하기도 하는 것이다. 피버와 데쉬의 이론에 의거해 문민통제와 민군관계의 독립변수로서 문민과 군의 선호를 설정했을 때 한국의 경우 북한, 특히 문민통제의 당사자들이 북한을 바라보는 시각인 대북인식을 선호의 대상으로 지정함은 타당하다.

종합하면 한국 정부의 이데올로기적 성향에 따른 차별적 대북인식과, 그럼에도 정태적인 군의 적대적 대북인식, 한국 정부의 대북인식 및 대북정책과 무관한 북한의 적대적 의도와 위협적 행동은 특수한 한국 문민통제의 독립변수적 요인들이다. 대북인식의 선호를 독립변수로 설정했을 때 그 작동 메커니즘은 다음과 같이 정리할 수 있다.

군은 상시적으로 북한에 대해 적대적이다. 정부의 대북인식은 집권 세력의 이데올로기적 성향에 따라 보수적 또는 포용적이다. 진보 정부에서 민군 대북인식의 선호는 불일치하고, 보수 정부에서 민군 대북인식의 선호는 일치한다. 민군 대북인식의 선호가 같고 다름에 따라 군에 대한 정부의 통제 양상은 달라질 것으로 예측할 수 있다.

헌팅턴은 민군관계에서 이데올로기에 가중치를 뒀다. 피버는 민군 선호의 같고 다름이 정부의 이데올로기적 성향과 무관하다고 보았다. 데쉬의 문민통제 환경 매트릭스 연구는 민군의 선호 중 어느 쪽의 선호가 압도적인지를 중요하게 여긴다.

한국은 이중적 성격의 북한이라는 위협의 존재와 한국 내부의 진영 간 선명성 경쟁 등으로 인해 정부의 이데올로기적 성향은 대북인식 선호와 깊은 연관성이 있다. 이데올로기가 중요시되는 헌팅턴적 환경이다. 피버가 관찰한 미국 민군관계와 다른, 한국만의 특수한 사정이다. 데쉬의 이론처럼 선호의 압도 여부는 한국 문민통제에서도 중요한 요인이다.

피버 이론이 설명하는 정부의 관여, 군의 순응과 반발, 그리고 책임 이행과 책임 회피, 처벌 등은 군과 문민정부의 보편적 상호작용이다. 한국의 민군관계에서도 기대되는 일반적 현상이다. 결론적으로 한국 문민통제의 독립변수는 헌팅턴적이고, 이후 민군의 상호작용은 피버적이다.

(3) 한국 문민통제의 환경과 구조

한국 문민통제의 환경은 시기별로 역동적으로 변했다. 내부 위협은 군이 활발하게 정치에 개입하던 시기에 높았고, 군이 탈정치화된 이후 낮아졌다. 북한이라는 외부 위협은 분단 이후 현재까지 변함없는 상수이다.

외부 위협이 높은 환경의 한국은 문민통제의 안정과 실패의 가능성이 각각 50%이다. 데쉬의 문민통제 환경 매트릭스에 따르면 군이 국내 정치를 멀리하고 안보에만 집중하면 안보결집효과가 나타나면서 최상의 문민통제 환경인 1구획이 조성된다. 군이 국내 정치에서 내부적 위협을 느끼고 정치에 개입하면 외부와 내부의 위협이 모두 높은 제3구획의 열악한 문민통제의 환경에 놓이게 된다.

한국 정부는 미군정이 종식되고 1948년 8월 15일 수립됐다. 한국의 국내 정치는 2차 대전 이후 탄생한 여타 신생 독립국들과 마찬가지로 혼란스러웠다. 갓 수입된 민주주의는 한국 고유의 전통, 식민지 유산 등과 괴리가 컸다. 한국의 빈약한 민주주의 토대 위에 이승만 대통령이 권위와 능력을 강화하는 개인적 통치가 과도적 변용으로 나타났다.[108]

이승만 정부 기간 한국의 취약한 경제와 안보는 미국의 원조에 의존

---

108 권태준, 『한국의 세기 뛰어넘기』(파주: 나남출판, 2007), p. 66.

했다. 민주주의를 지향하지만 제도적으로 시민사회는커녕 야당도 제 몫을 못 했다. 카리스마적 지도자의 개인 통치는 실재적, 잠재적 반발을 모두 키우며 정치적 불안정성을 증폭했다.

결국 1960년 4·19 혁명으로 이승만 대통령은 하야하고 장면 정부가 들어섰다. 시민혁명으로 독재를 타도하고 한국에서도 민주주의가 바로 설 수 있다는 가능성을 보여줬다. 그러나 민주당 신구파의 대립과 학생들의 시위 등 사회 각 분야의 혼란은 가중됐다. 혁명으로 자유가 분출된 데 반해 민주주의의 의무와 책임은 저만치 뒤처져 있었다.[109]

1년 만에 5·16 군사정변으로 4·19 시민혁명은 막을 내렸다. 군사정변으로 등장한 3공화국으로부터 유신으로 탄생한 4공화국, 이어 전두환 대통령의 5공화국과 노태우 대통령의 6공화국까지는 군이 자유자재로 정치에 개입해 활개 친 군부 정치의 시기이다. '군부 독재의 군홧발'에 짓눌려 문민과 민주주의가 설 자리는 좁았다.

1948년 정부 수립 이후 장면 정부까지의 한국은 국내 정치의 혼란으로 내부 위협은 높고 북한의 대남 적대적 의도와 공격적 행동으로 인한 외부 위협도 높은 제3구획의 열악한 문민통제 환경이었다. 군부 독재 기간인 3공화국부터 6공화국도 정부 대 야권, 학생운동의 충돌로 내부 위협이 높았다고 볼 수 있다. 군부가 행정부를 장악함으로써 문민통제는 엄두를 낼 수 없는 시절이었다. 역시 문민통제 환경은 열악한 3구획이었다.

---

109 마상윤, "자유민주주의의 공간: 1960년대 전반기 〈사상계〉를 중심으로," 『한국정치연구』 제25권 제2호(서울대한국정치연구소, 2016), pp. 175~200.

		외부위협	
		높음	낮음
내부위협	높음	Q3 poor 정부수립~장면 정부 3~6공화국	Q4 worst
	낮음	Q1 good 김영삼 정부~현재	Q2 mixed

김영삼 정부의 군부 숙청으로 군이 탈정치화하고 이어 들어선 김대중 정부부터 국내 정치는 이전과 달라졌다. 문민 우위의 환경이 확고히 조성됐고, 국내 정치는 안정됐다. 내부 위협이 극적으로 감소했다. 북한의 외부 위협은 상존함으로써 제1구획, 최적의 문민통제 환경이 마련됐다.

한국의 문민통제는 군사작전과 관련해 통수권자인 대통령-청와대의 문민통제 기구-국방부-합참-각 작전사령부 및 각 군 본부로 이어지는 위계적 관계 속에서 이뤄진다. 청와대의 문민통제 기구는 NSC(National Security Council: 국가안전보장회의)와 NSC 상임위원회, NSC 사무처 등이다. 때에 따라서 사무처가 해체되고, 외교안보수석비서관이 그 역할을 대신하기도 했다. 국방부장관은 민간인 신분으로 군정권과 군령권을 행사한다. 현역 군인 최고 서열인 합참의장은 장관의 직접적인 작전지휘를 받는 구조이다.

NSC는 통상 대통령과 국무총리, 외교부장관, 통일부장관, 국방부장관, 국가정보원장(국가안전기획부장)으로 구성된다. 국가안보와 관련되는 외교정책, 안보정책, 통일정책의 수립에 관하여 대통령에게 자문하는 것을 그 기능으로 한다. 현역 군인 최고위인 합참의장은 NSC의 당연

직 위원이 아니다. 필요하다고 인정하는 경우 회의에 참석해 발언할 수 있다.[110]

미국의 NSC는 대통령, 부통령, 국무부장관, 국방부장관, 재무부장관, 국가안보보좌관 등 6명의 당연직 위원으로 구성된다. 합참의장은 국가정보국장과 함께 법정 자문위원(statutory advisor)으로 NSC에 참석한다.[111] 한국과 미국의 합참의장은 NSC의 당연직 위원이 아니라는 점에서 비슷한 지위이다. NSC 발언권의 측면에서는 필요시 발언권을 얻는 한국의 합참의장보다 법적으로 NSC 자문위원의 지위가 보장된 미국 합참의장의 위상이 높다.

NSC 사무처는 NSC의 사무기구이다. 단순히 NSC와 NSC 상임위원회의 사무 업무를 보조하는 데 그치지 않고 NSC가 대통령에게 자문하는 각종 정책을 사전에 조율하는 업무를 수행한다. NSC의 의사결정을 뒷받침하는 강력한 기구로서 노무현 정부에서 가장 활성화됐다. 이명박 정부는 사무처를 폐지했다.

국방부장관은 국무위원으로서 문민통제의 대리인이다. 문민의 자격으로 문민정부의 정책을 집행하고 군을 감시, 통제한다. 통수권을 대리해 문민정부의 비전과 전략을 군에 투사한다. 이와 같은 자격으로 NSC와 NSC 상임위에 당연직으로 참가한다.

군 인사조직법은 국방부장관의 군정권과 군령권을 보장한다. 합참의

---

110 국가안전보장회의법 제2조 1항, 제3조, 제6조 참조

111 Janine A. Davidson & Emerson T. *Brooking & Benjamin J. Fernandes, Mending the Broken Dialogue: Military Advice and Presidential Decision-Making*(The Council on Foreign Relations, 2016), p. 4.

한국군의 두 얼굴

장을 지휘하는 사실상 한국군의 최고사령관이다.[112] 현역 최고 서열의 사령관을 직접 지휘하는 작전 권한이 부여된다. 문민정부는 국방부장관을 통해 군의 전문적 군사작전까지 세세하게 직접 통제할 수 있다.

합참의장은 청와대의 문민통제 기구와 국방부장관을 통해 통수권자의 지휘를 받아 각급 작전사령관의 작전과 훈련을 관장한다. 합참의장은 군을 대표하는 현역 최고 서열 직위자로서 군령권을 행사하면서 국방부장관을 보좌한다.[113]

이렇듯 한국은 문민정부가 감시와 감독, 더 나아가 작전의 직접적 지휘를 도맡아 하는 강력한 문민통제의 구조를 제도적으로 갖추고 있다. 대통령과 NSC는 권한이 막강한 국방부장관과 그의 지휘를 받는 합참의장을 통해 정부의 의지를 즉각적으로 군에 주입할 수 있다. 우호적 대북인식의 진보 성향 정부라면 대북 군사-작전의 강도를 줄일 수 있고, 적대적 대북인식의 보수 성향 정부라면 대북 군사작전의 강도를 높일 수 있다. 군사작전의 방향 등 안보정책에 내한 군의 발언권, 조언 능력은 상대적으로 약하다.

---

112 정부조직법 제33조 1항 "국방부장관은 국방에 관련된 군정 및 군령과 그 밖에 군사에 관한 사무를 관장한다"와 국군조직법 제8조 "국방부장관은 대통령의 명을 받아 군사에 관한 사항을 관장하고 합동참모의장과 각군 참모총장을 지휘·감독한다" 참조.

113 국군조직법 제9조 2항 "합참의장은 군령(軍令)에 관하여 국방부장관을 보좌하며, 국방부장관의 명을 받아 전투를 주임무로 하는 각군의 작전부대를 작전지휘·감독하고 합동작전 수행을 위하여 설치된 합동부대를 지휘·감독한다. 다만, 평시 독립전투여단급(獨立戰鬪旅團級) 이상의 부대이동 등 주요 군사사항은 국방부장관의 사전승인을 받아야 한다" 참조.

(4) 북한의 기습적 군사 행동

대표적인 군사 행동은 전쟁이다. 6·25 전쟁은 휴전한 상태이고, 이후 남북한의 전쟁은 발발하지 않았다. 따라서 국방부는 공식적으로 6·25 전쟁 이후 북한의 대남 군사적 행동을 크게 국지도발과 침투로 구분한다.

국지도발은 적이 일정 지역에서 특정 목적을 달성하기 위해 한국의 국민과 국가 영역에 가하는 일체의 위해적 행위를 뜻한다.[114] 침투는 적이 특정 임무를 수행하기 위해 한국의 영역을 침범한 상태이다.[115] 한국의 군이 직접적으로 군사적으로 대응해 남북의 충돌을 야기하는 북한의 군사적 행동은 대부분 국지도발이다.

북한의 국지도발은 2018년까지 1,117회이다. 이 가운데 서해 NLL 등 해상 도발이 559건으로 가장 많고, 이어 지상 도발이 502건이다. 공중 도발과 전자전·사이버공격은 각각 51건과 5건이다.[116]

해상 도발은 북한 함정이 NLL을 무단 월선하고, 북한군이 NLL 주변으로 해안포를 사격함으로써 발생한다. 육상 도발은 MDL(Military Demarcation Line: 비무장지대 중간의 군사분계선)을 사이에 두고 남북의 군이 벌이는 포격전과 총격전, 그리고 북한군의 MDL 월경 등이다.

해상 도발의 실제 사례는 제1, 2연평해전, 대청해전, 천안함 폭침, 연평도 포격전, 북한군의 NLL 주변 해안포 사격 등이 있다. 육상 도발의 사례는 대북전단 살포를 빌미로 치러진 남북 총격전과 목함지뢰 사건으

---

114 합동참모본부, 『군사용어사전』, 합동참고교범 10-2(서울: 국군인쇄의창, 2010), p. 52.
115 합동참모본부 사전(2010), p. 397.
116 국방부, 『2018 국방백서』(서울: 국방부, 2018), pp. 267-268.

한국군의 두 얼굴

로 야기된 포격전 등이 대표적이다.

북한의 이와 같은 군사적 행동의 특징은 기습성이다. 북한군은 한국군이 사전에 상황별 세부 전술을 숙의할 틈을 주지 않고 기습적으로 국지도발을 시도했다. 사전 예측이 쉽지 않고, 예측했다 하더라도 북한군의 행동을 정확히 가늠하기 어렵다. 한국군은 이에 따라 기확립된 교전규칙과 문민정부의 지침을 숙지하고 훈련해 북한군의 군사적 행동을 즉응(卽應)적으로 억지해 왔다.

군의 행동을 제약하는 규범적 기준인 교전규칙과 함께 문민정부의 매 상황별 지침도 교전규칙과 다름없는 역할을 한다. 모든 군사적 충돌은 특수하기 때문에 기확립된 교과서적 교전규칙과 별개로 문민정부의 가변적 지침 또는 수칙이 실질적인 교전규칙으로 작동하는 것이다.

전술한 미국과 유럽의 문민통제 중 군사작전 방법의 의사결정은 민군의 치밀한 숙의를 통해 전술을 확정하고 시행한 사례들이다. 1차 대전 개전 전후 유럽 국가들의 교리, 6·25 선생 시 유엔군의 38선 돌파와 북진, 베트남전 지상군 투입과 쿠바 미사일 위기 당시 해상봉쇄 여부 등을 결정할 당시 문민정부와 군은 각각의 선호를 설득하거나 강요했다. 이 과정에서 군은 군사적 지식과 경험을 바탕으로 군 특유의 선호를 제시했다. 각자의 선호를 기반으로 한 민군의 전략적 상호작용이 벌어지는 것이다.

한국군이 맞닥뜨리는 북한의 군사적 행동은 기습적이어서 한국의 민군은 각각의 선호를 따져 차분히 상황별 전술을 토의하고 선택할 겨를 자체가 거의 없었다. 한국의 민군은 공통적으로 매 충돌에서 각자의 신호를 주장할 여지가 적은 것이다.

사전에 교전규칙과 작전지침, 그리고 문민정부의 수칙을 정해 군으로 하여금 이행하게 하는 방식이 작동할 수밖에 없다. 민군의 상대적 힘의 크기라는 측면에서 문민의 힘이 크다면 문민정부가 교전규칙과 지침의 형성에 지대한 영향을 미치게 된다.

한국의 경우 민주화 이후 문민정부는 강력했고, 군을 실효적으로 장악했다. 문민정부의 선호가 군의 작전적 행동에 깊이 반영될 수 있는 여건이다. 문민정부의 의도가 개입돼 한번 형성된 군의 행동 규칙과 지침은 일정 기간 군의 행동을 제약하며 군의 정부별 교전규칙으로 활용되게 된다.

3. 한국 문민통제의 분석 틀

(1) 제 이론의 통합적 적용

헌팅턴의 문민통제 이론, 피버의 주인-대리인 이론, 코헌의 불평등한 대화 이론 등은 문민통제 분야의 탁론이다. 그럼에도 각각의 이론들은 독자적으로 한국의 문민통제를 통시적으로 설명하는 일반적인 분석의 틀을 제공하기에 부족한 면이 있다. 한국적 특수성이 투영된 한국의 문민통제를 유형화하려면 기존의 탁월한 이론들을 통합해 새로운 분석의 틀을 도출해야 한다.

헌팅턴의 이론은 냉전 퍼즐에 대한 처방으로 민주주의와 안보를 동시에 강화하는 방안이다. 보수주의는 객관적 문민통제를 통해 군에 자율성을 부여하며, 군은 전문직업화와 탈정치화를 추구한다. 반군적 전통이 강한 자유주의는 군에 대한 개입을 지향함으로써 군의 정치 중립화, 전문직업화를 지해한다. 문민통제 연구에 대한 헌팅턴의 기여는 지대하다. 헌팅턴의 통찰은 이후 여러 학자들의 비판에도 불구하고 현재까지 여전히 생명력을 유지하고 있다.

이데올로기적으로 경직된 한국의 경우 헌팅턴의 이데올로기적 문민통제 이론은 유효한 분석 도구로 인정된다. 한국군의 군사작전을 포함한 안보정책을 결정하는 것은 정부의 대북인식이고, 이는 정부의 이데올로기적 성향에서 기인한다. 한국의 보수 정부와 진보 정부의 대북인식과 대북정책은 서로 비타협적이고 차이가 크다. 한국의 군은 보수적이어서 진보 정부와 갈등을 일으키기 쉽고, 보수 정부와는 전략, 비전, 지향을 공유한다. 헌팅턴의 이데올로기적 문민통제 이론을 준용하면 보수 정부는 동일한 대북인식의 군에 객관적 문민통제, 즉 자율과 전문 직업화를 보장한다. 진보 정부는 상이한 대북인식의 군에 관여적 통제를 실시한다.

피버는 주인-대리인 이론으로 민군의 전략적 상호작용에 천착해 미국의 민군관계를 고찰했다. 보수주의와 자유주의 등 정부의 이데올로기 성향과 상관없이 민군 선호의 일치와 불일치, 그리고 민군갈등이 나타났다. 특히 미국에서 무력 사용의 구체적 방법을 선택하는 대부분의 사례에서 민군갈등이 발생했다. 군의 책임 회피는 보수적인 공화당에서 오히려 더 많이 발생해 경험적으로 헌팅턴의 이론을 논박했다.[117] 미국의 민군관계는 이데올로기와 무관하게 민군 선호의 일치와 불일치로 말미암은 전략적 상호작용으로 설명하는 편이 합리적이다.

피버의 주인-대리인 이론 중 민군 선호의 일치와 불일치, 문민정부의 군에 대한 감시와 처벌, 군의 책임 이행과 책임 회피 등 민군의 전략적 상호작용 메커니즘은 민군관계의 역동성을 포착하고 설명하는 빼어난 분석 틀이다. 이는 헌팅턴 이론에 없는 과학적 접근법이자, 동시에 헌팅턴을 비판적으로 이해할 수 있는 관점으로서 의의가 크다.

한국 문민통제의 특수한 상황을 설명하기 위해서 헌팅턴의 이데올로기적 문민통제 이론을 초석 삼아 피버의 역동적 상호작용 분석 틀을

---

117 Peter D. Feaver, "The Civil-Military Problematique: Huntington, Janowitz, and the Question of Civilian Control," *Armed Forces & Society*, 23-2(Winter, 1996), pp. 149-178.

한국군의 두 얼굴

통합적으로 활용하는 것이 타당하다. 한국 문민통제의 이데올로기적 정향성을 설명하는 데는 헌팅턴 이론의 설득력이 여전히 크기 때문이다. 한국 문민통제의 역동성을 포착하는 데는 민군 선호의 일치와 불일치, 군의 책임 이행과 책임 회피, 정부의 감시와 처벌 등 피버의 민군 전략적 상호작용 이론이 필수적이다.

헌팅턴과 피버의 이론을 한국적 상황에 적용하면 포용적 대북인식의 진보 정부와 보수적 대북인식의 군은 대북인식 선호의 불일치로 갈등을 야기한다. 진보 정부는 군에 대해 관여적 감시를 할 것으로 예측할 수 있다. 진보 정부의 관여에 군은 반발할 가능성이 있다.

역으로 보수 정부와 군은 적대적, 공세적 대북인식을 공유한다. 군사작전 등 대북정책을 좌우하는 대북인식 선호의 민군 일치로 문민정부의 군에 대한 관여의 필요성은 줄어든다. 군의 자율성이 보장되는 것이다. 스나이더 등은 군이 자율을 부여받으면 공격적으로 행동한다고 했는데 보수 정부의 한국군도 공세적 행동을 할 것으로 예측할 수 있다.

〈표 2-3〉 문민통제의 감시 수단

감시 수단	내용
계약 유인 (contract incentives)	복종의 대가로 비간섭적 감시의 사용
진입장벽과 선택 (screening&selection)	장교단 진입·진급 자격요건 강화, 군전문직업화
화재 경보 (fire alarms)	뉴스미디어, 국방 관련 연구소, 군종 간 경쟁
제도적 견제 (institutional checks)	민병대·주방위군, 원자력위원회, 의회의 민간인 참모 등

경찰 순찰 (police patrols)	PPBS(Planning, Programming, and Budgeting System), 국방부 문민 공무원, 외부 감사 등
위임 결정의 수정 (revising delegation decision)	위임된 권한의 범위 안에서 수립된 군사작전 관련 결정을 수정

출처 : Feaver, 『Armed Servants』(2005), pp. 86.

문민정부들은 원하는 수준의 관여를 위해 다양한 감시의 수단을 사용한다. 피버에 따르면 감시의 수단은 정부가 군에 위임한 권한의 범위를 제한하는 정도에 따라 계약 유인, 진입장벽과 선택, 화재 경보, 제도적 견제, 경찰 순찰, 위임 결정의 수정 등이다.

계약 유인은 군의 순응을 대가로 감시를 완화하는 가장 비간섭적 방식이다. 진입장벽과 선택은 장교단 진입과 진급의 요건을 조정하는 것으로 다소 비간섭적이다. 화재 경보는 언론, 연구소 등 제3자가 군을 감시하는 제도이다. 특정 군이 타군을 견제하는 것도 이에 포함된다. 제도적 견제는 정규군을 대체할 수 있는 전력 또는 문민 장관 등을 통한 감시이다. 경찰 순찰은 문민정부가 계획, 기획, 예산 등의 업무를 장악해 군에 개입하는 것이다. 위임 결정의 수정은 교전규칙과 같이 군에 위임된 결정을 문민정부 관점에서 변경하는 가장 간섭적인 감시이다.

진보와 보수 정부가 각각 어떠한 감시 수단을 채택하는지에 따라 문민통제의 성격이 이중확인(double check)된다. 진보 정부가 선호가 다른 군에 대해 관여적 감시를 한다면 위임 결정의 수정, 경찰 순찰 등을 선택할 것이고, 보수 정부가 선호가 같은 군에 대해 자율적 감시를 한다면 계약 유인, 진입장벽과 선택 등을 채택할 것이다.

(2) 한국 문민통제의 분석 틀

　이 책에서는 제 문민통제 이론과 선행연구에 의거해 한국의 특수성
이 내재된 한국형 문민통제의 분석 틀을 창안했다. 민군의 대북인식 선
호를 독립변수로 삼았을 때 예상되는 한국 문민통제의 분석 틀은 〈그
림 2-6〉과 같다.

　민군 대북인식의 선호가 불일치하면 (진보) 정부는 군에 대해 관여적
문민통제를 실시한다. 감시의 방법은 위임 결정의 수정, 경찰 등의 관여
적 수단을 사용할 것이다. 군의 선택은 문민통제에 대한 순응 또는 반
발이다.

〈그림 2-6〉 한국 문민통제의 분석 틀

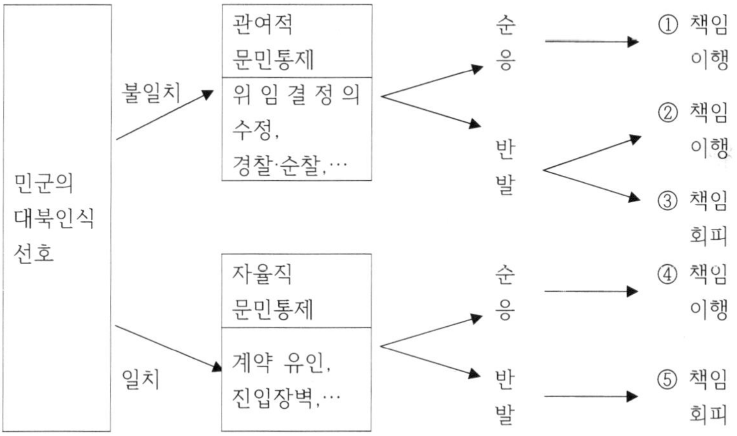

　군의 순응은 문민의 선호를 따르는 ①의 책임 이행이다. 반발할 수도
있는데 민군갈등 끝에 문민에 복종하는 ②의 책임 이행을 택할 수도 있

다. 군의 선호와 의지를 고수하면 ③의 책임 회피이다.

문민의 대북인식 선호가 일치하면 (보수) 정부는 군에 대해 자율적 문민통제를 실시한다. 계약 유인처럼 군에 재량권을 인정하는 느슨한 감시를 구사한다. 계약 유인의 대가는 군의 순응이다. 계약 유인과 같은 자율적 감시를 거부할 군은 없다. 따라서 군은 순응하고 ④의 책임 이행을 택한다. 자율에 반발해 ⑤의 책임 회피를 할 수도 있다. 현실적 가능성은 낮은 편이다.

군이 책임을 회피하면 문민통제는 위기를 맞는다. ⑤의 책임 회피는 비현실적이다. ③의 책임 회피는 한국 문민통제의 위험 요인이다. 문민통제의 분석 틀을 확장하면 문민정부는 ③의 책임 회피를 처벌할 것이다. 군은 처벌이 두려워 책임을 이행하기도 하고, 처벌을 받은 후 책임을 이행할 수도 있다. 만에 하나 군이 처벌에도 반발하면 문민통제는 흔들리게 된다.

이 책에서 주로 사용하는 문민통제의 개념과 용어들은 주로 해외 문헌의 것을 인용했다. 주요 개념과 용어들을 직역했을 때 뜻이 명확하게 통하지 않는 경우 한국적 특수성의 관점에서 재정의했다. 자주 사용되는 용어들은 아래와 같이 별도로 설명해 강조하고자 한다.

● 진보와 보수: 헌팅턴은 문민통제와 관련된 이데올로기를 보수주의와 자유주의로 구분했다. 이 책에서는 한국의 정치 지형을 지배하는 이데올로기로 보수주의와 자유주의의 조합 대신, 보수와 진보의 조합을 채택했다. 1987년 6월 항쟁과 1991년 소련의 붕괴, 그리고 1990년대 초 노태우, 김영삼 정부의 보수적 민주화 과정을 거친 후 집권한 김대중, 노무현 정

부를 진보적 이념에 기반한 진보 정부라고 칭하고 있다.[118] 이명박, 박근혜의 우파 정부는 보수 정부라고 명명하는 것이 일반적이다.

- 군과 장교단: 문민통제의 대상인 군은 전문직업군으로서의 장교단을 의미한다. 군주의 군인 또는 용병, 전사가 아니라 국민과 국가의 정규군을 책임지는 지휘관이다. 직업군 장교단은 19세기 유럽에서 성립됐고, 20세기 들어서 세계 거의 모든 국가에서 나타났다. 장교단의 특징은 전문성, 책임성, 단체성, 윤리성 등이다. 장병들을 통솔하고 군 전체를 대표한다.[119]

- 간섭과 관여, 자율: 피버는 문민통제 방식을 간섭적 감시와 비간섭적 감시로 구분했다. 이 책은 간섭적 감시를 관여적 문민통제로, 간섭적 감시의 부재를 자율적 문민통제로 정의한다. 문민정부의 군에 대한 행동은 '부당한 방해'의 의미인 간섭보다는 '관계되는 일에 참여한다'는 관여와 가깝다. 따라서 피버를 서술할 때에 한해 간섭이라고 표현하고, 그 외의 상황은 관여라고 기술한다.

- 순응과 반발: 문민의 통제에 대한 군의 1차적 선택지는 순응 또는 반발이다. 순응은 군이 문민의 선호에 호응하는 행위이고, 반발은 군이 문민의 선호를 따르지 않는 행위이다. 순응은 민군갈등이 없는 상태이고, 반발은 민군갈등의 상황이다. 순응 또는 반발을 거쳐 군은 최종적 행동을 선택한다. 피버는 사례 연구에서 갈등의 유무를 따졌는데 이 책은 갈등과 함께 순응과 반발이라는 개념을 병용한다.

- 감시와 처벌: 감시는 문민이 군의 행동을 제약하는 수단이다. 어떠한 감

---

118 조성환(2016).
119 존 하키트(1998), pp. 65-77, 103-143.

시 수단을 사용하느냐에 따라 문민통제가 관여적인지 자율적인지 판단할 수 있다. 군이 문민의 선호를 따르지 않고 책임을 회피할 때 문민은 군을 처벌한다. 감시는 문민통제의 중간 과정에 실시되고, 처벌은 군의 최종적 행동에 대한 문민의 반작용으로 나타난다.

● 책임 이행과 책임 회피: 책임 이행과 책임 회피는 문민통제에 대한 군의 최종적 행동이다. 피버는 work와 shirk라고 표현했다. 연구자에 따라 work는 근무, 복무, 그리고 shirk는 책임 회피, 태만 등으로 해석한다. work는 군이 문민의 선호를 충실히 이행했다는 뜻이므로 근무보다는 책임 이행이라는 표현이 적절하다고 판단된다. 따라서 shirk는 책임 회피라고 부른다.

제 3 장

진보 정부의
관여적 문민통제

3

김대중 정부의 관여적 통제와
군의 수세적 작전

1. 민군 대북인식 선호의 불일치

(1) 김대중 정부의 포용적 대북인식

김대중 대통령은 1998년 2월 25일 대북 3원칙을 천명하고 남북정상 회담을 제의하면서 취임했다. 김 대통령이 취임사에서 밝힌 대북 3원칙은 △어떠한 무력도발도 결코 용납하지 않겠음 △북한을 해치거나 흡수할 생각이 없음 △남북 간의 화해와 협력을 적극적으로 추진할 것임 등이다.[1]

김대중 정부의 대북 3원칙 중 두 번째 원칙인 북한을 해치거나 흡수할 생각이 없다는 깃은 '한국은 현상유지 체세'라는 규정과 다름없다. 이는 북한을 현상유지 체제로 간주하기 때문에 가능한 인식으로 볼 수 있다. 또는 북한을 현상유지 체제로 유도하기 위한 선제적 선언으로 해석할 수도 있다. 세 번째 원칙인 화해와 협력은 두 번째 원칙인 흡수통일의 유보를 전제로 추진되는 것이다.

동시에 첫 번째 원칙인 무력도발의 불허를 통해 남북교류 과정에서도 안보적 허점을 허용하지 않겠다는 의지를 강조했다. 분단 이래 유례 없는 햇볕정책이라는 실험을 시작하면서 안보 불안을 불식시키기 위한 장치로 무력도발 불허를 대북 3원칙 중에서도 첫 번째 원칙으로 올려

---

1   통일연구원, 『남북관계연표 1948년~2013년』(서울: 통일연구원, 2013), p. 261.

놓았다. 김대중 정부의 무력도발 불허 원칙은 이전 정부의 적대적 또는 경쟁적 대북인식에 입각한 공세적 입장과 본질적으로 다르다.

1998년 3·1절 기념식에서 김 대통령은 "남북한은 상호 체제를 존중하고 어떠한 불이익을 주는 일도 삼가야 한다", "이를 위해 어떤 수준의 대화에도 응할 준비를 갖추고 있다", "남북합의서의 화해, 협력, 불가침의 관계가 반드시 이루어져야 한다"라며 대북 3원칙을 거듭 강조했다. 다음 날 학군사관 후보생 임관식에서는 "북한이 오판할 수 없도록 완벽한 안보 태세를 확립하라"라며 무력도발 불용의 원칙을 상기시켰다.[2]

5월 6일 전군 주요 지휘관 간담회에서는 "북한은 결국 변화할 것", "북한은 곧 대화에 나설 것"이라며 햇볕정책에 대한 자신감과 의지를 피력했다. 군 지휘부에 직접적으로 정부의 대북인식의 공유를 강요한 것이다.

이어 10일 국민과의 TV 대화에서 △인도적 차원의 무상 지원 △정경분리 원칙에 따른 민간기업 교류협력 실현 △정부 간 교류 상호주의 적용 등 대북 교류협력 3원칙을 제시했다. 햇볕정책의 구체적 방법론이다. 1999년 취임 1주년 국민과의 TV 대화와 내외신 기자회견에서도 "대북포용정책은 전쟁을 막는 최선의 정책"이라고 웅변했다.

2000년 3월 9일 베를린 선언을 통해 한국의 당면 목표는 통일보다는 냉전의 종식과 평화의 정착임을 선포하고, 화해와 협력 제안에 적극 호

---

2 이 책은 김대중 대통령의 발언을 통해 김대중 정부의 대북인식을 분석한다. 김대중 대통령의 발언은 통일연구원의 『남북관계연표 1948년~2013년』에 세밀하게 정리됐기 때문에 김 대통령의 발언에 대한 기술은 통일연구원의 연표를 주로 인용한다. 김대중 대통령의 3·1절 연설과 학군단 임관식 발언(p. 261.) 외에도 이하(以下) 국민과의 TV 대화(p. 265.)와 취임 1주년 기자회견(p. 278.), 동아일보 회견(p. 294.), BBC 인터뷰(p. 309.), 연두 기자회견(p. 312.), 이종찬 안기부장 발언(p. 267.), 이북도민 체육대회 연설(p. 299.), 방일 귀국보고 연설(pp. 328~329.) 등도 통일연구원 연표에 근거를 뒀다. 한국 문민통제의 여타 상황들에 대한 인용도 통일연구원 연표에 의존한 바 크다.

응해줄 것을 북한에 호소했다. 같은 달 말 외교통상부 업무보고에서도 김 대통령은 "현 상황에서 경제적, 정신적으로 북한과의 통일을 감당할 수 있을지 의문이며, 냉전 종식과 평화 공존에 역점을 두라"라고 지시했다. 동아일보 창간 기념 회견에서는 중동 특수와 비교할 수 없는 북한 특수를 언급했다. 흡수통일 정책의 포기를 거듭 확인하고, 햇볕정책을 통해 남북이 누릴 수 있는 효용을 역설한 것이다. 김 대통령은 이후 외신과의 회견 등에서 성급한 통일은 부정적 결과를 초래할 것이라는 주장을 반복했다.

2000년 남북정상회담에서 6·15 남북공동선언이 채택됐고, 김 대통령은 노벨평화상을 수상했다. 정책의 동력을 잃을 수 있었던 집권 3년차에 포용적 대북인식과 햇볕정책을 오히려 강화하는 계기가 됐다. 영국 BBC 인터뷰에서 북한의 인권문제를 제기하지 말 것을 주문하는 자신감을 드러내기도 했다.

2001년 신년사를 통해 5대 국정과제 중 하나로 남북 평화협력의 실현을 제시했고, 연두 기자회견에서 냉전구조 해체와 평화체제 확립을 강조했다. NSC의 2001년 안보정책 3대 기본방향도 △남북교류협력 추진 △한반도 평화체제 기반 구축 △자주국방과 한미동맹 유지로 정했다.

김대중 대통령은 2001년 3월 취임한 김동신 국방부장관과 첫 독대에서 "어떤 나라도 주적 개념을 사용하지 않는다"라며 국방백서의 주적 개념 삭제를 지시했다. 김 장관은 "국방백서 격년제 발간으로 주적 관련 표기 (삭제) 문제를 한 해 넘길 수 있었다"라고 회고했다.[3]

국방백서는 1988년 이후 매년 발간됐다. 대통령의 주적 개념 삭세 지

---

3   국방부 군사편찬연구소(2013), p. 491.

시로 국방부는 국방백서를 격년제로 발간하기로 하고, 2001년 국방백서를 내지 않았다. 야당과 보수 언론은 김정일 위원장의 눈치를 보는 것이라고 비판했다.[4] 이듬해 12월 국방백서 대신 국방정책이라는 제호의 간행물을 발간하고 본문에 주적 개념을 넣지 않았다. 성격이 모호한 간행물 국방정책에 주적 개념을 제외함으로써 최초로 주적 개념을 삭제한 국방백서를 발간하는 국내 정치적 부담을 피한 것이다.

김대중 정부의 대북정책 저변에는 대북 친애적 인식이 자리 잡고 있다. 한국 정부의 대북인식을 적대적, 경쟁적, 친애적으로 분류했을 때 김대중 정부는 친애적 입장을 취했고, 분단인식을 현상타파적 분단 해소와 현상유지적 분단 안정으로 분류했을 때 김대중 정부는 현상유지적 분단 안정을 택했다고 볼 수 있다.[5]

북한의 무력도발은 끊이지 않았다. 잠수정 침투, 미사일 발사, 서해교전 등 양태도 다양했고 횟수도 적지 않았다. 김대중 정부의 대북 3원칙 중 제1원칙인 무력도발 불용이 흔들렸다. 그렇다고 두 번째, 세 번째 원칙이 함께 흔들린 것은 아니다.

완전무장한 북한 잠수정의 발견에도 김대중 대통령은 1998년 6월 24일 군부대를 방문해 "햇볕정책 기조에는 변함이 없다"라고 못을 박았고, 이종찬 국가안전기획부장은 "북한의 잇단 침투행위에도 불구하고 중장기적 관점에서 햇볕정책을 일관되게 추진할 것"이라고 밝혔다.

1998년 8월 31일 북한의 중거리 미사일 시험발사 이후 김대중 정부는

---

4   국회사무처, 제225회 국회 국방위원회 회의록 제9호(2001. 11. 30.), pp. 21-24.

5   이화준 · 노미진, "대북정책과 한국 정부의 인식," 『사회과학연구』 제35권 제1호(사회과학연구소, 2019), pp. 23-45.

NSC 상임위원회를 통해 북한을 규탄했다. 대북정책의 기조는 변함없었다. 발사 1개월 후인 10월 1일 건군 50주년 국군의 날 기념식에서 김 대통령은 "북한의 새 지도부 등장을 계기로 남북 간 평화와 화해, 협력의 시대를 열어나갈 것"이라고 기대했다.

1999년 6월 15일 제1연평해전에도 금강산 관광은 중단되지 않았다. 교전 당일과 다음 날 새벽 금강산 관광선은 예정대로 출항했다. 임동원 통일부장관 겸 NSC 상임위원장은 교전 다음 날 국회에서 "인도적 차원의 비료 지원도 중단하지 않겠다"라고 발언했다.[6]

6월 20일 금강산 관광객 민영미 씨 억류 사건 이후에야 현대는 금강산 관광의 중지를 발표했다.[7] 하지만 10월 10일 이북도민 체육대회에서 김 대통령은 "북한이 겉으로 뭐라고 말하건 현실에서는 포용정책에 기반을 둔 한미일 3국의 공동 노력에 점차 호응하는 자세를 보이고 있다"라며 낙관론을 펼쳤다.

2002년 6월 29일 세2연평해전이 발발했고, 한국 해군 장병 6명이 선사했다. 이틀 후인 7월 1일 김대중 대통령은 일본 도쿄에서 열린 동포 간담회에서 "햇볕정책은 공산당에 대한 유화정책이나 패배주의 정책이 아니"라면서 햇볕정책의 지속 의지를 표명했다. 방일 귀국 보고 연설에서도 북한의 재도발에 대한 경고와 함께 햇볕정책을 유지할 것임을 확인했다.

제2연평해전이 벌어진 이후 남북의 문화교류는 오히려 더 활발하게 진행됐다. 서울 남북통일 축구대회, 한국 태권도 시범단의 평양 공연,

---

6   국회사무처, 제204회 국회 본회의 회의록 제2호(1999. 6. 16.), pp. 5-7.
7   금강산 관광은 중단된 지 1개월여 만인 1999년 8월 재개됐다.

KBS 교향악단의 방북 공연, MBC 대중문화 공연단의 평양 특별공연이 9월에 열렸다. 북한은 부산 아시안게임에 선수단과 응원단 등 688명을 보냈다.

김대중 정부 대북 3원칙의 첫 번째가 무력도발의 불용인데도 북한은 빈번하게 적대적 행동을 했다. 이를 도외시하고 대북 3원칙 중 두 번째, 세 번째 원칙인 흡수통일의 포기와 화해협력정책에 전념한 김대중 정부의 대북인식은 심각한 오류를 범했다는 지적도 나왔다.[8] 2002년 10월 북한 당국이 농축우라늄을 이용한 핵 개발을 공표함으로써 햇볕정책은 결정적 위기를 맞았다. 대남 적화통일의 목표를 폐기하지 않은 북한에 대한 김대중 정부의 인식은 감상주의적이라는 비판을 피할 수 없었다.[9]

(2) 군의 보수적 대북인식

정부의 포용적, 친애적 대북인식이 명확한 만큼 군의 대적관은 선명하게 대비됐다. 진보 성향 문민정부의 대북인식도 군의 대북인식에 별다른 영향을 미치지 못했다.

햇볕정책의 내용과 지향이 공개된 이후인 1998년 8월 국회 국방위원회에서 군은 "장병의 정신 전력 강화를 위해 확고한 대적관을 바탕으로 필승의 전투의지를 제고하겠다", "정부의 대북정책을 올바로 이해하

---

8 정경환, "김대중 정부의 대북정책 평가. 향후 과제," 『통일전략』 제2권 제2호(통일전략학회, 2002), pp. 79–103.

9 염동용, "김대중 정부의 대북정책 평가. 통일전략," 『통일전략』 제2권 제2호(통일전략학회, 2002), pp. 55–77.

고 확고한 주적 개념과 적개심을 견지할 수 있도록 하고 있다"라고 밝혔다.[10] 북한을 적으로 상정하고 장병들로 하여금 적개심을 품고 대비태세에 임하도록 하겠다는 전형적인 군의 적대적 대북인식이다. 정부의 대북정책을 이해하겠다는 단서를 달고 군은 북한을 반드시 이겨야 하는 적으로 바라본다는 점을 분명히 했다.

천용택 국방부장관의 국회 국방위원회 전체회의 발언은 햇볕정책에 대한 군의 시각을 극명하게 보여준다. 천 장관은 "대북정책이 북한을 무조건 지원하는 정책으로 잘못 인식하는 경우에 장병들의 대적관에 혼란이 우려되기 때문에 교육 지침을 설정해 지속적인 정신교육을 시키고 있다"라고 말했다. 햇볕정책으로 장병들의 대적관이 흔들릴 수 있는 만큼 정신교육을 강화하겠다는 의지의 천명이다.

천 장관은 이어 "북한이 대남 적화전략을 포기하고 한반도에서 전쟁의 위협이 완전히 사라지는 그 순간까지 확실한 대적관을 견지하고 오로지 전투준비태세 확립만을 우리의 주 임무로 하도록 강조하고 있다"라고 말했다.[11] 군은 북한을 대남 적화전략을 고수하는 현상타파 체제로 여겼다. 북한을 현상유지 체제로 파악하는 김대중 정부와 군 대북인식의 간극은 이렇게 깊고 넓었다.

햇볕정책은 군에 거추장스런 부담과 같았다. 국방개혁의 일환인 군 구조 개편과 관련해 야당의 질책을 받자 천용택 장관은 "햇볕정책 때문에 군 구조를 바꾼다는 말은 정말 용납하기 어렵다", "솔직하게 말해서 햇볕정책은 마음속에 없다", "어떻게 하면 강한 군대를 만드는가 하는

---

10 국회사무처, 제195회 국회 국방위원회 회의록 제1호(1998. 8. 21.), p. 5.
11 국회사무처, 제196회 국회 국방위원회 회의록 제2호(1998. 9. 3.), p. 24.

것이 제 소원이다"라고 응수했다.[12]

2000년 6월 30일 국방부는 남북정상회담의 정신에 따라 북측에 대한 공식 명칭을 북괴에서 북한으로 수정한다고 발표했다.[13] 이때부터 한국군은 북괴를 북한으로, 북괴군을 북한군으로 바꿔 부르고 있다. 군의 대북 적개심이 다소 완화됐다고도 볼 수 있는 사안이지만 군 외부의 정치적 압력으로 인한 피상적 변화에 불과했다.

2002년 6월 29일 제2연평해전으로 한국 해군 함정 1척이 침몰하고 다수의 사상자가 발생하자 군은 '북한은 주적'이라는 인식을 강화했다. 이준 국방부장관은 "현재 남북관계는 일부 변화가 있음에도 불구하고 북한의 군사 능력과 군사력의 배치, 준비태세, 서해 도발 등 군사적 위협의 실체는 전혀 변화가 없다", "우리 군은 북한군을 주적으로 인식하여 장병들이 확고한 대적관을 유지할 수 있도록 장병정신교육을 더욱 강화해 나가겠다"라고 말했다.[14]

김대중 정부의 말기인 2002년 12월 발간된 1998~2002 국방정책은 여전히 북한을 대남 적화전략으로 무장한 현상타파 체제로 규정했다. 대통령의 주적 개념 삭제 지시를 따르고 야권의 비판을 피하기 위해 국방백서 대신 발간된 이 간행물은 북한이 대남 적화전략을 파기하지 않는 한 도발을 계속할 것이라고 경고했다.[15] 군의 보수적인 대북인식은 본질적으로 변하지 않았다.

---

12 국회사무처, 제199회 국회 국방위원회 회의록 제1호(1998. 12. 28.), p. 12.

13 국방부 군사편찬연구소(2013), p. 169.

14 국회사무처, 제232회 국회 본회의 회의록 제6호(2002. 7. 22.), p. 51.

15 국방부, 「1998-2002 국방정책」(서울: 국방부, 2002), p. 50.

2. NSC의 활성화

(1) 김대중 정부 이전의 NSC

국가안보의 컨트롤타워, 안보정책의 총괄조정체라고 할 수 있는 NSC
는 김대중 정부 이전까지 유명무실했다. 이승만 정부에서 NSC의 원형
이 나타났고, 박정희 정부에서 법적인 근거가 마련됐다. 본격적 가동은
김대중 정부에서 시작됐다.

한국 NSC의 기원은 1953년 6월 이승만 정부에서 창설된 국방위원회
에서 찾을 수 있다. 대통령령인 국방위원회 설치 규정에 따라 국무총리
를 위원장으로 하고 국방부장관, 내무부장관, 외무부장관, 재무부장관,
육해공군 참모총장을 위원으로 하는 국방위원회가 구성됐다. 국방위원
회 의장은 대통령, 부의장은 국무총리가 맡았다. 의장이 주재하는 국방
위원회 본회의는 NSC와, 위원장이 주재하는 국방위원회 회의는 NSC
상임위원회와 유사하다.[16]

NSC는 1962년 12월 공포된 제3공화국의 헌법 제87조에 처음 명시됐
다. NSC의 역할은 "국가안전보장에 관련되는 대외정책, 군사정책과 국
내정책의 수립에 관하여 국무회의의 심의에 앞서 대통령의 자문에 응하
기 위하여"라고 규정됐다. 조직이 구성되고 실제 역할이 주어진 것은 1

---

16 국방위원회설치규정(대통령령 제795호, 1953. 6. 24. 제정).

년 후이다. 박정희 대통령의 지시에 따라 1963년 12월 국가안전보장회의법이 제정됐고, NSC도 이때부터 회의를 열기 시작했다.

그러나 NSC는 박정희 정부부터 김대중 정부 출범 이전까지 단 51회 개최됐다. 김영삼 정부 5년 기간에는 3차례만 열렸다. 박정희 정부 시기 안보정책 결정의 실질적 권한은 NSC보다 중앙정보부와 국방부에 주어 졌다.[17] 전두환, 노태우 정부도 NSC를 적극적으로 활용하지 않았다.

군의 정치개입이 종식된 문민의 정부였던 김영삼 정부의 안보 컨트롤 타워는 NSC 대신 외교안보수석실이 맡았다. 외교안보수석실은 산하에 통일, 외교, 국방, 국제안보 등 4개 비서관을 두었다. 각 비서관은 관련 부처와 청와대를 연결하는 연락관 기능을 담당했다. 외교안보 관련 비서관의 부처 업무에 관한 조정기능은 없었다. 조정관 기능이 없다는 것은 외교안보수석실의 권한은 상대적으로 약했고, 정부 부처들의 자율성은 높았다는 방증이다.

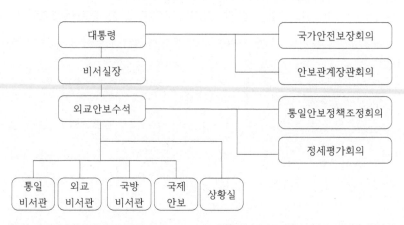

〈그림 3-1〉 김영삼 정부의 외교안보 총괄조정체제

출처 : 제192회 국회 국방위원회 회의록 제1호(pp. 4-5) 중 석영철 행정자치부 차관과 조재석 국방전문위원의 설명을 재구성

---

17 권혁빈, "NSC(국가안전보장회의) 체제의 한미일 비교," 「한국경호경비학회지」 제37호(한국경호경비학회, 2013), pp. 29-50.

NSC는 실효적으로 작동하지 않았다. 통일부총리가 주재하는 통일안보정책조정회의, 현안별 부처 간 회의체가 NSC보다 더 큰 역할을 했다. 외교안보수석실의 외교안보 총괄조정기능은 통일안보정책조정회의에 비해 상대적으로 취약했다.

정부의 북핵 문제 대응이 유기적이지 못하다는 지적이 나오자 김영삼 정부 후기 외교안보수석의 역할이 강화됐다. 긴급대응 능력을 확보하기 위해 외교안보수석실 내 상황실을 설치했고, 정부 내 정보정세 판단을 공유하기 위해 외교안보수석이 주재하는 차관보급 정세평가회의를 정례적으로 개최했다. 외교안보수석의 총괄조정기능을 작게나마 보강한 것이다.[18]

(2) 김대중 정부의 NSC

김대중 정부는 100대 국정과제 중 하나로 NSC 활성화 및 기능 강화를 제시하고, 정부 출범 첫해인 1998년 NSC 관련 법을 전면적으로 정비했다. 1998년 5월 국가안전보장회의법 및 국가안전보장회의 운영 등에 관한 규정을 개정하고, 6월 NSC 상임위원회와 사무처를 신설했다.

---

18 김영호, "외교 · 국방 · 통일전략 최적화를 위한 제도적 정비방안," 「KRIS 창립 기념논문집」(한국전략문제연구소, 2017), pp. 159-186.

〈그림 3-2〉 김대중 정부의 NSC

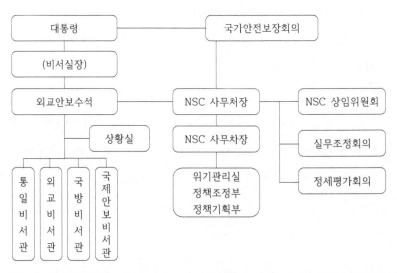

출처: 제192회 국회 국방위원회 회의록 제1호(pp. 4-5) 중 석영철 행정자치부 차관과 조재석 국방전문위원의 설명을 재구성

    NSC는 법적 근거가 미비하고 안보정책 총괄조정기능이 비효율적이었던 통일안보정책조정회의를 대체했다. NSC 위원은 대통령, 국무총리, 통일부장관, 외교통상부장관, 국방부장관, 국가안전기획부장 등 6인의 법정 위원과 대통령령으로 정한 비서실장, 외교안보수석 등 총 8인이다. 필요에 따라 관계부처의 장, 비상기획위원장, 합참의장 등이 출석할 수 있었다. 통일안보정책조정회의 위원이었던 재정경제부장관, 행정자치부장관, 정무1장관은 NSC 위원에서 제외됐다.

    신설된 상임위원회는 NSC에서 위임한 사항을 처리하기 위한 조직으로 통일부장관, 외교통상부장관, 국방부장관, 국가안전기획부장, 외교안보수석 등 5인으로 구성됐다. 통일부장관을 상임위원장으로 주 1회 정기회의를 개최하고 산하에 실무조정회의와 정세평가회의를 두었다.

신설된 NSC 사무처는 NSC의 사무를 처리하기 위한 조직으로 사무처장은 외교안보수석이 겸임했다.

평시에는 국가위기관리부터 국가안전보장에 이르는 일련의 과정을 평가 및 판단해 대통령을 보좌하고, 전시에는 전쟁지도본부의 역할을 하는 NSC가 탄생한 것이다. 초기의 김대중 정부 NSC는 안보보다 통일정책에 치중한다는 야당의 비판이 대두됐다. 이에 호응해 NSC를 견제하는 국회의 상임위원회를 통일외교통상위원회, 정무위원회가 아닌 국방위원회로 지정함으로써 안보도 등한시하지 않는다는 의지를 드러냈다.[19]

NSC 사무처는 1998년 6월 5일 정식 발족했다. 임동원 외교안보수석이 사무처장에, 박용옥 전 국방부장관 정책보좌관이 1급 사무차장에 각각 임명됐다. 사무처 정원은 12명이었다. 안전기획부와 군, 행정자치부의 파견자들을 추가해 14명 이내로 운영됐다.[20]

NSC 사무처는 위기관리실, 정책조정부, 정책기획부, 총무과로 구성됐다. 국가안보정책에 대한 대통령 자문기구인 NSC의 실제 운영을 지원하고, 안보정책의 조정 및 이행 점검 등을 맡았다. 사무처장을 겸직하는 외교안보수석 산하의 통일비서관, 외교비서관, 국방비서관, 국제안보비서관, 상황실과 역할이 일부 중첩된다. 외교안보수식이 외교안보정책의 핵심적 지위를 보유한 채 비서실의 외교안보라인과 NSC를 총괄함으로써 NSC와 비서실은 외교안보수석을 축으로 안보 컨트롤타워의 통합적 병렬 구조를 형성했다.

---

19 국회사무처, 제192회 국회 국방위원회 회의록 제1호(1998. 5. 14.), pp. 4–5, 19–27.

20 "국가안전보장회의 사무처 발족," 「연합뉴스」, 1998. 6. 5.

김대중 정부에서 외교안보수석비서관, 통일부장관, 국정원장, 통일외교안보특별보좌역, NSC 사무처장을 역임하면서 포용정책을 설계하고 시행한 임동원은 "새로운 대북정책을 추진하는 정부에서 부처 간 상이한 입장을 조율해 통합적이고 효율적인 정책을 수립하고 강력한 실천력을 뒷받침하는 시스템"이라고 김대중 정부의 NSC를 정의했다. 김대중 정부의 NSC는 상임위원회 229회 개최, 상임위 의안 처리 708건, 상임위 건의에 대한 대통령 100% 승인 등의 기록을 남겼다.[21]

즉, 김대중 정부의 NSC는 상임위를 활발하게 가동했고 적극적으로 정책을 수립하는 역할을 했다. 임동원은 통일부장관으로 재임 중이던 1999년 7월 국회에서 "남북 간 국력 격차가 심화돼 모든 면에서 우리는 북한에 대해 월등한 우위를 확고히 했다", "포용정책은 이러한 현실을 바탕으로 자신감을 갖고 추진하는 강자의 정책"이라고 말했는데 김대중 정부 NSC의 지향을 미루어 짐작할 수 있다.[22]

21 임동원, 「피스메이커」(서울: 중앙books, 2008), pp. 345-354.
22 국회사무처, 제205회 국회 국회본회의 회의록 제7호(1999. 7. 8.), p. 33.

한국군의 두 얼굴

3. 정부의 관여와 군의 수세적 작전

(1) 무장침투용 잠수정의 발견과 햇볕정책

김대중 정부 출범 이후 북한의 첫 대남 군사적 행동은 MDL 월경이다. 1998년 3월 12일 오전 11시 5분 북한군 13명이 강원도 철원군 김화읍 학사리 중부전선의 MDL을 40m가량 넘었다.[23] 한국 육군이 즉각 2차례의 경고방송을 한 후 20여 발의 경고사격을 했다. 북한군은 응사하지 않고 돌아갔다. 한국군은 북한군의 월경을 MDL 푯말 확인을 위한 지형정찰 중의 실수로 판단했다.[24]

6월 22일 속초 동쪽 11.5마일 영해에서 북한 잠수정 1척이 그물에 걸린 채 어선에 의해 발견됐다. 잠수정 침투는 1996년 9월 18일 이후 2년 만이고, 김대중 정부 출범 이후 처음이다.[25] 잠수정에서 로켓포와 자동소총 등 각종 무기들과 함께 승조원 9명이 숨진 채 발견됐다.

정부는 당일 오후 NSC 상임위원회를 개최했다. NSC 상임위는 6인승 70t 간첩 침투용 잠수정이 훈련을 하다 조류에 밀려왔는지, 간첩을 침투시키려다 그물에 걸렸는지, 또는 침투시키고 귀환길에 그물에 걸렸

---

23 이 책에서는 군과 정부의 발표에 의거해 거리 단위로 m, km, 마일 등을 혼용한다.

24 국방부 군사편찬연구소(2013), p. 139., "북한군 13명 중부전선 군사분계선 월경," 「연합뉴스」, 1998. 3. 13.

25 "北 잠수정 동해서 그물에 걸려-軍당국 예인," 「연합뉴스」, 1998. 6. 22.

는지 등 사고의 원인을 확실하게 규정하지 않았다.[26] 정부는 사건 초기 대북 화해와 협력정책에 미칠 악영향을 우려해 침투 목적을 특정하는 데 신중을 기했다.

김대중 대통령은 이틀 후인 6월 24일 군부대를 방문해 북한 잠수정 사건에도 불구하고 햇볕정책에는 변함이 없다고 강조했다.[27] 같은 날 북한은 잠수정이 훈련 중 조난된 것이라고 밝혔고, 6월 26일 잠수정과 시신 송환을 요구했다.[28]

김대중 정부는 잠수정 발견 4일 후 국방부 조사 결과를 근거로 이 사건을 명백한 대남 침투작전으로 확정했다. 국방부와 통일부는 관련자 처벌과 함께 남북관계 개선에 노력할 것을 촉구했다. 승조원 시신은 7월 3일 송환했다.

북한의 무장공비 침투 시도는 이에 그치지 않았다. 잠수원 승조원의 시신을 북한으로 송환한 지 9일 만인 7월 12일 오전 강원도 동해시 묵호동 해안에서 무장간첩으로 추정되는 시신 1구와 수중잠행추진기가 발견됐다. 군경은 체코제 기관총 1정과 대검 1개, 수중카메라 1점, 산소통, 수경, 수중 교신용 장비 등도 수거했다.[29]

침투 도중 사고가 발생해 무장공비가 숨졌을 가능성이 높았고, 다른 무장공비들이 침투했는지 여부는 확인되지 않았다. 이런 상황에서 김대중 정부는 햇볕정책이 흔들려서는 안 된다는 입장을 서둘러 내놨다. 이종찬 국가안전기획부장은 7월 13일 "북한의 잇단 침투행위에도 중장

---

26 윤동영, "북한 잠수정 발견 정부 움직임-청와대," 「연합뉴스」, 1998. 6. 22.

27 국방부 군사편찬연구소(2013), p. 141.

28 통일연구원, 『남북관계연표 1948년~2011년』(서울: 통일연구원, 2011), p. 266.

29 이종건, "동해서 무장공비 시체 및 소형 침투정 발견," 「연합뉴스」, 1998. 7. 12.

한국군의 두 얼굴

기적 관점에서 햇볕정책을 일관되게 추진할 것"이라고 천명했다. 또 "북한 내 강경 세력이 햇볕정책을 견제하기 위해 긴장조성 책동을 감행하고 있다"라며 김정일 등 북한 최고 지도부와의 관계를 안정적으로 관리하기 위해 노력했다.[30]

북한은 조국평화통일위원회 대변인 성명을 통해 무장간첩 침투 사건이 북한과 무관하다고 발뺌했다. NSC는 대남 적대행위를 즉각 중단하고 사과와 관련자 처벌, 재발방지 약속 등을 북한에 촉구했다. 북한의 잇단 무장공비 침투 시도를 규탄하면서도 7월 21일 북한에 탈지분유 781t 지원 계획을 발표하는 등 햇볕정책을 유지했다.

2차례의 무장공비 침투 시도는 군에 의해 발각된 것이 아니라 민간인이 발견함으로써 드러났다. 엄밀히 따져 군은 경계에 실패한 셈이다. 정부는 해상 경계망이 뚫린 이 사건의 책임을 물어 해군 1함대 사령관과 육군 68사단장, 102여단장을 보직 해임했다. 그런데 68사단과 102여단의 지휘관 이취임식은 오전이 아닌 오후 7시에 치러졌다.[31] 늦은 오후의 이취임식은 군을 불신하는 진보 성향의 문민정부가 군을 장악하고 길들이겠다는 신호로 해석됐다. 언론과 야당의 비판이 이어졌다. 천용택 국방부장관은 당일 악천후로 참석자들이 헬기 대신 육로로 이동하다 보니 예정 시간보다 늦어졌다고 해명했다.[32]

북한은 1개월 후 한국만이 아니라 주변국도 위협하는 군사적 행동을 감행했다. 8월 31일 낮 12시 7분 동해안의 미사일 시험발사장에서 신형

---

30 통일연구원(2011), p. 267.

31 국회사무처(1998. 8. 21.), pp. 10~11.

32 국회사무처, 제196회 국회 국방위원회 회의록 제1호(1998. 8. 25.), p. 2.

탄도미사일인 대포동 1호를 발사한 것이다.[33] 대포동 1호는 북한으로부터 1,380㎞ 떨어진 일본 북동쪽 바다까지 날아갔다. 북한이 대포동 중거리 미사일을 발사한 것은 이날이 처음이다.[34]

대포동 1호는 일본 열도 전역을 사정권에 둔 미사일이다. 한국을 넘어 일본, 그리고 주일미군, 주한미군에도 북한 미사일이 실질적 위협으로 부상한 국제정치적 성격의 사건이다. 미국 상원은 9월 3일 북한의 미사일 개발 및 수출의 중단을 강제하는 대북 제재 결의안을 채택했다.[35] 일본도 경악, 분노 등의 단어를 사용하며 북한을 규탄했다.

한국 정부의 태도는 미온적이었다. 8월 31일 당일 NSC는 개최되지 않았다. 국방부 성명은 발사 7시간 후인 오후 7시에 나왔다. 이튿날인 9월 1일에도 NSC는 개최되지 않았고, 대신 통일관계장관회의를 열어 범정부 차원의 첫 협의가 이뤄졌다. 통일관계장관회의는 정부 대응의 최고 수준이었다. 이 회의에서 일부 참석자들이 "대포동 1호는 대미, 대일용으로 남한을 겨냥한 것이 아니다", "대중동 수출용이다", "대북 유연정책을 수정할 필요가 없다"라고 발언했다는 보도가 나왔다. 정부는 보도를 부인하지 않았다.[36]

NSC를 개최하지 않은 데 대해 천용택 국방부장관은 "정확한 정보를

---

33 국회사무처(1998. 9. 3.), pp. 1~2.

34 "北, 대포동1호 실험발사-美와 미사일 협상 앞두고," 「연합뉴스」, 1998. 8. 31.

35 김기서, "美상원, 대북 제재결의안 채택," 「연합뉴스」, 1998. 9. 3.

36 천용택 국방부장관은 국회 국방위원회 회의에서 "변명은 아닙니다만 대포동이 아니라도 한반도를 완전히 커버할 수 있는 노동 1호를 이미 배치했는데 한반도용만으로 대포동을 개발했겠느냐 그런 뜻을 강조하는 표현이 그렇게 되었지 않나 생각합니다"라고 말했는데 대포동 미사일에 대한 NSC 상임위원회의 인식을 우회적으로 드러냈다. 국회사무처(1998. 9. 3) p. 25.

통한 분석이 우선이었다"고 국회에 해명했다.[37] 사실 천용택 국방부장관
은 해외 출장으로 인해 통일관계장관회의에 참석하지도 못했다.

무장공비 침투 시도 사건의 책임을 물어 육군 지휘관을 해임하면서
늦은 오후에 이임식을 열도록 한 것이 군에 대한 김대중 정부의 인식을
보여줬다면, 대포동 1호 발사 이후 NSC를 개최하지 않았고 해외 출장
중이던 국방부장관이 급거 귀국하지 않은 사실은 김대중 정부의 대북
인식을 상징적으로 드러냈다고 평가할 수 있다.

(2) 제1연평해전과 선제사격 금지

1999년에도 김대중 정부의 햇볕정책은 꾸준히 이어졌다. 1999년 상반
기 인도주의적 차원에서 대북 비료 지원과 이산가족 상봉을 위한 당국
간 회담이 활빌하게 진행됐다.

남북은 5월 12일부터 14일까지 중국 베이징에서 실무접촉을 통해 비
료 지원을 위한 의제를 조율했다. 베이징 남북 비공개 2차 접촉은 5월
23일부터 3일간 이뤄졌고, 3차 접촉은 5월 29일부터 열렸다. 남측 김보
현 특보와 북측 전금철 아태평화위원회 부위원장이 나선 비료 지원 협
의는 6월 3일 끝났다.

이때 남북은 7월까지 남측이 비료 20만t을 북측에 제공하는데 그중
10만t은 6월 20일까지 전달하기로 합의했다.[38] 남북은 6월 21일부터 베

---

37 국회사무처(1998. 9. 3.), p. 23.

38 통일연구원(2011), p. 281.

이징에서 남북 차관급 회담을 개최해 이산가족 추석 상봉을 논의하기로 했다. 이렇게 남북관계가 안정적으로 관리되고, 북한의 공격성이 현저히 줄어들었다고 판단되는 시점에 제1연평해전은 발발했다.

제1연평해전은 1999년 6월 15일 연평도 북쪽 NLL 주변에서 벌어진 남북 해군 간의 교전이다. 남북 해군 함정들이 함포 조준사격을 주고받은 사례는 제1연평해전이 처음이다.[39] 제1연평해전은 6월 15일 단 하루 동안 발생한 사건이 아니다. 6월 7일부터 북한 해군 함정과 어선들이 무더기로 서해 NLL을 월선하며 긴장도를 높이던 중 6월 15일 북한 경비정들의 함포 조준사격으로 교전이 벌어졌다.

연평해전 기간 NLL을 월선한 북한 선박은 6월 7일부터 14일까지 경비정 52척, 어선 62척으로 집계됐다. 북한 경비정 3~7척이 매일 새벽 NLL을 월선해 밤늦게까지 기동했다. 북한 어선도 매일 4~19척씩 NLL 이남 바다로 넘어왔다.[40] 북한 선박들의 서해 NLL 집단 월선 자체가 흔치 않은 사건이었다. 1973년 10~11월 하루 평균 10~20척이 서해 NLL을 43회 월선하고 한국 해군 함정들을 포위하거나 여객선과 화물선을 위협한 이래 20여 년간 유사한 집단 월선 사례는 없었다.[41]

서해 NLL 방어 책임을 맡은 한국 해군의 현장 지휘관들로서는 전례가 드문 집단 월선이 벌어진 6월 7일부터 15일까지 일전을 각오했다. 연평전 기간 해군 제2함대 사령관이었던 박정승 제독은 "국지전 가능성

---

39 국회사무처, 제204회 국회 국방위원회 회의록 제2호(1999. 6. 17.), p. 2.

40 김대중 정부의 초대 NSC 상임위원장인 임동원은 연평해전 기간 북한 함정과 어선이 6월 4일부터 NLL을 월선했다고 주장하나(임동원, 2008, p. 451.) 이 책에서는 합참차장의 국회 국방위원회 현안 보고 내용에 따라 6월 7일부터 월선을 시작했다고 기술한다.

41 김성만, 『천안함과 연평도—서해5도와 NLL을 어떻게 지킬 것인가』(서울: 상지피앤아이, 2011), p. 45.

을 직감하고 육군과 공군의 지원을 요청했지만 상부는 호응하지 않았다"라고 말했다.[42]

NSC 상임위원회는 6월 10일 처음 열렸다. 북한 함정과 어선의 NLL 집단 월선이 시작된 지 나흘째이자 북한 함정에 이어 한국 함정이 상대 함정을 들이받은 날, 첫 NSC 회의가 소집된 것이다. 야당의 대책회의보다 NSC 소집이 늦었다. NSC 상임위는 6월 10일 첫 회의 이후 연평해전 기간 총 4차례 열렸다. 서해교전 발발 가능성이 높아지자 NSC 상임위는 해군의 작전지침에 준하는 기준을 제시했다.

NSC의 기본 입장은 △남북기본합의서에서 합의된 NLL을 지상의 군사분계선과 같이 확고하게 지킬 것 △이를 위해 서해 해당 해역에 해군 함정을 증강 투입할 것 △북한이 NLL 북방으로 함정들을 철수시키지 않음으로써 야기되는 사태에 대해 북한이 책임질 것 등이었다.[43]

NSC 상임위원장인 임동원 통일부장관은 1999년 6월 16일 국회 본회의에서 "이러한 결정에 따라 우리 군은 해당 해역에서 북한 함정을 퇴거시키기 위한 실력행사를 하는 한편 무력충돌은 자제한다는 기본 입장으로 대처했다"라고 밝혔다.[44] 시위기동, 차단기동 같은 실력행사는 하되 무력충돌의 자제, 즉 선제사격 금지와 다름없는 지침을 군에 내렸다는 것이다.

교전에 앞서 김대중 대통령의 이른바 서해 NLL 4대 수칙이 하달됐다. 4대 수칙은 △NLL 사수 △선제사격 금지 △도발 시 교전규칙에 의거

42 김종대, 『서해전쟁: 장성 35명의 증언으로 재구성하다』(서울: 메디치미디어, 2013), p. 78.

43 국회사무처(1999. 6. 16.), p. 5.

44 국회사무처(1999. 6. 16.), p. 6.

한 대응 △확전 방지 등이다. 어떠한 경우에도 선제사격을 못 하도록 규정한 김대중 대통령의 4대 수칙이 언제 천명됐는지, 4대 수칙이 존재하기는 했는지를 놓고 논란이 일기도 했지만 교전 이전에 군에 통보됐다.

김대중 정부의 국방부장관을 역임한 천용택은 2002년 국회 본회의에서 "1999년 연평해전 기간 대통령이 강조한 것"이라고 확인했다.[45] 연평해전 기간, 즉 6월 7일부터 6월 15일 사이 4대 수칙이 하달됐고 이 수칙이 적용됐으니 6월 15일 교전 이전에 하달됐다고 보는 것이 타당하다.

김대중 대통령은 자서전에서 "4가지 지침을 주었을 뿐 그 이후 모든 것은 군에 일임했다"라고 밝혔다. 조성태 국방부장관이 밤중에 전화해서 "강경한 조치를 취하겠다"라고 보고했고, 김 대통령은 이때 선제사격 금지를 포함한 4대 수칙을 시달(示達)했다고 자서전에 적었다.[46] 국방부장관은 강력하고 원칙적인 대응을 제안했다. 반면 통수권자는 선제사격 금지를 명령했다. 조성태 장관은 교전이 벌어지기 전에 "어떠한 경우에도 선제사격을 하지 말 것을 (해군에) 특별 지시했다"라고 국회에서 진술한 것으로 미뤄[47] 4대 수칙은 교전 이전에 작동했다.

통수권자의 선제사격 금지 수칙과 NSC의 무력충돌 자제 기본 입장은 해군으로 하여금 수세적 작전을 펼치도록 강요했다. 당시 해군의 교전규칙은 경고방송(신호), 시위기동, 차단기동, 경고사격, 격파사격 5단계였기 때문에 해군 함정들은 시위기동과 차단기동, 즉 북한 함정을 충돌해서 밀어내는 작전밖에 구사할 수 없었다. 5단계 중 4단계인 경고사격

---

45 국회사무처(2002. 7. 22.), p. 7.

46 김대중, 『김대중 자서전 2』(서울: 도서출판 삼인, 2010), p. 188.

47 국회사무처(1999. 6. 17.), p. 25.

은 해군 교전규칙을 무력화하는 통수권자와 NSC의 지침에 의해 실시할 수 없는 상황이었다.

이러한 제약하에서 제1차 연평해전은 다음과 같이 발발했다.[48] 남북의 함정끼리 들이받는 물리적 충돌은 2번 벌어졌다. 6월 9일 1차 충돌은 북한 함정이 한국 고속정을 충돌했고, 2차로 6월 10일 한국 고속정이 북한 경비정에 대해 저지 충돌을 했다. 6월 12일 북한 함정 4척이 한국 고속정에 충돌하려고 접근했다. 한국 고속정은 빠른 속도로 회피했다.

쌍방의 무력충돌, 즉 교전은 6월 15일 오전 벌어졌다. 당시 남북의 수상함 세력은 북한 7척, 한국 13척이었다. 북한 어선 20척이 NLL 이남 2㎞ 지점에서 조업 중이었다.

오전 8시 45분 북한 함정 4척이 한국 고속정 5척에 대해 충돌 공격을 시도했다. 한국 고속정들이 피하면서 충돌은 빚어지지 않았다. 9시 4분 북한 어뢰징 3척이 NLL을 추가 월신하고 한국 고속정들을 향해 고속 접근했다.

한국 고속정들은 9시 7분부터 27분까지 북한 함정들에 대해 충돌식 밀어내기 작전을 실시했다. 9시 28분 한국 고속정에 받혔던 북한 경비정 1척이 한국 고속정 2척을 향해 선제적으로 사격했다. 한국 함징들은 자위권 차원에서 즉각 대응사격으로 맞섰다. 이로부터 9시 42분까지 남북 해군의 교전이 벌어졌다.

14분간의 짧은 교전에 북한 함정 6척이 파괴됐다. 40t급 어뢰정 1척

---

48 국회사무처(1999. 6. 17.), pp. 2-4. 제1연평전 교전 상황은 발발 이틀 뒤, 합참 장정길 차장이 국회에서 보고한 보고를 토대로 기술했다.

은 완전히 침몰했다. 구잠함 1척, 중형 경비정 1척은 대파됐다. 중형 경비정 1척은 반쯤 침몰했고, 소형 경비정 2척은 기관실이 파손됐다.

한국의 피해는 상대적으로 적었다. 함정 5척이 경미하게 손상됐고, 장병 9명이 경상을 입었다. 북한 해군의 인명피해는 공식적으로 확인할 수 없었다. CNN 등 외신들은 20~30명 사망, 70~80명 부상이라고 보도했다. 한국군은 적어도 침몰한 북한 어뢰정의 승조원 17명은 숨졌을 것으로 판단했다. 한국 해군은 선제사격을 할 수 없는 불리한 여건에서 완전한 승리를 거뒀다.

정부는 교전 당일 NSC 상임위를 열어 북측에 엄중 항의하고, 이러한 사태의 재발 시 강력 대응할 것이라고 공표했다. 이와 함께 모든 문제를 대화를 통해 해결할 것을 촉구하며 튼튼한 안보를 바탕으로 대북 포용 정책을 일관성 있게 추진한다는 입장을 재확인했다.[49]

제1연평해전에서 문민정부는 선제사격 금지의 지침을 하달해 현장 지휘관의 자율성을 제한했다. 현장 지휘관들은 문민정부의 지침을 준수했다. 그럼에도 현장 지휘관들은 교전 가능성이 높아지는 상황의 엄중함을 인식해 대비를 철저히 했고 전투를 승리로 이끌 수 있었다.

이후 북한은 9월 NLL 무효화 선언을 했을 뿐 NLL 월선과 같은 행위는 삼간 채 1999년을 마무리했다. 2000년 들어 6월 남북 첫 정상회담과 이후 화해 분위기로 인해 남북 간 군사적 긴장의 수준은 낮아졌다. 2000년 북한 경비정의 NLL 월선 사례는 1999년 120회의 10분의 1 수준인 10여 차례에 그쳤다고 국방부는 밝혔다.

이런 가운데 정부는 북한 경비정의 NLL 월선 사실을 은폐하려다 들

---

49 국회사무처(1999. 6. 16.), p. 6.

통나 논란을 자초했다. 합참은 2000년 11월 14일 오전 8시 55분 백령도 인근 NLL에서 남북 함정이 상호 기동했으나 양측 모두 NLL을 넘지 않았다고 11월 15일 발표했다.[50] 북한은 한국 함정들이 NLL을 월선해 북측 해역으로 진입했다고 주장했다.

묻힐 뻔한 사건이었는데 해군 장교들이 야당의 한 국회의원에게 제보함으로써 북한 경비정이 NLL을 약 0.5마일 월선한 사실이 뒤늦게 밝혀졌다. 해군 현장 지휘관은 북한 경비정의 NLL 월선 사실을 상부에 보고했으나 사실과 달리 발표된 데 반발해 제보한 것으로 추정할 수 있다.

국방부는 "현장 지휘관이 상부에 보고를 하지 않은 사건"이라고 진화에 나섰다. 한태규 NSC 사무차장은 국회에서 "북한이 의도적으로 한 것이라기보다는 우발적으로 NLL을 넘어왔다"라고 해명했다.[51] 야당 국방위원들은 "1년 반 전 교전이 벌어진 곳으로부터 멀지 않은 해역에서 북한 함정이 우발적으로 NLL을 월선하는 것이 가능한 일이냐"라며 반박했다.

(3) 북한 상선의 영해 침범과 지침의 부재

2001년 북한 경비정의 NLL 월선은 뜸했다. 5월까지 북한 경비정의 NLL 월선은 모두 8차례이고 모두 단순 월선으로 보였다.[52] 6월 들어 북

---

50 김귀근, "남북 함정 NLL 해역 상호 기동," 「연합뉴스」, 2000. 11. 15.

51 국회사무처, 제215회 국회 국방위원회 회의록 제6호(2000. 11. 28.), pp. 3-9.

52 김귀근, "北 경비정 올들어 8차례 NLL 월선," 「연합뉴스」, 2001. 5. 29.

한은 경비정 대신 대형 상선들을 내려보내 한국 영해를 무단 침범했다. 합참이 국회 국방위원회에 보고한 2001년 6월 2일부터 4일까지 북한 상선 3척의 영해 침범 사건의 개요는 다음과 같다.[53]

령군봉호는 6,735t급으로서 6월 2일 낮 12시 35분 추자도 동남쪽 17마일 해상에서 한국 해군 고속정에 발견됐다. 일본에서 중국 다롄(大連)으로 향하던 령군봉호가 한국 영해로 진입하자 한국 고속정은 오후 1시 30분 근접기동 감시와 시각 및 통신 검색을 하며 영해 이탈을 요구했다. 적재물은 없었고, 승선 인원은 43명이었다. 2일 오후 8시 20분 영해를 이탈했다.

백마강호는 2,740t급으로서 6월 2일 오후 7시 10분 추자도 서쪽 15마일 해상에서 한국 해군 고속정에 발견됐다. 영해 침범에 따른 시각 및 통신 검색 결과 이 배에는 소금 3,200t이 적재돼 있었다. 37명이 승선한 채 서해의 남포항에서 동해의 청진항으로 이동하고 있었다. 6월 3일 오전 8시 40분 영해를 이탈했다. 계속 동해로 북상해 6월 4일 오전 5시 30분 강원도 저진 동쪽 70마일 해상에서 NLL 통과 후 북상했다.

1,300t급 청진2호는 6월 2일 오전 11시 43분 울산 동쪽 22마일 해상에서 한국 해군 초계기에 발견됐다. 낮 12시 43분 해군 함정이 출동해 시각 및 통신 검색과 영해 침범 차단기동을 실시하며 근접기동 감시했다. 이 상선에는 쌀 10,000t이 적재됐고, 45명이 승선하고 있었다.[54] 일본 북해도를 출발해 해주항으로 향하는 상선이었다.

---

53 국회사무처, 제222회 국회 국방위원회 회의록 제1호(2001. 6. 4.), pp. 1-2.

54 적재 화물과 적재 인원은 한국 해군 장병들이 청진2호에 직접 올라 확인한 사실이 아니라 북한 상선 측이 통신을 통해 밝힌 내용이라고 합동참모본부는 국회 국방위원회에 보고했다. 령군호와 백마호의 적재 화물과 적재 인원도 통신 검색을 통해 확인됐다.

한국군의 두 얼굴

청진2호는 6월 3일 0시에 한국 영해로 진입했고, 한국 해군 함정들은 영해 이탈을 요구하면서 진로차단기동을 했다. 청진2호는 15시간 만인 오후 3시 영해를 이탈했다. 6월 4일 오전 5시 10분 백령도 서남쪽 40마일 지점에서 해주 방향으로 침로를 변경했으며, 오전 11시 5분 NLL을 통과해 북상했다. 이 과정에서 한국 해군 초계정이 근접차단기동을 위한 방향전환 중 청진2호와 충돌하는 일이 벌어졌다. 초계함의 난간과 함수 일부분이 파손됐다.

한국 해군의 통신 검색 중 북한 상선의 응신 내용은 다음과 같다.[55]

청진2호는 "상부 지시를 받아 국제 통항로를 운행하고 있으며, 이 항로는 김정일 장군께서 개척해주신 것으로 변경이 불가하다"라고 응신했다. 이어 "국제 선박으로서 제주 북방 항로를 선택한 것이며 우리의 무사고 안전 항해를 도와주기 바란다", "김정일 장군께서는 우리의 항해를 지켜보고 있으며, 임무 성과를 기원하고 있다"라고 밝혔다.

앞서 령군봉호는 "홍도를 통과하여 제주 해역으로 이동해야 한나", "상부 지시로 제주 해역을 통과해야 한다"라고 응신했다. 이어 "제주 해역은 타국적의 선박들이 항해하는 항로이다"라고 주장했다.

합참의 국회 국방위 보고에 따르면 북한 상선들은 상부의 지시를 받고 제주 해역의 무해통항권(無害通航權)을 강요하는 항해를 한 것이다. 무해통항권은 국제법상 연안국의 평화와 질서, 안전을 해치지 않는 한 그 영해를 통항할 수 있는 권리이다. 일반적으로 외국의 상선은 무해통항권을 인정받아 제주 해역을 통과할 수 있다.

그러나 유엔사의 정전 교전교칙에 따라 북한 선박에 대해서는 한국

---

55 국회사무처(2001. 6. 4.), p. 2-3.

영해의 무해통항권이 적용되지 않는다.[56] 즉, 사전에 협의가 되지 않은 이상 북한 상선들은 제주 해역에 진입할 수 없는 것이다.

북한 대형 상선 3척이 잇따라 영해를 침범하는 사건이 벌어지자 합참은 6월 3일 오전 11시 언론 브리핑을 실시했다. 언론 브리핑 이후 4시간여 후인 오후 3시 북한 상선들은 모두 영해를 이탈했다.

해군에 대응 지침을 하달해야 하는 NSC 상임위원회는 갈팡질팡했다. NSC 상임위는 북한 상선들이 영해를 이탈한 지 2시간 후인 6월 3일 오후 5시 개최돼 이 사안을 논의했다.[57] 하루 앞서 NSC 상임위는 6월 2일 오전 11시 30분부터 2시간 이상 열렸고, 회의 도중 북한 상선이 한국 영해 침범을 시작했다. 그러나 2일 후의 NSC 상임위는 북한 상선 영해 침범에 대해 논의하지 않았다.[58]

외국 상선의 영해 무단 침범 시 한국 해군이 취할 수 있는 교전규칙은 경고 및 시위기동, 선박 포위 및 밀어내기 기동, 경고사격 및 승선 검색, 나포 등이다. 한국 해군 함정의 대응은 경고방송과 시각 검색에서 그쳤다. 북한 상선과 대치한 해군 함정들에 모든 조치를 취하되 반드시 국방부장관의 승인을 받아야 한다는 지침이 내려졌기 때문이다. 강경조치의 최종 승인도 NSC의 몫이라고 국방부장관은 밝혔는데 NSC 상임위는 전술했듯 북한 상선이 영해를 이탈할 때까지 이 문제를 논의하

---

56 6월 3일 11시에 열린 합동참모본부의 언론 브리핑에서 김석영 법무실장은 "남북관계는 정전상태 등 특수한 상황이고 이러한 정전상태에서 북한 선박을 제3국 선박과 동등하게 봐줄 수 없다는 것이 군의 시각이다", "국제법상 정전상태나 전쟁 중일 경우 무해통항권을 인정하지 않는다"라고 설명했다. 〈합참관계자 일문일답〉, 「연합뉴스」, 2001. 6. 3.

57 국회사무처(2001. 6. 4), p. 9.

58 NSC 상임위원회 회의 도중 청진2호, 령군봉호 등 북한 상선 2척의 영해 침범 사실이 보고됐지만 대책에 대한 논의는 이뤄지지 않았다. 국회사무처, 제222회 국회 본회의 회의록 제4호(2001. 6. 8.), pp. 57–58.

지 않았다.[59]

북한 상선 3척의 한국 영해 침범 사건이 끝난 뒤 열린 NSC 상임위원회는 "이와 같은 사건이 재발되지 않도록 향후에는 사전 통보 및 허가 요청 등 필요한 조치를 취해야 한다", "이러한 절차 없이 통과할 경우 강력히 대응할 것"이라고 의견을 모았다. 북한 상선이 사전 통보 및 허가 요청 등을 하면 제주해협 통과를 허용한다는 의미여서 정치권과 언론의 비판이 나왔다.

6월 4일 오전 국방부에서 열린 합참의 언론 브리핑에서 김근태 작전차장은 "만약 북한상선이 또다시 이번처럼 NLL을 통과할 경우 교전규칙과 작전예규에 따라 경고 및 위협사격 등 강력히 대응하겠다"라고 말했다.[60] 영해와 NLL을 어떠한 양해도 없이 넘나드는 북한 상선에 대해 사격을 포함한 무력 대응을 하겠다는 확고한 입장을 내놓은 것이다.

북한 상선은 순수한 민간 선박으로 보기 어려웠다. 김동신 국방부장관은 영해를 침범한 북한 상선에 대해 "북한 당국의 지시를 받고 임무를 수행하는 선박"이라고 규정했다.[61] 북한 상선이 다시 무단으로 한국의 영해를 침범하면 한국 해군이 강경 대응할 수 있는 조건은 갖춰졌다.

6월 4일 북한 상선들이 또다시 나타났다. 이번에도 아무런 사전 조치 없이 한국 영해를 침범했다. 2차 영해 침범 사건의 개요는 다음과

---

59 김동신 국방부장관은 국회 국방위원회 회의에서 "정치 외교적인 모든 사항이 복합적으로 적용되기 때문에 이것(사격 명령)은 장관 혼자서 독단적으로 결정할 수 없다. 그래서 NSC의 승인을 받아야 되겠다 해서 요청을 해가지고"라고 말했다. 즉, 북한 상선에 대한 사격을 포함한 무력 조치에 대한 최종 승인권은 NSC에 있다는 것이다. 국회사무처(2001. 6. 4.), p. 10.

60 김근태 작전처장의 발언은 국회 회의록 등 공문서에서는 확인되지 않는다. 김 처장의 발언은 2001년 6월 4일 오전 11시 39분에 게재된 연합뉴스의 〈北상선 2척 오늘 NLL 통과〉에 다른 군 관계자들의 발언과 함께 소개됐다.

61 국회사무처(2001. 6. 4.), p. 8.

같다.[62]

북한 상선 대홍단호는 6,390t의 선박으로 승조원은 41명이며, 고열탄 8,568t을 적재한 상태로 중국 산둥반도의 평산에서 청진 방향으로 항해 중이었다. 대홍단호는 6월 4일 오후 2시 25분 영해 바깥인 소흑산도 서쪽 14마일 지점에서 최초로 발견됐다. 이후 오후 3시 15분부터 6월 5일 새벽 1시까지 한국 영해를 침범했다.

대홍단호는 한국 영해 침범 당시 한국 해군의 정선 요구에 불응했다. 하루 앞선 6월 3일 북한 상선들의 한국 영해 침범 이후 열린 NSC 상임위는 "사전 조치 없이 무단 침입하면 강경 대응하겠다"라고 밝힌 바 있다. 6월 4일 대홍단호의 한국 영해 침범은 사전 조치 없는 무단 침범으로, 사격을 포함한 한국 해군의 강력한 대응을 예상할 수 있었다.

한국 해군은 대홍단호의 차단 및 퇴거 작전을 위해 총 9척의 함정을 투입했다. 함정들은 경고 및 시위기동, 선박 포위 및 밀어내기 기동, 경고사격 및 승선 검색, 나포 등의 조치 중 1단계와 2단계의 일부인 포위 기동까지만 실시했다. 해군은 앞선 북한 상선의 무단 침범 사건 때와 다를 바 없이 수세적으로 행동했다. 무단 침범 시 강경 대응하겠다는 NSC와 군의 공언은 실현되지 않았다.

이미 영해 침범의 전력이 있는 청진2호가 재차 한국 영해에 모습을 드러냈다. 4일 오전 백령도와 연평도 사이 NLL을 통과했다. 북한 선박이 서해 해상을 항해하다가 연평도, 백령도 사이 영해로 NLL을 통과한 것은 처음 있는 일이었다. 해군 함정들은 일정 거리를 두고 감시만 했을 뿐 별다른 조치를 취하지 않았다.

---

62 국회사무처, 제222회 국회 국방위원회 회의록 제2호(2001. 6. 7.), pp. 1–2.

이에 대해 정부는 북한 상선이 생필품을 적재한 비무장 선박이었다는 점, 통신 검색에 응했다는 점, 적대적 행위를 하지 않은 점 등을 감안하고 대화와 협력으로 남북문제를 풀어 나간다는 6·15 공동선언의 정신을 존중하여 강제 정선이나 사격 등 군사적 강경 조치를 취하지 않았다고 밝혔다.[63]

합참도 비무장 선박에 대한 무력 사용은 국가적 위상의 실추, 국제적 비난을 초래할 수 있다는 판단에 따라 시위 및 차단기동만으로 퇴거작전을 했다고 해명했다.[64] 이러한 설명에도 불구하고 "사전 조치 없을 시 강경 대응한다"라는 NSC와 군의 결정은 사실상 무효화된 것이다.

북한 상선에 대한 해군의 작전은 NSC와 국방부장관의 승인을 받도록 했기 때문에 대흥단호와 청진2호의 영해 통과 시 해군의 대응 역시 NSC와 국방부장관 지시에 따라 이뤄진 것이라고 볼 수 있다. NSC와 국방부장관이 무력 사용을 금지함으로써 시위 및 차단기동을 통한 퇴거 작전만 실시됐다.

6월 2일부터 6월 5일까지 벌어진 북한 상선 4척의 한국 영해 침범 사건에 대한 정부의 대응은 표면적으로는 군과 문민정부의 상호작용의 결과로 결정됐다. 정부는 군의 의견을 충분히 청취했다고 특별히 강조했다.[65] 군은 북한 상선이 사전 양해 없이 영해 침범을 반복하면 교전규

---

63 국회사무처(2001. 6. 8.), p. 22.

64 합동참모본부 김선홍 작전부장은 국회 국방위원회 보고에서 "비무장 선박에 대한 무력 사용 시 국가적 위상의 실추, 국제적 비난을 초래할 우려가 있었다"라고 밝혔고 야당 의원들은 NSC와 군의 원칙에서 후퇴한 조치라고 비판했다. 국회사무처(2001. 6. 7.), p. 2.

65 이한동 국무총리는 국회 본회의에서 "NSC 상임위원회에서 장시간에 걸쳐서 국방장관을 통해 군의 입장을 충분히 듣고 유의했다"라고 말했다. 즉 정부는 군으로부터 가용한 대응 방식에 대한 설명을 듣고 무력 사용 금지라는 결정을 내린 것이다. 국회사무처(2001. 6. 8.), p. 30.

칙에 따라 사격할 수 있다는 입장을 공개적으로 밝힌 만큼 NSC에도 유사한 의견을 전달했을 것으로 보인다. 그렇지만 북한 상선 영해 침범 시 대응 방법은 최종적으로 NSC에서 결정하는 구조이다. NSC는 무력 사용을 허가하지 않았기 때문에 작전에 나선 해군 함정들은 사격, 정선 등 강경 수단을 선택할 수 없었다.

무해통항권이 인정되지 않는 북한 선적의 상선이며, 순수한 민간 선박도 아니고, 육안으로 선적 화물을 확인할 수도 없었는데 한국 영해를 사실상 무사통과했다. 통신에 응했을 뿐 유유히 제주해협을 가로질렀다. 김동신 국방부장관은 국회에서 "처음부터 경고사격을 포함해서 강력하게 했어야 하는 것이 아니냐 하는 아쉬움이 있지만", "저(북한 상선) 밑에 무엇을 탑재했는지는 우리가 가서 승선 검색을 해봐야 최종적으로 판단할 수 있었지만" 등의 언급을 통해 북한 상선에 대한 대응책의 선택에 있어서 상당한 제약이 있었음을 우회적으로 표현했다.[66]

2001년 남북의 해상 마찰은 여기에서 끝나지 않았다. 북한 어선이 NLL을 월선해 남쪽 영해로 들어오고, 반대로 한국 어선이 NLL을 남에서 북으로 월선해 북한 영해로 진입하는 사건이 잇따랐다. 이때 벌어진 남북 어선의 NLL 월선은 양측 해군의 민간 어선에 대한 총격으로 이어졌다.

한국 어선 수성호가 NLL을 월선하고 북한 함정으로부터 총격을 받은 사건은 5월 27일 발생했다. 강원도 묵호항을 출항해 속초 동쪽 65마일 지점에서 조업 중 어망이 조수에 밀려 북으로 흘러가자 이를 회수하기 위해 NLL을 2마일 정도 넘어갔다. 이때 북한 함정이 8~9발을 사격

---

66 국회사무처, 제222회 국회 국방위원회 회의록 제3호(2001. 6. 14.), p. 44.

했고, 이 가운데 2발은 수성호에 명중했다. 해경이 이 사건을 군에 공식 통보한 것은 12일 만인 6월 8일이었다.[67]

한국 어선의 NLL 월선은 2000년에도 3차례 있었다. 북한은 매번 한국 어선을 무사히 돌려보냈다. 수성호와 같은 총격 사건은 전례가 없었다. 김동신 국방부장관은 "수성호가 북한 경제수역에 불법 침범한 사실은 인정되지만 명백히 어로 활동 중인 민간 어선에 대한 총격 행위는 국제법상 용납되지 않는다"라고 말했다. 한국 정부는 해양수산부를 통해 북측에 항의했다.[68]

야당은 NLL을 2마일 월선한 민간 어선에 대해 북한은 조준사격을 한 데 반해 영해를 깊숙이 침범한 북한 상선 수척에 대해 한국 해군은 경고사격조차 하지 않은 점을 집중 비판했다. 수면 아래로 가라앉았던 북한 상선의 영해 침범 사건의 논란이 다시 불거지는 계기가 됐다.

6월 24일 북한 어선이 서해 NLL을 월선했다가 한국 해군 고속정으로부터 소총 위협사격을 당했다. 북한 어선은 검색을 위해 접근하는 고속정을 향해 횃불과 각목을 휘두르며 저항했고, 한국 고속정은 소총 공포탄으로 위협사격을 했다. 북한 대형 상선의 영해 무사통과, 수성호 총격 사건에 대한 비판이 비등하자 북한 민간 어선의 NLL 월선에 강경 대응한 측면이 있다고 야당과 언론은 분석했다.[69]

---

67 김동신 국방부장관은 2001년 6월 14일 제222회 국회 국방위원회 회의에서 수성호의 NLL 월경 및 총격 사건의 일자를 5월 25일이라고 말했지만 당시 모든 언론 기사들은 5월 27일이라고 보도한바, 이 책에서는 월경 일자를 5월 27이라고 적시한다. 국회사무처(2001. 6. 14.), p. 42.

68 국회사무처(2001. 6. 14.), p. 43.

69 김귀근, "군, 北 어선 경고 퇴각조치 의미," 「연합뉴스」, 2001. 6. 24.

(4) 제2연평해전과 교전규칙의 개정

2002년 들어 북한 함정들은 간헐적으로 서해 NLL을 월선했다. 제2
연평해전이 벌어지기 전까지 모두 10차례 월선했는데 합참은 그때마다
"어선 단속 과정에서 벌어진 단순 월선"이라고 발표했다. 북한 경비정 2
척이 제2연평해전 하루 전인 6월 28일 연평도 서쪽 NLL을 월선한 것도
합참은 단순 월선이라고 밝혔다.[70]

대북 감청부대인 5679부대의 지휘관은 북한 해군의 도발적 의도를 포
착해 상부에 보고했지만 받아들여지지 않았다고 주장했다. 그리고 6월
29일 북한 경비정은 연평도 서남쪽 NLL을 월선한 후 한국 해군 함정
을 향해 기습적인 조준사격을 했다. 제2연평해전이다. 교전 상황은 다
음과 같다.[71]

오전 9시 54분 북한 경비정 2척이 연평도 서쪽 14마일과 7마일 해상
에서 각각 NLL을 월선했다. 즉각 한국 해군 2함대 상황실과 합동참모
본부 지휘통제실, 해군 작전사령부의 비상대기조가 북측 경비정들의
이동 상황을 주시하면서 비상태세에 돌입했다. 해군 함정은 북측 경비
정들이 NLL을 넘자 경고방송을 수차례 실시한 후 대응기동에 나섰다.

북한 경비정은 한국측 대응기동을 무시한 채 계속 남쪽으로 이동했
다. 한국 고속정 4척이 북한 경비정에 400m 근접해 경고방송을 통해
퇴거를 요구했다. 남북의 함정은 400m 사이를 두고 사격태세를 취한

---

70 이성섭, "北 경비정 2척 한때 NLL 침범," 「연합뉴스」, 2002. 6. 28.

71 김성만(2011), pp. 160-166., 제2연평해전이 발발한 2002년 6월 29일은 국회의 회기 간(間) 시기여서 국
    회 국방위원회 전체회의가 열리지 않았다. 따라서 국방부의 교전 보고를 기록한 국회 회의록은 존재하지
    않아 김성만의 문헌을 참고했다.

한국군의 두 얼굴

채 고속 기동전을 펼쳤다.

10시 25분 북한 경비정은 장착 무기 중 가장 위력적인 85㎜ 함포로 27명이 승선한 한국 고속정을 향해 공격했다. 한국 고속정이 즉각 대응 사격을 하는 한편 인근 해상에 대기 중이던 고속정 2척이 증강 배치됐다. 한국 해군은 고속정 5척과 초계함 2척을 투입해 함포 공격을 했다. 교전은 10시 46분 종료됐다. 사격중지 명령은 이보다 10분이 지난 10시 56분 하달됐다.

한국 해군은 전사 6명, 부상 18명 등 24명의 인명피해를 냈고, 고속정 1척이 침몰했다. 북한 해군도 전사 13명 이상을 비롯해 최소 30명이 사상한 것으로 한국군은 추정했다. 경비정 등산곶684호는 대파됐다.[72]

NSC 상임위는 오후 1시 30분 열렸다. 교전이 종료된 지 2시간 34분 후이다. 김대중 대통령이 주재하는 NSC는 오후 3시 개최됐다. 제1연평 해전 때처럼 NSC가 직접적으로 군에 지침을 내리지는 않았고, 국방부 장관은 교전규칙과 작전예규대로 대응하라는 지시를 해군 2함대에 하달했다. 경고방송, 시위기동, 차단기동, 경고사격, 격파사격의 5단계 교 전규칙이 적용된 것인데 결정적으로 제1연평해전 때와 다름없이 선제사 격은 금지됐다.[73]

제2연평해전에서 선제공격한 북한 함정들은 큰 피해를 입었다. 도발 은 저지됐다. 한국 해군 장병들의 투혼도 높이 평가됐다. 그럼에도 불구 하고 한국 해군에서 다수의 사상자가 발생했고, 고속정 1척이 침몰함에 따라 승리한 전투라는 인식은 없었다. 해군 내부에서도 제1연평해전의

---

72 국회사무처(2002. 7. 22.), p. 49.

73 국회사무처(2002. 7. 22.), p. 14.

승리에 도취돼 제2연평해전에 안이하게 대처했다는 비판이 나왔다.[74]

제2연평해전은 교전규칙의 변화를 불러왔다. 제1, 2연평해전에서 적용된 교전규칙은 5단계였다. 그나마 김대중 정부가 선제사격을 금지했기 때문에 해군 함정들이 북한 경비정에 가할 수 있는 무력행위의 최대치는 시위 및 차단기동이었다. 제1연평해전 이후 해군에서 제기된 5단계 교전규칙의 변경 요구는 합참 이상의 상부에서 수용되지 않았다.[75] 제2연평해전은 다수의 인명피해를 초래한바, 교전규칙의 단순화 즉 현장 지휘관의 재량권을 확대하는 방향으로 수정해야 한다는 압박이 거셌다. 이에 따라 교전규칙은 경고방송 및 시위기동, 경고사격, 격파사격의 3단계로 단순화됐다.[76]

제2연평해전 이후 처음으로 11월 16일 오전 11시 55분 북한 경비정이 서해 NLL을 월선했다. 중국 어선들이 NLL을 무단 월선해 남쪽으로 도주했고 북한 경비정이 중국 어선을 나포하는 과정에서 월선한 것이다. 한국 함정 6척이 출동해 차단기동하자 13분 만에 북측 해역으로 돌아갔다.[77]

나흘 후인 11월 20일 한국 해군이 선제적인 경고사격을 실시했다. 북한 경비정 1척이 오후 2시 41분 백령도 북쪽 3.5마일 해상에서 NLL을 넘었고, 한국 해군 고속정 4척과 초계함 1척이 따라붙었다. 한국 초계

---

74 김종대(2013), pp. 131-138.

75 연평해전에 참전했던 복수의 예비역 해군 제독들은 이 책의 인터뷰에서 "제1연평해전 이후 해군 고위 지휘관들이 상부에 교전규칙의 단순화와 현장 지휘관의 재량권을 요구했지만 받아들여지지 않았다", "그러한 사정이 있어서 제2연평해전 패전에도 정부는 해군을 처벌할 수 없었다"라고 증언했지만 실명이 거론되는 것을 거부했다.

76 이유, "北함정 퇴각안하면 곧바로 경고사격," 「연합뉴스」, 2002. 7. 2., 국회사무처(2002. 7. 22.), p. 48.

77 국방부 군사편찬연구소(2013), p. 201., 이유, "북 경비정 한때 서해 NLL 침범," 「연합뉴스」, 2002. 11. 16.

함이 함포 2발을 쏘자 북한 경비정은 대응하지 않고 퇴각했다.[78]

시위기동 뒤 경고사격을 하는 수정된 3단계 교전규칙을 처음 적용한 것이다. 김대중 정부의 선제사격 금지 수칙도 정권 말기에 이르러 무력화됐다. 문민정부에 대한 반발과 제2연평해전에 대한 보복심리가 동시에 작용했다고 볼 수 있다.

---

78 이유, "NLL침범 北 경비정에 경고포격 퇴각시켜," 「연합뉴스」, 2002. 11. 20.

노무현 정부의 관여적 통제와
군의 수세적 작전

1. 민군 대북인식 선호의 불일치

(1) 노무현 정부의 포용적 대북인식

노무현 대통령은 2003년 2월 25일 평화와 번영의 대북정책을 천명하며 취임했다. 남북의 평화와 번영을 위한 4원칙으로 △대화를 통한 문제 해결 △상호신뢰와 호혜주의 △남북 당사자 원칙에 기초한 국제협력 △국민 참여와 초당적 협력을 제시했다.

남북 간 모든 갈등과 현안은 반드시 대화를 통해 평화적으로 해결한다는 전제하에 어떠한 형태의 전쟁도 반대하며 무력 사용은 최후의 방어 수단으로만 인정한다고 부연했다. 당사자 원칙을 기초로 국세사회와 유기적으로 협력하고, 동북아의 평화와 번영에 기여한다는 구상이다. 또 평화번영정책은 국민적 합의를 토대로 법과 제도에 따라 투명하게 추진할 것을 약속했다.[79]

노무현 정부는 평화번영정책에 대해 김대중 정부의 대북 화해협력정책인 햇볕정책을 계승해 보안, 발전시킨 대안이라고 설명했다. 남북관계 개선과 한반도 냉전구조 해체의 토대를 마련한 햇볕정책의 성과를 바탕으로 남북관계의 심화와 발전을 지향한 한 단계 진전된 정책이라는 것이다.

---

79 통일부 통일정책실, 『참여정부의 평화번영정책』(서울: 통일부, 2003), p. 2–10.

노무현 정부는 전쟁에 반대하고 무력 사용은 최후의 방어 수단으로 만 인정해 스스로 현상유지 체제임을 선언했다. 김대중 정부처럼 북한을 현상유지 체제로 규정했거나, 현상유지 체제로 유도하기 위한 대북 유인책의 일환으로 볼 수 있다.

북한은 노무현 대통령 취임을 전후해 굵직한 군사적 행동을 했다. 대통령 취임식 전날 지대함 미사일을 발사했고, 3월 2일 북한 전투기들이 동해의 공해상을 비행하던 미 공군 정찰기에 초근접 위협 비행을 했다.

노무현 대통령은 3월 4일 영국 일간지 타임스와 인터뷰에서 "북한 전투기의 미군 정찰기 근접 위협 비행은 예견된 일이었다", "미국은 과도한 행동에 나서지 말아야 한다"라고 말했다. 미국 NSC가 북한 영변 원자로 재가동 사실을 발표하고 북한의 핵 시설 감시를 위한 미국의 정찰 활동이 급증했던 시점이다. 미국 정찰기와 북한 전투기의 조우를 충분히 예상할 수 있었는데 미국 정찰기가 무리하게 비행했다는 것이 노 대통령의 주장이다.

노무현 대통령은 미국에 대해 "도를 지나치지 말라(not to go too far)"라고 경고성 발언도 했다. 하루 앞서 미국 부시 대통령이 볼티모어선지와 인터뷰에서 "외교적 노력으로 북핵 문제가 풀리지 않으면 마지막 선택은 군사적 행동"이라고 언급했는데 노 대통령이 이를 맞받아 자제를 주문한 모양새이다. 노 대통령과 인터뷰한 영국 타임스는 "한미 간의 견해차가 두드러졌다"라고 타전했고, 야당은 대통령의 발언을 맹비난했다.[80]

남북문제를 당사자주의에 의거해 대화로 풀겠다는 노무현 정부의 인식은 북핵 문제에서 분명하게 나타났다. 노 대통령 취임 초기 미국과의

---

80 국회사무처, 제236회 국회 국방위원회 회의록 제2호(2003. 3. 7.), pp. 8-9.

마찰, 한미동맹의 균열로 비칠 수 있는 상황도 감수하고 친애적 대북인
식을 유지했다.

4월 10일 북한은 NPT(Nuclear Nonproliferation Treaty: 핵확산금지조약)의
탈퇴를 발표했다. 북핵이 국제사회의 최대 안보 이슈로 떠올랐다. 노 대
통령은 같은 날 미국 워싱턴포스트와의 인터뷰에서 "북한이 핵무기를
보유하고 있을 것이라는 미국의 주장에 충분한 증거가 없다고 생각한
다"라며 국제사회와 다른 목소리를 냈다.[81]

남북 평화와 번영을 위한 4원칙 중 상호신뢰의 명징한 발현이다. 아무
리 혈맹국인 미국의 주장이라고 해도 북한이 확인하지 않는 한 사실로
받아들이지 않겠다는 신념을 드러냈다. 북핵을 국제문제에서 남북문제
로 치환하고 남북 당사자가 해결하되 국제사회의 협력을 구하겠다는 노
무현 정부의 기조가 뚜렷해졌다.

북한 외무성은 4월 18일 "폐연료봉 8,000여 개에 대한 재처리작업을
마무리 단계까지 성과적으로 진행했다"라고 주장했다. 이어 "핵 문제는
조미 쌍방 사이에 논의해야 하지만 적대정책 포기 시에는 대화 형식에
구애받지 않는다"라고 밝혔다.[82]

핵무기를 만들 수 있는 핵물질의 확보를 눈앞에 뒀다는 북한의 자인이
었다. 또 북핵은 남북이 아니라 북미가 해결해야 할 국제문제로 규정했
다. 노무현 대통령의 상호신뢰와 당사자주의에 북한은 호응하지 않았다.

이후 노 대통령은 북한을 향해 대화를 통한 북핵 문제의 해결을, 미
국에는 대북 강경책의 폐기를 각각 주문했다. 노무현 대통령은 11월 21

81 권정상, "노대통령, 北핵무기 보유 美주장 반박," 「연합뉴스」, 2003. 4. 11.
82 황재훈, "北 '핵재처리 막바지' 파문," 「연합뉴스」, 2003. 4. 19.

일 미국 로스앤젤레스 국제문제위원회(World Affairs Council) 연설에서 "대북 강경책은 엄중한 결과를 초래할 것"이라고 미국에 공개 경고했다. 2006년 7월 21일 후진타오 중국 주석과의 전화 통화에서는 미국 주도의 대북 압박 정책에 참여하지 않기로 합의했다.[83]

북한은 10월 3일 외무성 담화를 통해 핵실험을 예고했고, 10월 9일 함경북도 길주군 풍계리에서 핵실험을 실시했다. 북한의 최초 핵실험이다. 유엔안보리는 10월 14일 대북 제재 결의안 1718호를 채택하고 핵무기와 미사일 관련 물자의 교역 금지, 북한 자산 동결 및 금융 중단과 함께 북한 화물 검색 협력을 의결했다.

노무현 정부는 2003년 6월 미국 주도로 발족한 PSI(Proliferation Security Initiative: 대량살상무기 확산 방지 구상)의 참여 압박을 지속적으로 받았다. 그러나 2006년 10월 27일 한미 관계의 악화 우려에도 불구하고 "한반도 수역에서 PSI 불참"을 공식 선언했다.[84]

북한의 핵실험과 미국의 강력한 이니셔티브에도 노무현 정부는 PSI 참여를 유보함으로써 대북 압박을 위한 국제적 노선에 참여하지 않겠다는 의지를 보여줬다. 한국 정부의 PSI 참여는 3년 후 이명박 대통령 시기에 이뤄졌다. 이명박 정부의 PSI 참여 명분은 2009년 4월 장거리로켓 발사에 이은 5월 2차 핵실험이었다.[85] 북한 핵실험이라는 동일한 변수에 노무현 정부는 PSI 참여에 소극적이었고, 이명박 정부는 적극적이었다. 대북인식의 차이에서 기인한 정책 결정의 극명한 차별점이다.

---

83 통일연구원(2013), p. 380, 420.

84 통일연구원(2013), pp. 423-425.

85 이명박, 『대통령의 시간』(서울: 알에이치코리아, 2015), p. 317.

한국군의 두 얼굴

노무현 대통령은 김대중 대통령에 이어 2007년 10월 2일부터 10월 4일까지 방북했고, 김정일 국방위원장과 10·4 남북 공동선언을 발표했다. 주요 내용은 △6·15 선언 적극 구현 △상호존중과 신뢰의 남북관계로 전환 △군사적 긴장 완화와 신뢰 구축 △경제협력 활성화 △이산가족 상봉 등 인도주의 협력사업 적극 추진 등이다.

노무현 대통령은 퇴임하고 2008년 10월 1일 서울 밀레니엄 힐튼호텔에서 개최된 10·4 남북정상선언 1주년 기념식에서 참여정부의 대북인식과 대북정책을 솔직하게 털어났다.[86] 연설을 통해 나타난 노 대통령의 시대 인식은 "반공의 시대는 갔고 통일의 시대가 왔다"라는 것이다. 과거에는 반공과 통일을 함께 외쳤지만 사실상 반공이 우세했고, 현재는 평화가 대세라고 역설했다.

남북의 관계는 큰집과 작은집의 그것이라고 진솔하게 표현했다.[87] 한국이 인구도 돈도 많은 큰집이고 북한은 모든 면에서 열세인 작은집과 같다며, 이렇게 비대칭적 관계의 남북은 상호주의 원칙에 따라 냉정하게 주고받는 협상을 할 수 없다는 것이다. "상호주의는 점잖게 이야기해서 대결주의이고 실상은 반공주의"라고 꼬집었다. 이명박 정부의 대북 상호주의를 겨냥한 발언이었다.

남북 간 신뢰를 구축하기 위해 한미연합훈련을 가능한 소규모로 했

---

86 2008년 10월 1일 노무현 대통령의 연설은 노짱(nozzang) 유튜브 채널에서 인용했다. 원고는 40분 분량이지만 연설은 1시간 이상 진행됐다. 연설 모두에서 노 대통령이 먼저 예고했지만 원고 내용 중 일부는 말하지 않았고, 원고에 없는 내용을 발언하기도 했다. 실제 연설 내용도 민감했지만 공개된 연설 원고의 전문도 북핵 평가 등에 있어서 상당한 논란을 불러일으켰다.

87 김대중 정부에서도 임동원, 박지원 등이 종종 국회에서 한국을 큰집, 형님에 비유해 북한과 비대칭적 관계임을 주장했다. 노무현 대통령의 큰집 표현은 참여정부와 국민의 정부의 대북인식이 같은 맥락임을 간접적으로 보여준다.

고, 북한과 물리적 충돌 가능성이 있는 PSI도 수용하지 않았다고 밝혔다. 6자 회담 등 각종 국제회의에서 북한을 변호했으며, 개별 정상회담에서 북한을 변론하는 데 1시간 이상을 할애한 적도 있었다고 털어놓았다. 자존심 상하지만 작은 신뢰 하나라도 더 쌓기 위한 노력이었다고 노 대통령은 말했다.

노무현 대통령은 반공의 시대를 건너 평화의 시대로 나아가기 위해 남북 간에 필요한 것은 신뢰라고 보았다. 남북 간 현실적 힘의 불균형에 따라 남북관계에 적합한 것은 대칭적 상호주의가 아니라 비대칭적 포용주의라는 주장이다.

(2) 군의 보수적 대북인식

노무현 정부의 문민통제 강도는 김대중 정부 시기보다 세졌다. 그렇다고 군의 대북인식이 변화했다는 증거는 찾기 어렵다. 오히려 군은 적대적 대북관을 여과 없이 드러내는 경우가 종종 있었다.

노무현 정부 첫해인 2003년 9월 열린 해군 국정감사에서 해군 현황보고에 나선 송영무 해군본부 기획관리참모부장은 "일부 사회 분위기에 편승해 신세대 장병들의 대적관 개념이 해이해졌다", "부산 아시안게임, 대구 유니버시아드대회에서 북한 선수단과 응원단이 펼친 행태에 모호한 동경심의 발생 가능성이 있어 신세대 장병들의 확고한 대적관 확립을 위한 교육 강화가 필요하다고 판단하였다"라고 말했다.[88]

---

88 국회사무처, 2003년도 해군 등 국정감사 국방위원회 회의록(2003. 9. 25.), p. 3.

군은 2002년 7월 미군 장갑차 여중생 사망 사건을 계기로 확산되던 반미의식과 한국에서 개최된 국제 스포츠 대회에 참가한 북한 응원단에 대한 동경을 경계했다. 그러한 분위기의 군내 유입을 차단할 필요가 있다고 판단했다. 북한에 대한 낭만적 감상을 근절하고 적대적 대적관을 확립하기 위한 교육 강화를 강조한 것이다.

그는 이어 "주적은 북한군, 북한 예비전력, 북한노동당과 정권기관이라는 확고한 개념을 정립하여 북한의 변하지 않는 군사적 위협 실체에 대해 교육시키고, 연평해전 사례를 통한 '불굴의 투혼' 전투의지를 계속 고취시켜 정확한 주적 개념의 인식은 물론 필승의 신념을 심어주고 있다"라고 밝혔다. 주적이란 단어를 반복적으로 사용하면서 북한은 주적이고, 불변의 군사적 위협임을 힘주어 말했다.

김인식 해병대 사령관도 같은 국정감사에서 "적의 대남전략전술", "확고한 대적관 확립", "한미동맹 강화", "장병들의 정신무장"을 수차례 언급했다.[89] 북한은 현상타파 체제로 적이고, 한미동맹으로 맞서야 한다는 인식을 거듭 확인했다. 정부와 확연히 차별되는 대북인식이다.

북한은 현상유지 체제이고 포용의 대상이라는 대북인식을 가진 정부로서는 군이 못마땅할 법하다. 실제로 대북인식을 두고 민군갈등이 벌어졌다. 2004년 6월 19일 육군사관학교에서 열린 무궁화회의에서 이종석 NSC 사무차장과 장성들의 대적관과 강군론 논쟁이 그것이다.

무궁화회의는 합동참모본부가 국방정책이나 군사 현안에 대한 장군단의 공감대 형성과 의견 수렴을 위해 준장~중장급 장성들을 대상으로 실시하는 연례행사이다. 이종석 차장은 각군 장성 70~80명에게 안보

---

89 국회사무처(2003. 9. 25.), p. 6.

현안을 설명하면서 "적개심 고취로 강군이 될 수 없으며, 공동체와 국가에 대한 자부심과 애정을 고취함으로써 강군이 된다"라고 말했다. 적대적 대적관을 파기하라는 제안으로 해석될 소지가 있는 발언이었다.

이에 육군의 한 장성이 나서 "'적개심 고취로 강군이 될 수 없다'라는 말을 이해할 수 없다", "그렇다면 장병들에게 어떻게 대적관 교육을 시키나", "피아 구분을 확실히 해달라"라며 반박했다. 이날 논쟁은 군 내부로 전파됐고, "이 차장이 장병들의 정신적 무장해제를 요구했다"라는 반발이 일어났다.[90]

이종석 NSC 사무차장과 권진호 NSC 사무처장은 국회에서 "적개심보다는 내 조국에 대한 자부심과 긍지를 갖고 조국의 방어선에 선 군인이 훨씬 더 강한 군대라는 원론적인 이야기를 했다", "적개심을 버려야 한다는 것이 부각되면서 이야기하고자 했던 것은 상대적으로 강조가 안 되어 받아들여졌다"라고 해명했다.[91] 파장을 최소화하기 위한 NSC 사무처의 노력에도 이 사건은 노무현 정부의 민군갈등이 공식화하는 계기가 됐다.

노무현 정부는 북한을 적으로 보고 적개심을 품는 공세적 대북인식에 반대했다. 포용과 협력의 대상인 북한을 적으로 상정할 수 없었던 것이다. 군도 표면적으로 정부의 대북인식을 수용했다. 무궁화회의 논란 4개월 후 열린 10월 12일 해군 국정감사에서 송영무 기획관리참모부장은 1년 전과 달리 주적 표현을 일절 하지 않은 채 장병 정신 전력 강화 방안을 보고했다. 송 부장은 "자유민주주의 체제 수호를 위한 안보

---

90 황대일, "NSC차장 '강군' 관련 발언 군내 논란," 「연합뉴스」, 2004. 6. 27.

91 국회사무처, 제248회 국회 국방위원회 회의록 제3호(2004. 7. 8.), p. 10, 20.

관을 함양하고, 협력적 자주국방의 올바른 인식 교육을 강화하겠다",
"한반도의 평화와 안정을 지키는 확고한 장병 정신자세를 확립시키겠
다"라고 밝혔다.[92]

2004년 말 발간된 국방백서는 주적 개념을 삭제하고 "외부의 군사적
위협과 침략으로부터 국가를 보위한다", "북한의 재래식 군사력, 대량살
상무기, 군사력의 전방배치 등 직접적 군사위협"이라고 기술했다.[93]

군은 주적 표현을 유보한 것이지 북한을 확고한 위협으로 여기는 인
식을 바꾼 것은 아니었다. "우리에게는 주적이 없느냐"라는 야당 국방위
원의 질의에 윤광웅 국방부장관은 "국방부는 주 군사 위협으로 북한을
보고 있는 실정이다"라고 답변했다. "북한은 현실적인 위협이라는 인식
으로 우리 군이 제대로 작동하겠는가"라는 질의에 "군은 지휘체계와 기
존 조직에 의해서 움직이기 때문에 군 본연의 임무를 수행하는 데는 정
상적인 수준을 유지하고 있다"라고 답했다.[94]

노무현 정부의 미지막 국방백서인 2006년 국방백서에서는 북한을 한
반도와 지역 안보의 가장 큰 위협으로 정의했다. 북한의 대남전략은 남
북의 대화와 교류를 통한 경제적 실익을 추구하면서도 주한미군 철수
와 반미투쟁을 선동해 한국의 국론 분열과 한미동맹의 이간을 획책하
는 등 본질적으로 과거와 다르지 않다고 지적했다.[95] 보수성이 신명하
게 표출되는 시각이다.

북한을 명시적인 적으로 상정한다는 대적관이라는 용어도 노무현 정

---

92 국회사무처, 2004년도 해군 등 국정감사 국방위원회 회의록(2004. 10. 12.), p. 5.

93 국방부, 『2004 국방백서』(서울: 국방부, 2004), p. 48.

94 국회사무처, 2004년도 국방부 등 국정감사 국방위원회 회의록(2004. 10. 4.), p. 54.

95 국방부, 『2006 국방백서』(서울: 국방부, 2006), pp. 15-17.

부 후반기에 다시 나타났다. 김관진 합참의장은 국회에서 "간혹 야전부대와 해안부대를 가본다", "대적관부터 시작을 해 가지고 임무수행태세 점검을 하는데 현재까지 이상이 있다는 것은 발견을 못 했다"라고 말했다.[96] 노무현 정부 시기 군의 대북인식 역시 과거와 큰 차이가 없었다는 방증이다.

96 국회사무처, 2007년도 국방부 등 국정감사 국방위원회 회의록(2007. 10. 17.), p. 44.

2. 노무현 정부의 NSC 강화

(1) 노무현 정부 1기 NSC

노무현 정부의 NSC는 2006년 초를 기점으로 1기와 2기로 구분할 수 있다. 1기 NSC는 미국 NSC를 모방한 정책총괄체제이다. 사무처 중심의 단일 총괄조정체제를 구축하고, 장관급 회의체로 NSC 상임위원회를 존치했다.

김대중 정부의 외교안보수석실 산하 비서실들을 폐지하고, 해당 직위를 NSC 사무처로 대거 흡수했다. 대통령 비서실에 설치된 국가안보보좌관, 국방보좌관, 외교보좌관은 별도 지원조직이 없는 개별적 1인 사문역에 불과했다. 외교와 안보의 정책 조율은 NSC 사무처가 사실상 책임졌다. NSC 사무처의 규모와 권한이 김대중 정부보다 훨씬 확대된 것이다.

NSC 사무처장은 국가안보보좌관이 겸직했다. 사무처의 실질적 지휘권은 사무처장이 아니라 사무차장이 행사했다. 1기 NSC의 사무차장은 이종석이다. 사무처는 전략기획실, 정책조정실, 정보관리실, 위기관리센터 등 4개 부서로 구성됐다. 각 실은 관련 정부 부처들을 사실상 지휘하는 강력한 조정권을 행사했다. NSC 사무처의 총괄기능, 조정기능이 강화됨에 따라 NSC 상임위의 역할과 중요성은 상대적으로 위축됐다.

1기 NSC는 사무처의 총괄조정 능력 강화로 옥상옥(屋上屋)이라는 비판을 받았다. 정부의 부처들은 단순히 집행부서로 전락했다는 조롱을 사기도 했다. 다만 국회 국방위원회가 NSC 사무처의 활동을 감시할 수 있는 권한을 부여받아 사무처의 제도적 투명성을 확보했다. 국방위는 NSC 사무처에 대한 국정감사도 매년 실시했다.

그럼에도 불구하고 야당은 NSC 사무처가 대통령의 자문 기능을 넘어 불법적으로 통일부, 외교부, 국방부의 고유 업무를 침해한다고 몰아붙였다. 야당은 NSC 사무처의 조직 확대가 외교안보 분야 전반에 대한 자문 역할로 이어져야 하는데 관계 부처를 통제하고 지휘하는 수단으로 악용되고 있다고 지적했다.[97]

〈그림 3-3〉 노무현 정부 1기 NSC

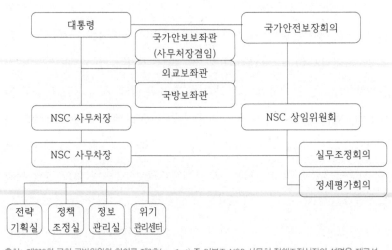

출처: 제238회 국회 국방위원회 회의록 제2호(pp. 2~4) 중 이봉조 NSC 사무처 정책조정실장의 설명을 재구성

---

97 국회사무처, 제248회 국회 본회의 회의록 제3호(2004. 7. 12.), pp. 2~3.

한국군의 두 얼굴

헌법 제91조와 국가안전보장회의법 제3조에는 각각 "NSC는 대통령의 자문에 응한다", "NSC는 대통령의 자문기구이다"로 돼 있다. 사무처의 설치 근거는 NSC 규정에 있다. NSC의 규정은 군사력 건설 방향과 그 밖의 중장기 안보정책의 기획, 다른 국가와 안보협력에 관한 정책의 기획, 통일·외교·국방 분야 현안 업무의 조정 등을 NSC 사무처의 역할로 명시했고, 사무처는 실제로 그러한 업무를 적극적으로 수행했다. 법률이 정한 국방부, 외교부, 총리실의 역할과 겹치는 부분들이 상당수 존재했다.[98]

정부는 이종석 차장을 처장으로 승진시키려 했고, 야당은 "이종석 차장을 NSC의 명실상부한 수장으로 앉히려는 구상", "위인설관(爲人設官)의 계획"이라고 비난했다. 김대중 정부의 임동원처럼 노무현 정부의 이종석은 대통령의 강한 신임을 받았다. NSC의 실권자나 다름없었다. 야당은 그가 사무처장이 되면 이미 강력한 NSC 사무처의 권한이 더 커질 것으로 우려했다.

정부는 NSC가 외교안보 분야에서 북한 문제에 가장 역점을 두고 있고, 따라서 북한 전문가인 이종석 차장이 NSC에서 주요 역할을 하는 데 문제가 없다는 입장을 피력하며 야당의 공세에 맞섰다. 그러나 정부는 이종석 차장의 처장 기용 시도를 포기하고, 대신 2006년 2월 통일부장관에 임명했다.[99]

---

98 국회사무처, 2004년도 NSC 국정감사 국방위원회 회의록(2004. 10. 22.), p. 9.

99 이종석, 『칼날 위의 평화』(서울: 도서출판 개마고원, 2018), p. 481.

⑵ 노무현 정부 2기 NSC

NSC 사무처의 월권 논란이 끊이지 않자 노무현 정부는 사무처의 총괄조정 조직과 기능을 다시 비서실로 이관했다. 이종석 차장의 통일부장관 승진과 맞물려 진행된 개편이다. 노무현 정부 NSC 2기의 탄생이다.

2006년 초 NSC 사무처는 NSC 관리와 위기관리 및 상황실 기능만 남기고, 정책조정기능을 비서실 내 신설된 통일외교안보정책실로 이관했다. 통일외교안보정책실장 예하에는 통일외교안보정책수석비서관, 다시 그 밑에 통일외교안보전략기획, 정책조정, 정보관리, 위기관리 등 4개 비서관실을 설치했다.

사무처의 인력과 예산도 1기 NSC에 비해 대폭 줄었다. 노무현 정부 1기 NSC 사무처 인원은 2004년 최대 78명까지 확대됐다.[100] 2기에는 군인, 경찰관 등 파견자 15명을 포함해 28명으로 축소 운영됐다. 예산은 김대중 정부 시기 10억 원 미만에서 2003년 54억 원, 2004년 52억 원, 2005년 50억 원으로 늘었다가, 2기에는 인건비 감소로 30억 원 미만으로 줄어들었다.[101]

2기 NSC 사무처는 외교와 안보 영역 외에 재난위기, 사회위기 영역까지 포함하는 국가위기관리를 전반적으로 담당하게 됐다. 상황실은 국가적 수준의 상황실로 승격했다. 불법의 소지를 피하면서 국가위기관리의 총괄기구라는 새로운 위상을 차지하게 됐다. 정책조정기능은 상실했다.

---

100 국회사무처(2004. 7. 8.), p. 2.

101 국회사무처, 제262회 국회 국방위원회 회의록 제8호(2006. 11. 20.), p. 30.

한국군의 두 얼굴

〈그림 3-4〉 노무현 정부 2기 NSC

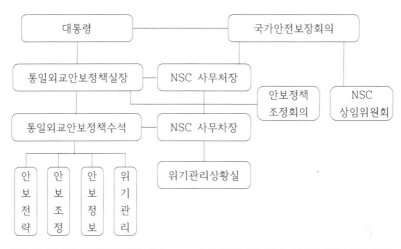

출처: 제262회 국회 국방위원회 회의록 제8호(pp. 29-30) 중 류희인 NSC 사무처 기획조정실장의 설명을 재구성

　　관련 법 개정안이 통과되는 과정에서 NSC 상황실이 국가위기관리의 컨트롤타워로서 외교와 안보의 폭넓은 위기 상황에 대해 기획, 조정, 집행의 업무를 하게 됨으로써 다른 부처의 영역을 침범한다는 비판이 제기됐다. 위기관리 상황실의 폐지론도 나왔다.

　　정부는 기존 사무처 조직의 성격을 명확히 하고 규모를 축소함으로써 폐지 주장을 배척했다.[102]

　　통일부장관이 주재하던 NSC 상임위원회를 대신해 통일외교안보정책실장이 주재하는 안보정책조정회의가 주요 조정회의체로 부각됐다. 통일외교안보정책실장은 NSC 상임위원장과 NSC 사무처장을 겸임함으로써 일원적 총괄조정체제를 유지할 수 있었다.

---

102 국회사무처, 제258회 국회 국방위원회 회의록 제3호(2006. 2. 16.), pp. 15-16.

노무현 정부 2기 NSC 체제는 1기 NSC 사무처의 정책조정기능을 대통령 비서실로 이관하고, 사무처는 국가위기관리 상황실로 재편한 것을 골자로 한다. 형식적으로는 NSC 사무처의 역할 축소이다. 실제로는 위기관리의 범주가 외교·안보·통일 분야로 광범위했기 때문에 권한 축소의 정도는 크지 않았다. 사무처의 정책조정기능을 비서실로 이관했다고 해도 청와대의 울타리 안이다. 노무현 정부 청와대의 외교·안보·통일정책에 대한 장악력은 오히려 강화됐다.

3. 정부의 관여와 군의 수세적 작전

(1) 군의 1차 반발: 북한 어선에 대한 포격

북한은 노무현 대통령 취임 전후로 흔치 않은 군사적 행동을 했다. 취임 5일 전 북한 전투기의 NLL 월선 비행, 취임 전날 지대함 유도탄 시험발사, 취임 1주일 후 북한 전투기들의 미 공군 정찰기 초근접 위협 비행 등이 그것이다.[103]

북한 전투기의 NLL 월선 비행은 한국 공군 전투기의 공대공 미사일 발사와 같은 무력충돌로 비화하지는 않았다. 한국군은 2월 20일 오전 9시 54분 평양 남서쪽에서 고속 남하하는 미그-19 추정 전두기를 포착했다. 북한 전투기는 10시 3분 NLL을 넘어 NLL 이남 13㎞까지 내려왔다. 한국군은 9시 56분 서해 상공에서 초계 임무 중이던 F-5 전투기 2대를 NLL 쪽으로 투입했다. 인천의 대공 미사일 기지도 전투대기태세에 돌입했다. 북한 전투기가 진술조치선을 침범한 9시 58분 추가로 한국 전투기 4대가, 그리고 북한 전투기가 NLL을 침범하기 직전인 10시 2분 또 2대가 잇따라 출격했다. 한국 전투기와 북한 전투기의 거리가 공대공 격추가 가능한 30㎞까지 좁혀지자 북한 전투기는 NLL을 월선한 지

---

103 국회사무처(2003. 3. 7.), p. 3.

2분 만인 10시 5분 퇴각했다.[104]

상황을 정리하면 북한 전투기가 NLL을 넘기 7분 전 한국 전투기가 현장으로 출격했고, 공대공 미사일을 발사할 수 있는 30㎞ 거리까지 북한 전투기에 근접했다. 경고통신, 경고사격, 조준사격은 없었다. 국방부나 합동참모본부는 국회에서 북한 전투기의 NLL 월선 비행 대응작전이 적절했는지에 대한 평가를 하지 않았다. 김선규 국방부 정책기획국장은 다만 "사전에 계획된 의도적 침범이고, 군은 대응훈련과 대공경계 등 대비태세를 강화하겠다"라고만 언급했다.[105]

북한은 노무현 대통령 취임 하루 전인 2월 24일 원산 부근 신상리 해안에서 지대함 유도탄 1발을 시험발사했다. 이어 3월 2일 동해 공해상에서 정찰활동을 하던 미 공군 정찰기 RC-135 근처로 미그-29, 미그-23 등 북한 전투기 4대가 접근했다. 북한 전투기들은 미국 정찰기에 15m 거리까지 따라붙었다. 미국과 일본, 중국 등 주변국들은 즉각 우려와 항의의 성명을 발표했다. 한국은 5일이 지난 3월 7일 관련 성명을 냈다.

앞서 북한 전투기가 NLL을 월선했을 때 국방부는 당일 오후 비판 성명을 냈는데 북미 군용기의 15m 초근접 비행 사건에 대해서는 뒤늦게 입장을 밝힌 것이다. 이에 대해 조영길 국방부장관과 김선규 국방부 국장은 "접적지역이 아니라 종심지역에서 벌어진 일이고, 정확한 정보를 파악하느라 성명이 늦어졌다"라는 취지로 해명했다.[106]

3월 25일 서해 NLL에 북한 어선 2척이 나타났다. 오후 4시 20분 백

---

104 박세진, "북한 전투기 NLL 침범 상황 · 배경", 「연합뉴스」, 2003. 2. 20.
105 국회사무처(2003. 3. 7.), p. 3.
106 국회사무처(2003. 3. 7.), p. 6.

한국군의 두 얼굴

령도 동쪽 해상에서 NLL을 1.2마일 월선하자 한국 해군 고속정 3척이 경고방송을 했다. 북한 어선들은 짙은 안개와 해류로 인해 실수로 NLL을 넘은 것으로 나타났다.

라종일 NSC 사무처장은 3월 26일 청와대 수석·보좌관 회의에서 북한 어선의 NLL 월선 사실을 노무현 대통령에게 보고했다. 노 대통령은 라종일 사무처장에게 "북한 선박의 월선에 대한 우리의 준비된 입장이 중요하다"라고 말했다.[107] 대통령이 북한 선박의 NLL 월선에 대비한 새로운 지침을 NSC에 주문한 것이다. 대통령의 이와 같은 지시만으로 1년 전 제2연평해전을 계기로 강화된 교전규칙을 재강화하라는 것인지, 완화하라는 것인지 단정할 수는 없다.

5월 3일 오전 9시 46분 북한 경비정 1척이 백령도 동쪽 NLL을 0.8마일 월선했다. 한국 해군 함정이 출동하자 10시쯤 북상했다. 경고사격은 하지 않았다.[108] 개정된 교전규칙에 따라 경고사격의 전 단계인 경고방송을 실시했는지는 언론 기사, 국회 회의록, 남북관계 연표 등에서 확인되지 않는다.

5월 말부터 북한 어선들이 무리지어 서해 NLL을 넘었다. 5월 26일 1척을 시작으로 6월 3일까지 10회에 걸쳐 적게는 하루 1척, 많게는 10척의 북한 어선들이 NLL을 월선했다.[109] 노무현 대통령은 5월 29일 청와대 수석보좌관 회의에서 라종일 NSC 사무처장에게 "우발적인 충돌이 생기지 않도록 각별히 신경을 써달라"라고 지시했다.[110] 김대중 대통령

---

107 합참, 국정감사 보고 자료(2016. 10.), p. 6., 김범현, 盧 "北 NLL 월선 대비해야," 「연합뉴스」, 2003. 3. 26.

108 합참(2016. 10) p. 3., 이충원, "북 경비정 1척 NLL 침범 후 북상," 「연합뉴스」, 2003. 5. 3.

109 국회사무처, 제240회 국회 국방위원회 회의록 제1호(2003. 6. 19.), pp. 11~12.

110 국방부 군사편찬연구소(2013), p. 219., 김범현, "盧 'NLL 우발충돌 없어야'," 「연합뉴스」, 2003. 5. 29.,

이 제1연평해전 직전 4대 수칙을 하달한 것처럼 노 대통령도 수세적 지침을 내린 것이다.

한국 해군 함정들은 5월 26일부터 28일까지 3일 연속 NLL을 월선한 북한 어선들에 대해 시위기동과 경고방송을 했다. 사격은 하지 않았다. 하지만 대통령이 수세적 지침의 발언을 한 지 3일 후인 6월 1일 NLL을 월선한 북한 어선들을 향해 시위기동, 경고방송에 이어 5차례에 걸쳐 40㎜ 함포 9발과 기관총 25발을 경고사격했다.[111]

경고방송에도 북한 어선들이 북상하지 않자 실시된 경고사격이었다. 북한 선박에 대한 경고사격은 2002년 11월 20일 북한 경비정 월선 이후 처음이었고, 북한 어선에 대한 함포사격은 아예 전례가 없는 일이었다.[112] 더구나 대통령의 우발충돌 주의 발언 이후에 어선을 향해 함포를 사격했으니 문민정부에 대한 반발적 성격이 짙었다.

6월 3일 북한 어선들은 또 NLL을 월선했다. 한국 함정은 경고방송과 거의 동시에 기관총 8발을 경고사격했다.[113] 6월 1일 경고사격은 경고방송에도 북한 어선들이 북상하지 않자 이뤄진 데 반해 6월 3일 경고사격은 북한 어선이 북상할 틈도 주지 않고 경고방송과 경고사격을 동시에 실시한 점이 이례적이다. 역시 대통령 지침에 대한 반발로 읽히는 행동이다.

김선규 국방부 정책기획국장은 국회 국방위원회에서 "6월 3일 경고사

통일연구원(2013), p. 350.

111 "NLL 월선, 경고사격 시간대별 상황," 「연합뉴스」, 2003. 6. 1.

112 2001년 6월 24일 서해 NLL을 월선한 북한 어선이 횃불과 각목을 휘두르며 저항하자 한국 해군 고속정이 소총 공포탄으로 위협사격한 적은 있지만 북한 어선에 대한 함포사격은 2003년 6월 1일이 처음이었다.

113 박세진, "북한 어선 5일째 NLL 월선," 「연합뉴스」, 2003. 6. 3.

격 이후 현재까지 더 이상의 침범사례는 발생하지 않고 있다", "즉응 합동작전태세 완비를 위해서 제반조치를 강구하였으며, NLL 침범 시에는 새로운 작전예규에 따라서 대응토록 하고 있다"라고 말했다.[114]

새로운 작전예규란 제2연평해전 이후 강화된 교전규칙으로 보는 것이 타당하다. 대통령이 5월 29일 하달한 수세적 지침을 6월 중 유엔사와 협의하고 문서화해서 작전예규로 적용하기는 물리적으로 불가능하기 때문이다. 노 대통령의 우발충돌 방지 지침은 교전규칙과 별도로 작용했을 것으로 추정된다.

6월 27일 노무현 대통령은 제2연평해전 1주년을 앞두고 해군 2함대사령부를 방문했다. 노 대통령은 그 자리에서 "북과 협상해서 서해상에서 평화를 정착시킬 수 있는 체제를 반드시 구축하라"라는 특별지시를 내렸다.[115] 3월 26일, 5월 29일 청와대 수석보좌관 회의 발언의 연장선으로, 서해 NLL 우발적 충돌 방지를 위한 방안을 남북이 함께 강구해보라는 지시이다.

이후 8월 8일과 8월 18일 각각 북한 어선 3척과 1척이 서해 NLL을 월선했다. 한국 해군 함정은 시위기동, 경고방송에 이어 또 기관총과 함포로 경고사격했다. 8일에는 월선 5분 만에 기관총 5발과 40㎜ 함포 4발을, 18일에는 월선 1분 만에 40㎜ 함포 5발을 쏘았다.[116] 통상 북한 선박이 NLL을 넘으면 시위기동과 경고방송을 하고 북한 선박이 북상하지 않으면 경고사격을 하는데 8월 북한 어선의 월선 2건은 경고방송 후

---

114 국회사무처(2003. 6. 19.), pp. 11–12.

115 이종석(2018), p. 271.

116 황대일, "北 선박 또 NLL 월선..경고사격에 퇴각," 「연합뉴스」, 2003. 8. 8., 황대일, "北 선박 또 NLL 침범..경고사격 받고 퇴각," 「연합뉴스」, 2003. 8. 18., 합참(2016. 10.), p. 7.

충분히 여유를 주지 않고 곧바로 사격한 것이다.

북한 어선과 별도로 북한 경비정은 7월 10일, 8월 26일, 10월 30일, 11월 24일 서해 NLL을 넘었다. 한국 해군 함정들은 7월 10일을 제외하고, 경고방송과 시위기동을 벌인 후 함포로 경고사격했다.

2003년 북한 경비정의 NLL 월선은 5회이고, 경비정에 대한 경고사격은 8월과 10월, 11월 등 3건 있었다. 해군은 북한 경비정의 NLL 월선이 전년 13회에서 교전규칙 강화로 2003년 5회로 줄었다고 설명했다. 북한 어선의 NLL 월선은 2002년 6회에서 2003년 15회로 대폭 늘었다.[117]

7월 19일 경기도 연천 북쪽 DMZ(Korean Demilitarized Zone: 비무장지대) 내에서 북한군의 총격 사건이 벌어졌다. 오전 6시 10분 북한군 GP로부터 한국군 GP를 향해 14.5㎜ 고사총탄으로 추정되는 4발이 날아왔다. 6시 11분 한국군은 교전규칙의 비례성 원칙에 의거해 K-3 기관총 17발로 응사했다. 이어 "인민군에게 경고한다", "너희들은 우리 GP로 총격 도발을 했다", "즉각 사과하라" 등의 내용으로 경고방송을 했다.[118]

한국의 해군은 함정, 어선을 가리지 않고 북한 선박에 대해 경고사격을 했고, 육군도 대통령의 우발충돌 지침에 개의치 않고 원칙적 대응사격을 했다. 대통령의 지침과 배치되는 군의 행동이 해상과 육상에서 이어진 것이다.

7월 22일 국방부는 국회 국방위원회 보고에서 북한군의 GP 총격이 의도적 도발이라기보다는 오발의 가능성이 높다고 추정해 발표했다. 이에 야당 위원뿐 아니라 김대중 정부 국방부장관을 역임한 여당 천용택

---

117 국회사무처, 2003년도 해군작전사령부 국정감사 국방위원회 회의록(2003. 10. 7.), p. 11.

118 황대일, "북한군, 경기 연천 DMZ서 총격," 「연합뉴스」, 2003. 7. 17., 통일연구원(2013), p. 353.

한국군의 두 얼굴

국방위원도 북한의 불법과 도발을 먼저 부각하지 않고 불확실한 오발 가능성을 강조한다며 국방부를 나무랐다.[119]

(2) 군의 2차 반발: 보고 누락 사건

2004년 상반기 서해 NLL은 고요했다. 북한의 경비정과 어선 단 1척 도 NLL을 넘지 않았다. 이런 가운데 2월 제13차 남북 장관급 회담에 서 "한반도의 군사적 긴장 완화를 위한 쌍방 군사 당국자 회담의 조속 한 개최"를 합의했다. 5월에 열린 제14차 남북 장관급 회담은 이를 재확 인했다. 이에 따라 5월 26일 제1차 남북 장성급 군사회담이 금강산에서 개최돼 서해상 우발적 무력충돌 방지를 위한 구체적 방안을 논의했다.

6월 3일부터 4일까지 설악산에서 열린 제2차 남북 장성급 군사회담 은 '서해 해상에서 우발적 충돌 방지와 군사분계신 지역에서의 선전활 동 중지 및 선전수단 제거에 관한 합의서'를 채택했다. 이른바 6·4 합의 이다. 시행일은 6·15 남북공동선언 발표 4주년인 2004년 6월 15일로 정 했다.[120]

남북의 군사 당국이 합의한 사실상 첫 구체적 군비통제의 합의이다. 1 년 전 노무현 대통령이 2함대 사령부에서 내린 '서해 평화정착 체제 구 축' 특별 지시가 실현됐다는 의미도 있다. 합의의 골자는 다음과 같다.[121]

---

119 국회사무처, 제241회 국회 국방위원회 회의록 제2호(2003. 7. 22.), p. 21.
120 통일연구원(2013), p.366, pp. 372-374.
121 통일부 남북회담본부 남북회담정보
(https://dialogue.unikorea.go.kr/ukd/a/ad/usrtaltotal/View.do?id=245)

△ 서해 해상에서 함정이 대치하지 않도록 철저히 통제

△ 서해 해상에서 상대측 함정과 민간 선박에 대해 부당한 물리적 행위를 하지 않음

△ 서해 해상에서 쌍방 함정이 항로미실, 조난, 구조 등으로 서로 대치하는 것을 방지하고, 상호 오해가 없도록 하기 위하여 국제상선공통망을 활용

△ 서해 해상에서 제기된 문제들과 관련한 의사교환은 당분간 서해지구에 마련되어 있는 통신선로 이용

△ 군사분계선 지역에서 방송과 게시물, 전단 등을 통한 모든 선전활동 중지

△ 위 합의사항을 구체적으로 실천하기 위한 후속 군사회담 개최.

이전까지 북한 선박이 NLL을 월선했을 때 한국 해군의 경고방송은 일방적인 퇴각 경고였다. 6·4 합의 이후에는 남북한이 각각의 호출부호를 한라산과 백두산으로 지정하고 송신, 수신, 응신하는 절차로 전환됐다. 일방적 방송에서 상호 통신으로 바뀐 것이다.

국제상선공통망을 이용하기 때문에 주변 민간 선박들도 남북의 송수신 내용을 실시간 청취할 수 있게 됐다. 제3의 관찰자가 생겼으니 남북이 불합리한 생떼를 쓸 소지가 대폭 줄었다. 6·4 합의는 남북의 NLL 우발충돌의 가능성을 현격히 낮춰줄 것으로 기대됐다.

6·4 합의 당일 북한 경비정 2척이 서해 NLL을 월선했다. 한국 해군 함정이 출동하자 곧바로 북으로 복귀했다.[122] 그런데 7월 14일 서해 NLL을 넘은 북한 경비정 1척에 대한 한국 해군 함정의 대응은 남북 충돌이 아니라 한국 내부의 민군 간 충돌로 번졌다.

---

122 이귀원, "北 경비정 2척, 서해 NLL 한때 월선," 「연합뉴스」, 2004. 6. 4.

7월 14일 오후 4시 12분 북한 등산곶으로부터 북한 경비정 1척이 NLL 방향으로 직선 기동했다. 한국 해군 함정 3척이 전투배치됐다. 4시 48분 북한 경비정은 NLL을 월선했다. 한국 해군 초계함인 성남함이 경고통신을 4회 실시했다. 북한 경비정은 계속 남하했다. 한국의 해군 작전사령부는 4시 52분 경고사격을 지시했다.

성남함이 경고사격을 준비하는 과정에서 북한 경비정은 3회에 걸쳐 응신했다. 북한 경비정이 북으로 복귀하지 않음에 따라 성남함은 4시 54분 함포 2발을 경고사격했다. 북한 경비정은 2차례 더 통신한 후 북상해 5시 1분 NLL 북쪽으로 복귀했다.[123]

한국 해군은 차단기동을 하며 경고통신했고, 북한 경비정이 돌아가지 않자 경고사격을 했으니 교전규칙상 하자는 없었다. 문제는 상부 보고 과정에서 불거졌다. 해군 작전사령부는 북한 함정이 응신한 사실을 합참에 보고하지 않았다. 합참도 자체 정보로 북한의 응신 사실을 인지했다. 청와대에는 알리지 않았다. 상부에 대한 군의 불신이 드러나는 보고 누락 사건이 발생했다.

해군 작전사령부의 보고 누락으로 당일 합참의 언론 브리핑에서도 북한의 응신 사실은 공개되지 않았다.[124] 남북의 상호 통신이 실시되지 않았다고 하니 어렵사리 성사된 6·4 합의가 무용지물이 됐다는 언론과 야당의 비판이 쏟아졌다.

NSC 사무처는 경고사격 당일 합참에 북한의 응신 여부를 직접 물었다. 합참은 "응신은 없었다"라고 거짓 보고했다. 경고사격 다음 날인 7

---

123 국회사무처, 제248회 국회 국방위원회 회의록 제4호(2004. 7. 24.), pp. 2-3.

124 황대일, "北경비정 서해서 경고사격 받고 퇴각," 「연합뉴스」, 2004. 7. 14.

월 15일 NSC 사무처는 국정원의 보고로 북한 경비정이 경고사격 전부터 응신했다는 사실을 파악했다. NSC 사무처는 해군이 남북 통신 사실을 합참에 보고하지 않은 점, 또 합참이 통신첩보를 통해 남북 통신 사실을 파악하고 이를 삭제한 기록을 NSC 사무처에 보고한 점을 자체 조사를 통해 확인했다.

이날 오후 북한은 남북 장성급회담 대표인 안익산 명의의 전통문을 보내 "3차례 귀측을 호출하면서 제3국 어선들의 움직임을 통보해주었으나 응답 없이 경고사격을 가해 왔다"라고 비판했다. NSC 사무처는 이와 같은 사실을 노무현 대통령에게 보고했다. 대통령은 16일 NSC 상임위에서 이 사건을 논의하고 엄중 조사하라고 지시했다.[125] 이어 정부합동조사가 개시됐다.

14일 NLL을 월선한 북한 경비정이 제2연평해전 당시 한국 고속정을 기습공격했던 등산곶684호라는 사실이 언론 보도를 통해 7월 19일 알려졌다. 또 등산곶684호의 승조원 대부분이 제2연평해전에 참전했었다는 주장도 해군에서 나왔다.[126] 제2연평해전에서 등산곶684호의 함포 공격으로 한국 해군 장병 6명이 전사했다. 복수의 대상이 NLL을 월선했으니 사격은 당연했다는 여론이 조성되는 계기가 됐다.

국방부는 7월 19일 노무현 대통령에게 보고 누락 의혹 사건 조사의 중간보고를 했다. 보고의 요지는 "북측 교신이 신뢰할 만한 내용이 아니었다"였다. 즉 조사의 초점이 보고 누락 과정이 아니라 6·4 합의에 대한 북한의 불성실한 태도, 해군 대응의 적절성 여부에 맞춰졌던 것이

---

125 이종석(2018), pp. 277-282.
126 황대일, "NLL 침범 北 경비정은 서해교전 주범," 「연합뉴스」, 2004. 7. 19.

한국군의 두 얼굴

다.[127] 노 대통령은 즉각 추가 조사를 지시해 군을 재차 압박했다.

박승춘 합참 정보본부장이 북측 교신 내용과 전화통지문 일부 내용을 언론에 유출한 혐의로 7월 20일부터 기무사령부의 조사를 받았다. 박 본부장은 북한 함정의 응신이 "남하하는 것은 중국 어선이다", "너희(한국 함정)가 남하하라"로 기만적이었다고 언론에 제보한 혐의를 받았다. 육사 27기 출신 육군 중장의 그러한 행동은 노무현 정부에 대한 군의 저항, 항명으로 비쳤다. 박 본부장은 7월 26일 보직해임돼 전역했다. 형식은 자진 전역이었지만 실상은 강제 전역과 다름없었다.[128]

윤광웅 청와대 국방보좌관은 7월 20일 기자간담회를 열고 "이번 조사는 NLL 상의 남북한 교신과 관련한 군 내부 보고체계의 문제점을 확실히 규명하자는 것"이라고 대통령 지시에 따른 추가 조사의 방향을 명확히 했다. 청와대와 군의 대립에 대해서는 "군의 사기에 영향을 미칠까 대단히 염려하고 있다", "군 장병들의 사기와 희망, 복종심이 훼손되지 않도록 언론에서도 각별히 관심을 가져달라"라며 민군갈등 상황을 인정했다.[129] 여당의 김홍일 위원도 국회 국방위원회에서 "북한 경비정 월선 사건 이후 마치 대통령과 여당, 그리고 군이 대립하는 듯한 모습을 보여 국민들을 잠시라도 불안하게 만들었다"라고 말해 당시 문민정부와 군 사이의 대립이 실재했음을 재확인했다.[130]

7월 23일 합동조사단의 재조사 결과가 발표됐다. 사격 명령 권한은 2함대 사령관이 가지고 있는데 직속상관인 해군 작전사령관이 2함대 사

127 조복래, "노 대통령 'NLL 침범' 추가조사 지시," 「연합뉴스」, 2004. 7. 19.

128 김귀근, "'허위보고' 논란서 '보고누락' 발표까지," 「연합뉴스」, 2004. 7. 23.

129 고형규, "윤광웅 국방보좌관 일문일답," 「연합뉴스」, 2004. 7. 20.

130 국회사무처(2004. 7. 24.), p. 11.

령관의 권한을 침범해 사격 명령을 내렸다. 또 해군 작전사령관은 북한의 응신 내용을 합참에 보고하지 않았다. 사령관은 정부합동조사에서 "상급부대 보고 시 사격중지 명령이 내려질까 우려했다", "사후 보고 시에는 언론 등에서 사격의 부당성이 제기돼 북측의 내부분열 유도 전술에 역이용당할 수도 있었다"라고 진술했다.

합참 정보 관련 부서는 북한의 응신 사실을 알았으면서도 고의로 보고를 누락했다. 정보 관련 처장과 과장, 지휘통제실장과 상황장교 등이 응신 사실을 상관에게 보고하지 않은 것이다. 조사단은 고의 누락이 생긴 배경으로 6·4 합의의 정신에 대한 이해의 부족, 북한 해군에 대한 적개심의 상존, 북측의 기만 통신에 대한 불신 등을 꼽았다.[131]

조영길 국방부장관은 NLL 보고 고의 누락 사건을 심각한 군기 위반으로 규정했다. 그렇지만 "합의되자마자 50년간의 그런 관계가 갑자기 바뀌어 가지고 바로 친선적인 분위기로 바뀔 수 있다고 생각하지는 않는다"라는 국회 국방위 발언으로 6·4 합의에도 불구하고 북한을 불신한다는 군의 일반적인 인식을 간접적으로 두둔했다.[132]

조영길 장관은 이 사건을 계기로 사임했다. 노무현 대통령이 보고 누락 사건에 대한 처벌로 경고적 조치를 내리라고 지시함에 따라 합참은 해군 작전사령관 등 책임자 5명을 추려 서면 및 구두경고했다.[133]

2003년 5월 대통령의 우발충동 자제 지시에도 불구하고 군의 대북 경고사격은 오히려 늘어난 데 이어, 이듬해 6·4 합의 직후 보고 누락 사

131 국회사무처(2004. 7. 24.), pp. 2-3.
132 국회사무처(2004. 7. 24.), p. 7.
133 이귀원, "교신누락 책임자 서면.구두경고," 「연합뉴스⬜」, 2004. 7. 27.

한국군의 두 얼굴

건까지 벌어졌다. 문민정부에 대한 군의 반발과 민군의 갈등이 두드러지게 발생한 것이다. 문민정부는 보고 누락 사건을 계기로 책임 회피적 행동을 한 군을 적극적으로 처벌했다.

정부합동조사단의 보고 누락 조사가 진행 중 북한 경비정의 NLL 월선이 잇따랐다. 7월 18일 오전 9시 11분 북한 선박 1척이 서해 NLL을 월선했다. 한국 해군 함정은 5차례 경고통신을 했다. 북한 선박의 응답은 없었다. 한국 함정은 경고사격을 하지 않았다.[134] 7월 21일에도 북한의 미식별 선박 1척이 연평도 해상 NLL을 월선해 표류했고, 뒤를 따르던 북한 경비정 1척이 오후 5시 35분 NLL을 월선했다. 한국 해군 함정은 오후 4시 2분부터 5시 45분 사이 8차례 통신을 시도했다. 북한 경비정은 이를 무시하다가 5시 58분에야 응답했다. 한국 해군은 경고사격을 하지 않았고, 북한 경비정은 NLL 넘어 북상했다.[135] 교전규칙에 따르면 경고사격을 해야 하는 상황에서 한국 해군은 방아쇠에서 손가락을 뗐다. 7월 14일 보고 누락 사긴 조사가 이뤄지는 가운데 해군 작전이 위축됐다고 볼 수 있는 장면이다.

(3) 복잡해진 작전예규와 줄어든 경고사격

6·4 합의와 7월 보고 누락 사건을 거치면서 합참의 작전예규가 수정됐다. 경비정, 상선, 어선 등 북한 선박이 기상악화 등에 따라 항로를

---

134 황대일, "북한 선박 또 다시 NLL 월선 후 북상," 「연합뉴스」, 2004. 7. 18.
135 이귀원, "北선박 NLL 한때 월선..北경비정이 예인," 「연합뉴스」, 2004. 7. 21.

이탈해 NLL을 단순 월선했다고 판단될 때 경고사격을 자제하라는 것이 수정된 작전예규의 표면적 골자이다. 북한 선박이 NLL을 월선하면 국제상선공통망으로 경고통신을 하는데 제3국 선박의 단속, 선박 구조 등을 위한 월선일 경우 시간을 가지고 신중히 대응하라는 정부의 지침이 교전규칙에 포함된 것이다. 경고사격, 격파사격은 충분한 통신 후에 의도적 월선으로 판단됐을 때 실시하도록 작전예규가 복잡해졌다.[136]

윤광웅 신임 국방부장관은 국회에서 작전예규의 수정을 가감없이 인정했다. 윤 장관은 예규 수정의 배경으로 "서해상의 충돌은 가능한 방지 또는 통제되는 것이 경제발전에 도움이 되고, 남북 간의 군사적 긴장 완화에도 도움이 된다"라고 말했다.[137] 제2연평해전을 계기로 3단계로 단순화돼 지휘관의 재량권을 확대했던 교전규칙이 2년 만에 다시 복잡해졌다. 지휘관 재량권의 제한이다.

이와 별도로 NSC는 9월 8일 국가위기관리 기본지침과 위기관리 표준 매뉴얼을 작성한다고 발표했다. 서해 NLL 우발 사태를 국가위기 유형 가운데 전통적 안보위기 중 하나로 분류했다. 위기관리 표준 매뉴얼은 군 고유의 작전적 분야를 범정부 차원의 의사결정체계와 대응 절차로 묶음으로써 군의 자율을 제한했다.[138]

NSC는 관련 보고서에 "한국의 민간 선박이 NLL 북쪽에서 조난당했을 때의 세부 매뉴얼 등에 대해 일부 부처가 북한의 NLL 무력화 술책에 말려드는 것이라는 논리를 내세워 반대했다"라며 군의 반발을 공식

---

136 김귀근, "軍, 'NLL 충돌' 막도록 작전예규 고쳐," 「연합뉴스」, 2004. 9. 2.
137 국회사무처, 제250회 국회 국방위원회 회의록 제1호(2004. 9. 8.), pp. 35–37.
138 국가위기관리 기본지침과 위기관리 표준 매뉴얼의 최종본은 2005년 11월 29일 공개됐다.

한국군의 두 얼굴

화했다. 첨단 위성 상황정보 체계를 구축해 NLL 부근에서 남북 해군 함정 간 충돌이 벌어졌을 때 통수권자가 NSC의 국가안보종합상황실에서 실시간으로 상황을 파악할 수 있도록 한 점도 군의 자율성을 제약하는 조치가 됐다.[139]

6·4 합의와 복잡해진 새 교전규칙 작성 이후 2004년 말까지 북한 경비정은 6차례 더 서해 NLL을 넘었다. 그때마다 한국 해군 함정은 국제상선공통망을 통해 통신했고, 북한 경비정은 응답을 안 하거나 불성실하게 응신했다. 이 기간 한국 함정은 단 1차례 경고사격하는 데 그쳤다.[140]

8월 14일, 9월 23일, 10월 12일 각각 북한 경비정 1척씩이 서해 NLL을 월선했다. 한국 해군 함정은 북한 경비정에 대해 매번 수차례씩 경고통신을 했다. 북한 경비정들은 이 기간 단 1차례도 응답하지 않았다. 한국 함정들은 경고사격을 하지 않았다. 월선 당시 NLL 주변에는 중국 어선들이 조업하고 있었지만 북한 경비정이 중국 어선을 나포한 것은 10월 12일 1차례뿐이었다.

11월 1일 북한 경비정 3척이 소청도 동쪽 NLL을 월선했다. 한국 해군 함정의 경고통신과 경고사격이 이어졌다. 먼저 북한 경비정 2척이 오전 10시 25분 NLL에 근접했고, 한국 해군의 경고통신에 불응한 채 10시 45분 NLL을 넘었다. 한국 함정은 11시 3분과 11시 9분 2차례 추가 경고통신을 했다. 북한 경비정 중 1척은 11시 15분 북상했다. 나머지 1척은 NLL 남쪽 2.7마일 해상까지 남하한 후 "우리는 침범하지 않았다", "제3국 어선을 단속 중이다"라고 응신했다. 한국 해군은 고의적 월선으

---

139 대통령자문정책기획위원회, 『새로운 도전, 국가위기관리』(서울: NSC사무처, 2008), pp. 5-116.
140 합동참모본부, 이종명 자유한국당 의원 국정감사 요구자료(2004. 10.), pp. 1-2.

로 판단하고 11시 22분부터 3회에 걸쳐 40㎜ 기관포로 경고사격했다. 북한 경비정은 11시 40분 NLL 이북으로 북상했다. 이 경비정은 12시 1분 다시 NLL을 월선했다. 한국 함정이 76㎜ 함포로 경고사격하자 북한 경비정은 퇴각했다.

또 다른 북한 경비정은 오전 11시 연평도 서쪽 NLL을 0.9마일 월선했다. 한국 함정의 경고통신에 11시 24분 북상했다. 합참은 북한 경비정 3척의 잇단 NLL 월선을 한국 해군의 대응태세를 엿보기 위한 의도적 행동으로 분석했다.[141]

11월 10일 북한 경비정 1척이 또 백령도 동쪽 NLL을 월선했다. 한국 해군은 북한 경비정의 NLL 월선 전후인 오후 8시 19분부터 8시 32분까지 3차례 경고통신을 했다. 북한 경비정은 오후 8시 41분부터 4차례 "우리 측 선박을 단속하며 동쪽으로 이동하고 있다"라는 내용으로 응신했다. 북한 경비정은 NLL 월선 40분 만인 밤 9시 2분 북상했다.[142]

12월 7일에도 서해 NLL을 월선한 북한 경비정 1척에 대해 한국 해군 함정은 NLL 월선 전후로 7차례 북상을 요구하는 경고통신을 했다. 북한 경비정은 NLL 이북으로 북상한 이후 "중국 어선 단속 중"이라고 응신했다.[143] 11월 10일과 12월 7일 NLL 월선 시 한국 해군 함정들은 북한 경비정에 대해 사격하지 않았다. 한국 해군은 개정된 작전예규에 따라 경고통신과 함께 북한 선박의 월선 목적을 신중하게 판단하는 모습을 보여준 것이다.

141 황대일, "北경비정 3척 서해상 침범 후 퇴각," 「연합뉴스」, 2004. 11. 1.
142 이귀원, "北경비정 9일 밤 한때 NLL 침범," 「연합뉴스」, 2004. 11. 10.
143 이귀원, "北 경비정 1척 한때 NLL 월선," 「연합뉴스」, 2004. 12. 7.

한국군의 두 얼굴

10월 2일 열린 해군 국정감사에서 박근혜, 박진, 송영선, 황진하, 박세환 등 야당 국방위원들은 변경된 작전예규를 비판했다. 7월 14일 NLL 월선 및 통신 보고 누락 사건을 계기로 지휘관의 재량권을 제약하는 예규가 작성됐고, 이로 인해 북한 경비정이 경고통신에 응하지 않아도 한국 해군은 북한의 의도를 파악하느라 적시 대응을 못 하고 있다고 지적했다. 문정일 해군 참모총장은 "새로운 작전예규와 6·4 합의를 적절히 운용하면 우발적 충돌을 줄이는 데 기여할 것"이라고 답했다.[144]

2005년 동해 NLL 이북 해역에서 뜻밖의 사고가 발생했다. 러시아 블라디보스토크에서 중국 칭다오로 향하던 한국의 화물선 파이오니아호가 1월 20일 북한의 강원도 저진 동북쪽 160마일 해상에서 침몰했다.[145] 승선원 18명 중 14명이 실종됐다. 한국 정부는 2004년 NSC가 작성한 북한 관할 수역 내 민간선박 조난 대응 매뉴얼에 따라 판문점 연락관 접촉을 통해 구조선과 항공기의 진입을 북한에 요청했다. 북한은 수락했고, 한국 해경 경비정들이 구조에 나섰다. 한국 경비정이 북한 쪽 해역에서 조난당한 한국 선적 선박의 구조작업을 위해 출동한 것은 처음 있는 일이었다.

2005년 들어 잠잠하던 북한 경비정은 5월 처음으로 NLL을 월선했다. 북한은 2005년 상반기 한국 해군이 북한의 영해를 수차례 침범하고 있다고 구두경고만 하다가 근 5개월 만에 첫 군사적 행동을 한 것이다. 5월 13일 오전 10시 40분 북한 경비정 2척이 순위도 서남쪽 NLL을 월선했다. 한국 해군의 경고통신에 북한 경비정은 "제3국 선박을 단속

---

144 국회사무처(2004. 10. 12.), pp. 8-21.
145 통일연구원(2013), p. 383.

중"이라고 즉각 응신한 뒤 중국 어선을 예인해 돌아갔다.[146]

8월 21일 북한 경비정이 먼저 국제상선통신망으로 통신을 시도하고 불법조업 중인 중국 어선을 예인하기 위해 NLL을 월선하는 유례없는 일이 벌어졌다. 오후 1시 36분 백령도 북쪽 4마일 해상에서 북한 경비정이 NLL을 넘으면서 "제3국 어선을 단속 중"이라고 선제적으로 한국 해군에 통보했다. 한국 해군은 "NLL을 침범하지 말라"라고 경고했다. 북한 경비정은 NLL을 1마일 월선한 뒤 중국 어선을 예인해 돌아갔다.[147]

10월 14일에도 북한 경비정은 NLL을 월선했다. 한국 해군의 경고통신에 응답한 뒤 북상했다. 2005년에는 남북 해군이 6·4 합의에 따른 국제상선통신망을 통한 교신 절차를 준수하는 추세가 이어졌다.

11월 11일 북한 전투기 2대가 서해 NLL을 선회 비행했다. 노무현 대통령 취임식 전인 2003년 2월 20일 이후 2년 9개월 만이다. 오후 1시 13분 백령도 서쪽 32마일 지점 NLL을 넘어 남하한 후 약 2분 만에 NLL 북쪽으로 돌아갔다. 서해 상공에서 초계 중이던 한국 공군의 F-5, KF-16 등 전투기 6대가 즉각 출동해 경고통신을 했다. 북한 전투기는 응답하지 않았다.[148]

이틀 후인 11월 13일 오전 2시 30분부터 5시까지 북한 소형 어선 9척에 이어 북한 경비정 1척이 연평도 서남쪽 NLL을 월선했다. 한국 해군 고속정 편대가 출동해 수차례 경고통신하자, 북한 경비정은 "발포하지 말라"라고 응신했다. 북한 경비정은 어선들을 이끌고 돌아갔다.[149] 2005년은

---

146 김귀근, "北경비정 2척 한 때 NLL 월선," 「연합뉴스」, 2005. 5. 13.
147 이귀원, "북 경비정 NLL월선...중국 어선 끌고 북상," 「연합뉴스」, 2005. 8. 21.
148 김귀근, "北 전투기 2대 NLL선회 비행," 「연합뉴스」, 2005. 11. 11.
149 김귀근, "北소형어선.경비정 NLL 넘었다 돌아가," 「연합뉴스」, 2005. 11. 13.

한국군의 두 얼굴

남북의 군이 서로를 향해 1차례도 사격을 하지 않은 해로 기록됐다.

2006년 북한의 도발은 주로 육지에서 나타났다. 북한은 2006년 7월 5일 중거리 대포동 미사일, 노동 미사일, 단거리 스커드 미사일 등 7발을 시험발사했다. 10월 7일 북한군 5명이 MDL을 월경했다. 한국 육군은 경고방송과 경고사격을 했다. 이에 앞서 5월 26일에도 북한군 2명이 MDL을 월경해 한국 육군의 경고사격을 유발했다. 10월 9일에는 북한이 지하 핵실험을 감행했다.[150]

2006년부터 2007년까지 2년간 북한 경비정의 서해 NLL 월선 및 경고통신, 경고사격 기사는 1건도 없다. 국회 국방위원회 회의록과 통일연구원과 군사편찬연구소의 연표에도 2006년부터 2007년까지 서해 NLL 충돌 관련 기록은 없다. 국방위원들이 국정감사를 즈음해 합참에 요구한 자료를 통해 월선 통계가 몇 건 공개됐을 뿐이다. 이 기간 적어도 경고사격 이상의 충돌은 없었던 것으로 보인다.

2005년에도 경고사격이 없었으니 2007년까지 만 3년 동안 남북은 6·4 합의를 적절히 이행했다. 노무현 정부의 NSC 사무차장과 통일부장관을 역임한 이종석은 "이 합의는 남북 간 군사적 긴장 완화에 획기적인 이정표이다", "5년간 NLL 인근과 휴전선 일대에서 한 차례의 교전도 일어나지 않았고, 남북대결로 인한 단 한 명의 사상자도 발생하지 않았다"라고 평가했다.[151]

노무현 정부 전체 기간 북한 선박의 NLL 월선은 2003년 21회(경비정 5, 어선 14, 기타 2), 2004년 19회(경비정 9, 어선 4, 기타 6), 2005년 14회(경비

---

150 통일연구원(2013), p. 419, 424.

151 이종석(2018), p. 276.

정 7, 어선 4, 기타 3), 2006년 21회(경비정 11, 어선 5, 기타 5), 2007년 26회(경비정 11, 어선 5, 기타 10: 10월 말 기준)를 기록했다. 제2연평해전이 발발한 2002년 이전에는 북측의 월선에 한국군은 1건도 선제적 대응을 하지 않았다. 2003년과 2004년에는 선제적 경고사격으로 대응했다. 2005년 이후에는 무력은 뒤로 미루고 다시 경고통신 수단만 사용했다.[152]

---

152 합참, 남북 간 신뢰 구축실패 사례(2007. 10), pp. 2-3.

한국군의 두 얼굴

관여적 통제와
수세적 작전의 인과관계

1. 진보 정부 민군의 대북인식 불일치

(1) 김대중 정부 민군의 대북인식 불일치

한국 문민통제의 특수성은 대북인식에서 시작된다. 진보 또는 보수 성향별로 정부의 대북인식은 확고하다. 진보 정부는 북한을 현상유지 체제로 보며 포용적 대북인식을 갖는다. 보수 정부는 북한을 현상타파 체제로 보고 안보 우위의 원칙적 대북인식을 띤다.

군은 동서고금을 막론하고 보수적 집단이다. 안보의 첨병이라는 천부적 지위로 인해 사회적, 정치적 안정을 추구한다. 위협의 근원인 북한에 대해 당연히 적대적 인식을 가지고 있다.

안보는 문민정부와 군의 공통적 이익이다. 한국의 경우 외부 위협인 북한이 안보 이슈의 방향과 깊이를 결정한다. 따라서 안보와 직결되는 대북인식은 문민정부와 군의 선호 기준으로 합당하다.

이와 같은 한국 문민통제의 특수한 지형을 상정했을 때 진보 정부의 대북인식은 포용적인 데 반해 군의 대북인식은 보수적, 적대적이어서 민군 선호의 불일치를 예상할 수 있다. 피버의 민군 전략적 상호작용의 논리를 진보 정부의 민군에 적용하면 문민정부는 자기의 선호를 강요하기 위해 군에 대해 관여적 문민통제를 실시한다. 문민통제의 기구인 NSC도 강화할 것이라고 예측할 수 있다. 군은 문민의 선호에 순응해 책임 이행할 수도 있고, 자신의 선호대로 책임 회피할 수도 있다.

김대중 정부 시기의 증거 사례들을 두루 수집해 분석한 결과 김대중 정부의 대북인식은 한 치의 흔들림도 없이 포용 지향이었다. 선언적으로는 취임사에서 밝힌 대북 3원칙에서 남북 간 화해와 협력을 강조했고, 며칠 뒤 3·1절 기념사에서 다양한 수준의 남북대화를 제안했다. 북한의 변화와 남북대화를 전망하며, 직접적으로 군에 대북인식의 공유를 유도했다. 한발 더 나아가 김대중 대통령은 국방부장관에게 국방백서에서 주적 개념의 삭제를 지시했다.

김대중 정부의 대북정책은 햇볕정책으로 대변되는데, 김 대통령은 이를 전쟁을 막는 최선의 정책이라고 소개했다. 햇볕정책의 결과 2000년 6월 역사적인 남북정상회담을 성사시켰다고 볼 수 있다.

북한은 군사적 행동을 멈추지 않았다. 무장간첩을 태운 잠수정이 잇따라 동해에서 발견됐고, 연평해전도 2차례나 북한의 선제공격으로 발발했다. 북한은 대형 상선을 보내 한국의 영해를 가로지르게 했다. 북한은 잦은 군사적 행동으로 적대적 의도를 숨김없이 보여줬다. 김대중 정부는 비료 북송, 금강산 관광 등 대북 지원을 멈추지 않았다. 김대중 정부의 포용적 대북인식은 그만큼 굳건했다.

니켈(1974)의 연구 결과, 상대가 자신에게 해를 끼치지 않으리라고 믿으면 상대의 행동으로 자신이 피해를 입더라도 분노를 덜 느낀다. 반대로 상대가 자신에게 해를 끼칠 것이라고 믿는다면 상대의 행동으로 해를 입었을 때 분노는 실제보다 커진다.[153] 포용적 대북인식의 김대중 정부가 북한의 적대적 행동에 분노를 표출하지 않는 것과 같은 이치이다.

---

153 Ted Nickel, "The attribution of intention as a critical factor in the relation between frustration and aggression," *Journal of Personality*, 42(September, 1974), pp. 482–492.

김대중 정부 시기 군의 대북인식은 증거 사례들을 통해 여전히 적대적이었음이 확인됐다. 군은 국회에서 주적 개념과 대북 적개심을 서슴없이 말했다. 진보 정부의 대북정책을 이해 못할 바 아니지만 군은 북한을 싸워 이겨야 하는 적으로 바라본다고 못을 박았다.

정부의 햇볕정책이 장병들의 대적관에 혼란을 야기할까 걱정하는 목소리도 군 내부에서 나왔다. 이러한 주장은 베일 뒤에 숨은 익명의 장교가 아니라 국방부장관의 공개 발언이었다는 점에 주목해야 하다. 천용택 장관은 "햇볕정책은 마음속에 없다"라는 말로 군의 입장을 대변했다.

정부의 확고한 포용적 대북인식에도 불구하고 군이 북한을 적으로 여기는 것은 북한이 대남 적화전략을 포기한 적이 없기 때문이다. 비록 남북정상회담의 정신에 따라 군은 북괴라는 용어를 공식 폐기했지만 북한군의 전략은 달라진 바 없고 한국군의 대북인식도 마찬가지이다.

2002년 6월 29일 제2연평해전에서 다수의 사상자가 발생함에 따라 한국군의 주적 개념은 더욱 견고해졌다. 김대중 정부의 후반기 국방정책 간행물도 북한을 현상타파 체제로 규정했고, 북한의 도발을 제1순위로 경계했다.

질적 증거 사례들은 김대중 정부와 군의 대북인식 선호가 첨예하게 대립한다는 것을 확증한다. 진보 정부의 대북인식은 포용적이고, 군의 대북인식은 보수적이어서 상호대립한다는 논리적 추론이 가능한 수준이다.

(2) 노무현 정부 민군의 대북인식 불일치

　노무현 정부 대북인식의 포용성은 김대중 정부를 능가했다. 노무현 대통령은 2003년 2월 평화와 번영의 대북정책을 천명하며 취임했다. 남북 간 갈등과 현안은 반드시 대화를 통해 평화적으로 해결해야 하고, 무력 사용은 최후의 수단임을 강조했다.

　노무현 정부는 특히 당사자 원칙을 강조했다. 한국은 큰집이고 북한은 작은집이라는 비유를 들어 남북이 얼굴 맞대고 논의하되 경제적으로 월등한 한국이 넉넉히 양보하면서 남북 신뢰를 쌓겠다는 취지이다.

　북한은 군사적 행동을 멈추지 않았다. 노 대통령 취임식 전날 미사일을 쐈고, 전투기를 동원해 미 공군 정찰기에 초근접 위협 비행했다. 노 대통령은 개의치 않고 오히려 "미국은 과도한 행동에 나서지 말라", "도를 지나치지 말라"라며 미국을 경계하고 북한을 두둔했다. 북한이 핵을 보유하고 있다는 미국의 주장에 대해 "충분한 증거가 없다"라며 일축했다.

　대화를 통한 남북 현안의 해결 원칙은 확고했다. 방미 중 "대북 강경책은 엄중한 결과를 초래할 것"이라는 발언, 후진타오 중국 주석과 미국 주도의 대북 압박 정책에 불참한다는 합의가 그 증거이다. 노무현 정부는 PSI에 참여를 유보함으로써 이를 행동으로 보여줬다.

　노무현 대통령은 남북관계에서 균등하게 주고받는 상호주의는 대결주의 또는 반공주의의 다른 말이라고 역설했다. 남북 신뢰 구축을 위해서 한미연합훈련도 축소했을 정도이다.

　노무현 정부 시기 군의 대북인식은 보수적, 적대적이다. 정부 출범 첫해 국정감사에서 군은 미군 장갑차 여중생 사망 사건으로 인한 반미의식이 군 내부로 유입될까 경계하며 적대적 대적관 확립을 강조했다.

정부가 포용의 대상으로 삼는 북한을 군이 적으로 상정한 상황은 부조리한바, 정부의 군에 대한 개입은 심화됐다. 이종석 NSC 차장은 무궁화회의에서 "적개심 고취로 강군이 될 수 없다"라고 군 장성들에게 강연해 대적관의 수정을 요구했다. 국방백서의 주적 개념도 삭제되기에 이른다. 김대중 정부는 국방백서를 발간하지 않고, 대신 국방정책이라는 간행물에 주적 개념을 담지 않는 편법을 사용했는데 노무현 정부는 국방백서에서 아예 주적 개념을 삭제했다. 주적 개념의 삭제 또는 제외는 김대중, 노무현 두 진보 정부에서 일어난 공통적 현상이다.

그럼에도 군은 "주 군사 위협으로 북한을 보고 있다"라며 주적관의 실재를 공공연히 밝혔다. 노무현 정부 마지막 국방백서에도 "북한은 한반도 안보의 가장 큰 위협", "북한의 대남전략은 과거와 다르지 않다" 등 보수적 대북인식을 숨기지 않았다.

노무현 정부에서 민군의 대북인식 선호는 뚜렷한 차이를 보였다. 이에 더해 노무현 대통령은 과거 군부 독재의 주체인 군을 비판적으로 인식했다. 전시작전통제권 전환 논의 과정에서 군을 향해 "부끄러운 줄 알라"라며 노골적으로 속내를 드러내기도 했다.

김대중, 노무현 대통령의 두 진보 정부에서 문민정부는 포용적 대북인식을, 군은 보수적 대북인식을 띤다는 증거들이 반복적, 규칙적으로 나타났다. 한국 문민통제에서 진보 정부와 군이 북한과 관련해 상반된 지점을 추구한다는 것은 확고한 현상으로 인정된다.

한국군의 두 얼굴

2. 진보 정부의 NSC 강화

(1) 김대중 정부의 NSC

이데올로기적으로 확고한 대북 우호적 인식을 가졌고, 정치적으로 막강한 문민정부가 대북인식 선호가 다른 군에 대해 관여적인 문민통제를 하는 것은 피버, 헌팅턴의 이론과 부합한다. 관여적 문민통제를 실시하기 위해 김대중, 노무현 정부가 문민통제 기구인 NSC를 강화하는 것은 당연한 수순이다.

김대중 정부 이전의 NSC는 유명무실했다. 1962년 관련 법이 제정된 이래 김영삼 정부까지 단 51회 개최됐다. 1년에 2회도 열리지 않은 셈이다. 김대중 정부는 100대 국정과제 중 하나로 NSC의 강화를 제시했고, 출범과 동시에 관련 법을 정비했다.

정부 출범 4개월 후 NSC 상임위원회와 사무처가 꾸려졌다. 장관급 회의체인 상임위는 김대중 정부 기간 229회 열렸다. 대통령 주관 NSC도 수시로 개최됐다. 상임위가 처리한 의안만 해도 708건이고, 대통령은 상임위의 건의를 전면 수용했다. 김대중 정부 NSC의 산파이자 외교·안보·통일정책을 주도했던 임동원은 김대중 정부의 NSC를 "새로운 대북정책을 추진할 정부에서 부처 간 상이한 입장을 조율해 통합적이고 효율적인 정책을 수립하고 강력한 실천력을 뒷받침하는 시스템"이라고 정의했다.

⑵ 노무현 정부의 NSC

노무현 정부의 NSC는 전무후무한 영향력을 행사했다. 미국 NSC를 모방해 정책총괄체제로 개편했고, 외교안보실의 인원을 NSC 사무처에서 흡수했다. 대통령 비서실의 안보, 국방, 외교 보좌관은 실권 없는 자문역이었다. 통일·외교·안보정책의 실질적 조율은 NSC 사무처가 도맡았다. NSC 사무처의 권한이 김대중 정부보다 대폭 강화된 것이다.

이종석의 NSC 사무처가 총괄조정 능력을 확대함으로써 정부 부처들은 단순한 집행부서로 전락했다는 비판이 제기됐다. 사무처가 통일부, 외교부, 국방부의 고유 업무를 침해하는 초법적 월권을 행사한다는 지적도 나왔다. NSC의 역할은 대통령 자문에 불과한데 NSC 사무처의 역할은 안보정책의 기획과 통일·외교·국방 현안의 조정으로 폭은 넓고 깊이는 깊었기 때문이다.

김대중 정부 NSC의 임동원과 같이 노무현 정부 NSC의 이종석은 NSC의 강화에 큰 역할을 했다. 그는 무궁화회의에서 장성들을 상대로 군의 대적관에 대해 문제제기하는 발언을 했을 정도로 확고한 대북 포용주의자이다. 대통령도 그를 신임해 통일부장관으로 승진시켰다. 김대중 정부와 노무현 정부의 대북인식은 군과 달랐고, 이런 군을 관여적으로 통제하기 위해 강력한 NSC가 필요하다는 명제는 이와 같은 증거 사례들에 의해 뒷받침된다.

3. 군의 수세적 군사작전

(1) 김대중 정부 시기 군의 수세적 작전

풍부한 사례의 분석을 통해 진보 정부와 군의 대북인식 선호는 불일치하고, 진보 정부는 NSC를 강화해 관여적 문민통제의 가능성을 높인 것으로 확인됐다. 이제는 두 진보 정부 집권 기간에 대북인식의 불일치라는 독립변수가 NSC라는 매개변수를 거쳐 관여적 문민통제의 민군 상호작용과 수세적 군사작전이라는 종속변수로 연계되는 상관관계를 포착해야 한다.

우선 선호의 불일치는 문민정부가 군의 행동에 직극 개입하는 관여적 문민통제를 촉발할 것으로 예측된다. 이로 인한 민군갈등, 군의 책임 이행 또는 책임 회피, 그리고 책임 회피에 대한 정부 처벌 등의 상호작용도 이론적으로 예상된다.

김대중 정부 기간 나타난 남북의 첫 군사적 긴장은 1998년 6월 잇따라 발생한 북한의 무장간첩 침투 시도 사건이다. 한국의 영해인 강원도 속초 앞바다에서 발견된 잠수정 안에서 승조원 사체 9구와 함께 로켓포, 자동소총 등 각종 무기들이 쏟아져 나왔다. 숨진 승조원들은 말이 없어도 잠수정과 무기들은 승조원들의 남행 목적을 웅변했다.

NSC 상임위는 발견 당일 잠수정의 침투 목적을 특정하는 데 주저했다. 완전무장 잠수정이 영해 안에서 발견됐으니 그동안의 북한 행동에 미루어 무장침투에 방점을 찍을 만도 했는데 NSC는 남북관계를 고려해 신중을 기했다. 김대중 대통령도 군부대를 방문해 햇볕정책은 변함없다고 말했다.

발견 4일 후 국방부는 이 사건을 대남 침투작전이라고 규정하고 북한을 규탄했다. 그뿐이었다. 시신은 7월 3일 송환됐다. 9일 후 강원도 묵호동 해안에서 무장간첩으로 추정되는 시신 1구와 수중잠행추진기가 발견됐다. 기관총, 대검, 수중 카메라, 수중 교신용 장비도 나왔다.

북한의 노골적인 대남 적대적 행동이었다. 그럼에도 이튿날 이종찬 안기부장은 햇볕정책의 일관된 추진을 역설했다. "북한 내 강경 세력이 햇볕정책을 견제하기 위해 긴장조성 책동을 벌인다"라며 오히려 북한 최고 지도부를 옹호했다.

군으로서는 받아들이기 어려운 상황이었다. 성공했다면 국민을 해칠 수 있는 시도였음에도 대통령이 군에 직접 햇볕정책을 강조한 것은 '군사적 대응은 없다'라는 강력한 지침과도 같았다.

1998년 8월 31일 북한이 대포동 미사일을 시험발사했을 때 NSC는 소집되지 않았다. 대신 9월 1일 안보관계장관회의도 아닌 통일관계장관회의가 열렸다. 천용택 국방부장관은 해외 출장으로 인해 회의에 참석하지 못했다. 이 회의에서 일부 참석자들은 "대포동은 남한을 겨냥한 것이 아니다", "대북 유연정책을 수정할 필요가 없다"라는 발언을 한 것으로 나타났다. 북한의 연속되는 적대적 행동에도 김대중 정부는 배려하는 모습을 보여줬다. 군은 표면적으로 반발하지 않고 순응했다.

집권 2년 차인 1999년 김대중 정부는 본격적으로 대북 지원 사업을 추진했다. 비료를 지원하기 위해 활발하게 북한과 접촉했다. 제1연평해전은 그러한 가운데 발발했다.

북한 해군 함정과 어선들은 6월 7일부터 떼 지어 NLL을 넘기 시작했다. 한국의 현장 지휘관은 교전이 임박했음을 직감하고 일전을 각오했다. NSC 상임위는 야당의 대책회의보다 늦은 6월 10일 열렸다. 해전 기간 총 4번 개최됐다. NSC 상임위는 해당 해역에 함정을 증강 투입해 NLL을 확고하게 지킬 것을 지시했다.

임동원 NSC 상임위원장은 이 지시에 대해 "실력행사를 하는 한편 무력충돌은 자제한다는 입장"이라고 설명했다. 무력충돌의 자제, 즉 선제적으로 북한을 공격하지 말라는 관여적 지침을 군에 내린 것이다.

〈표 3-1〉 김대중 정부 시기 문민통제의 유형

	감시 수단	순응/반발	책임 이행/책임 회피-처벌
제1연평해전	선제사격 금지	순응	책임 이행(사격 자제)
북한 상선 영해 침범	무력조치 미승인	순응	책임 이행(사격 자제)
제2연평해전	선제사격 금지	순응	책임 이행(사격 자제)

대통령은 NLL을 지키되 선제사격은 금지하고, 도발 시 교전규칙에 의해 대응하되 확전은 막으라는 이른바 4대 수칙을 하달했다. 북한 함정들이 NLL을 월선해도 사격 외의 방법으로 NLL을 지키라는 명령이다. 북한이 먼저 사격하면 교전규칙에 따라 대응하고, 교전이 벌어져도 사태의 확산은 막으라는 구체적 지침이다.

확립된 교전규칙이 있음에도 대통령과 NSC는 번갈아 교전 시 추가적 지침을 군에 시달한 것이다. 김대중 대통령은 "군 지식이 빈약하다는 것을 내 자신이 잘 알고 있었다", "내가 '모르는 소리'를 하면 한 치의 빈틈도 없이 정교해야 할 군사작전을 그르칠 수도 있을 것 같았다"라고 말했지만[154] 통수권자와 NSC 상임위가 내린 현재형의 지침은 기존의 교전규칙과 별개로 절대적 명령이 될 수밖에 없다. 게다가 그 지침은 무력충돌과 선제사격의 금지이다. 현장 지휘관의 재량권은 상당폭 제한됐다. 국방부장관의 강경 대응 주장은 결과적으로 통수권자의 선제사격 금지 요구에 밀렸다.

교전이 끝나고 열린 NSC 상임위는 북한을 규탄하면서도 대화를 통한 문제의 해결, 포용정책의 추진을 재천명했다. 북한 해군의 의도적 월선과 선제사격으로 발발한 교전에도 정부의 대북인식은 변함없었다.

먼저 맞고 나중에 때리라는 지침을 반길 군 지휘관은 지구상에 없다. 그러나 한국군은 선제사격 금지 지침을 따랐다. 순응하고 책임 이행한 것이다. 제1연평해전 이후 해군 장성들의 교전규칙 단순화 요청은 받아들여지지 않았다.

이듬해인 2000년 11월 14일 북한 함정이 NLL을 월선했는데 합참은 NLL을 넘지 않았다고 발표했다. 현장 지휘관은 제대로 보고했지만 발표 과정에서 남북관계를 고려했는지 의도적으로 사실을 왜곡한 것이다. 현장의 장교들 입장에서는 이해하기 어려운 일이었다. 현장 장교 중 어떤 이가 이와 같은 사실을 야당 국회의원에게 제보했다. 작은 책임 회피가 나타났다. NSC 사무차장은 우발적 월선이라고 자의적 해명을 했다.

2001년 북한 대형 상선들이 잇따라 한국의 영해를 침범했다. 6월 2일부터 령군봉호, 백마강호, 청진2호가 각각 몇 시간의 시차를 두고 남해의 영해를 가로질렀다. 먼저 령군봉호는 2일 낮 12시 35분쯤 추자도 동

---

154 김대중(2010), p. 188.

남쪽 해상에서 영해로 진입했고, 오후 8시 20분 이탈했다. 백마강호는 령군봉호가 영해를 이탈하기 1시간 전쯤 추자도 서쪽으로 영해에 진입했다. 3일 오전 8시 40분 영해를 이탈했다. 청진2호는 6월 3일 0시 영해를 침범했고, 오후 3시 이탈했다.

북한 상선 3척의 영해 침범 운항은 의도적 행위였다. 청진2호는 한국 해군과 교신에서 "상부 지시를 받아 국제 통항로를 운행하고 있다", "이 항로는 김정일 장군께서 개척해주신 것으로 변경이 불가능하다"라고 밝혔다.

제주 해역의 무해통항권을 강요한 운항이었다. 유엔사 정전 교전규칙은 북한 선박에 무해통항권을 인정하지 않는다. 즉 북한 상선 3척은 불법적으로 한국의 영해를 침범했다.

한국 해군 함정들은 교전규칙에 따라 북한 상선들을 강제적으로 퇴거시켰어야 했다. 교전규칙은 경고 및 시위기동, 선박 포위 및 밀어내기 기동, 경고사격 및 승선 검색, 나포 등의 순서인데 한국 해군은 경고방송과 검색 중 일부만 실시했다. 완전한 검색, 승선, 정선, 경고사격, 나포의 절차를 자율적으로 밟지 않은 것은 국방부장관과 NSC의 승인을 받으라는 지침이 내려졌기 때문이다. 현장 지휘관이 재량으로 상황을 판단하고 교전규칙을 적용할 수 없었다.

NSC는 북한 상선들의 영해 침범 시 해군의 행동 지침을 하달하지 않았다. NSC 상임위는 상선들이 영해를 이탈할 때까지 아예 열리지도 않았다. 북한 상선 영해 침범에 대한 지침은 있을 수 없었다. 영해 침범 사건이 종료된 이후 열린 NSC 상임위는 "이와 같은 사건이 재발하지 않도록 사전 통보 및 허가 요청 등 필요한 조치를 취해야 한다", "이러한 절차 없이 통과할 경우 강력히 대응할 것"이라고 밝혔다.

북한 선박들의 무해통항권을 거부하는 교전규칙이 엄연한데도 NSC 상임위는 사전 통보만 하면 북한 상선들의 영해 통과를 허용하겠다는 별도의 방침을 세운 것이다. 군은 순응했다. 다만 합참은 "또다시 이번 처럼 NLL을 통과할 경우 교전규칙에 따라 경고 및 위협사격을 하겠다"라는 강경한 입장을 내놨다.

북한 상선은 아랑곳하지 않고 또 영해를 침범했다. 북한 대흥단호는 서해에서 4일 오후 3시 15분부터 5일 새벽 1시까지 영해를 침범했다. 대흥단호는 한국의 영해를 통과하겠다는 사전 양해를 구하지 않았다. 한국 해군은 NSC와 합참의 공언과 달리 별다른 대응을 하지 않았다. 한국 해군이 대흥단호의 퇴거를 위해 강제적인 행동을 하려면 NSC의 지침이 필요한데 강제작전을 하라는 지침은 하달되지 않았다. 역시 군은 정부에 순응하고 책임을 이행했다.

북한으로 돌아갔던 청진2호가 다시 서해로 나타나 백령도와 연평도 사이 영해를 통해 NLL을 남에서 북으로 통과하기도 했다. 역시 NSC의 지침이 없었기 때문에 해군의 강경 대응은 없었다. 정부와 군은 북한 상선들이 생필품을 적재한 비무장 선박이었다는 점, 통신 검색에 응한 점, 적대적 행위를 하지 않은 점 등을 감안해 강경 조치를 취하지 않았다고 해명했다.

북한 선박들의 연쇄적 영해 침범에도 NSC는 공세적 지침을 내리지 않았고, 군은 북한 선박이 영해를 이탈할 때까지 따라다니며 호위했다. 정부는 현장 지휘관의 자율적 작전 지휘로 발생할 수 있는 충돌을 용납하지 않았고, 군은 책임을 이행한 것이다.

1년이 지나 2002년 6월 29일 제2연평해전이 발발했다. 해군 함정들은 제1연평해전부터 적용됐던 선제사격 금지 수칙을 준수했다. 북한 경비정이 85㎜ 함포사격을 한 후 한국 해군 고속정은 대응사격을 시작했다. 한국 해군은 전사 6명, 부상 18명의 인명피해를 입었다. 고속정 1척은 침몰했다. 제1연평해전에 비해 한국 해군의 피해가 컸던 만큼 5단계의 교전규칙은 3단계로 단순화돼 형식적으로 지휘관의 재량권이 확대됐다.

김대중 정부 기간 NSC와 통수권자는 군에 대해 구체적인 작전지침을 하달했다. 지침의 요지는 무력충돌 자제, 선제사격 금지 등이다. 어떠한 일이 벌어질지 모르는 불확실성의 해상 작전 구역에서 먼저 총을 뽑을 권리를 제약한, 대단히 관여적인 통제이다.

피버가 제시한 문민정부의 감시 방법 중 위임 결정의 수정이다. 위임 결정의 수정은 군에 위임된 군사작전의 범위를 문민정부의 관점에서 변경하는 것이다. 군의 자율성을 가장 큰 폭으로 제한하는 감시의 방법이다.

군은 위임 결정의 수정에 반발하지 않고 완벽하게 순응함으로써 책임을 이행했다. 책임 회피의 증거 사례는 사소한 1건이 전부이다. 김대중 정부 기간 군사작전에서 나타난 증거들은 정부의 관여적 통제는 강력했고, 군은 순응해 책임을 이행했다는 결론으로 수렴된다.

(2) 노무현 정부 시기 군의 수세적 작전

노무현 정부 들어서도 북한의 선제적 군사 행동으로 인한 남북의 군사적 충돌은 종종 벌어졌다. 노무현 대통령 취임 5일 전 북한 전투기가 서해 NLL을 월선했다. 한국 전투기도 대응 출격했다. 30㎞ 거리까지 접근한 상태에서 경고방송, 경고사격, 조준사격은 하지 않았다. 정부의 지침이 있었는지, 지휘관의 자체 판단이었는지는 확인되지 않는다.

2003년 3월 말부터 북한 어선들이 NLL을 월선하기 시작했다. NSC 사무처장은 노 대통령에게 NLL 월선 관련 보고를 했고, 대통령은 "우리의 준비된 입장이 필요하다"라는 다소 모호한 언급을 했다.

5월 3일 북한 경비정 1척이 백령도 동쪽 NLL을 월선했다. 한국 해군의 경고사격은 없었다. 5월 말부터는 북한 어선들이 집중적으로 NLL을 넘었다. 5월 26일부터 6월 3일까지 많을 때는 하루 10척이 NLL을 월선했다. 노 대통령은 5월 29일 NSC 사무처장에게 "우발적 충돌이 생기지 않도록 각별히 신경을 써달라"라고 지시했다.

우발적 충돌의 자제를 넘어 우발적 충돌이 생기지 않도록 각별히 주의해야 한다는, 대단히 수세적인 지침이다. 제2연평해전이 발발한 지 1년도 지나지 않았고 서해의 해군 장병들은 복수를 다짐하고 있었을 시기에 내려진 통수권자의 지침이니 군으로서는 달가울 리 없었다. 대통령의 지침이 하달되기 직전인 26일부터 28일까지 3일 연속 북한 어선들의 NLL 월선에 한국 해군 함정들은 시위기동과 경고방송만 했다. 우발적 충돌은 없었다.

〈표 3-2〉 노무현 정부 시기 문민통제의 유형

	감시 수단	순응/반발	책임 이행/책임 회피-처벌
2003년 5~6월 어선 월선	우발충돌 금지	반발	책임 회피(함포사격) -처벌 ×
2003년 7~11월 경비정 월선	우발충돌 금지	반발	책임 회피(함포사격) -처벌 ×

한국군의 두 얼굴

	감시 수단	순응/반발	책임 이행/책임 회피-처벌
2003년 7월 19일 DMZ 총격	우발충돌 금지	반발	책임 회피(3배 대응사격) -처벌 ×
2004년 6·4합의와 7월14일 경고사격	남북 해상통신	반발	책임 회피(보고 누락) -처벌 ○
보고 누락 이후 2008년까지	의도적 월선 판단 시 사격	순응	책임 이행(선제사격 자제)

사달은 6월 1일부터 벌어졌다. 월선한 북한 어선들에 대해 시위기동, 경고방송에 이어 함포와 기관총으로 경고사격했다. 대통령의 우발충돌 주의 지침에도 북한 어선을 향해 사상 처음으로 함포를 쏘았다.

6월 3일 월선한 북한 어선들을 향해서는 경고방송과 동시에 기관총으로 경고사격했다. 경고방송을 한 후 북으로 퇴각하기를 기다리지도 않고 곧바로 경고사격을 한 것이다. 6월 1일 함포사격은 경고방송 후 북한 어선이 퇴각할 여유를 줬는데도 꿈쩍하지 않자 실시된 것인데 반해, 6월 3일 기관총 사격은 사실상 경고방송과 경고사격을 동시에 했으니 한국 해군은 우발적 충돌을 유도했다는 비판을 받을 수도 있었다. 우발적 충돌이 생기지 않도록 하라는 통수권자의 지침은 무시됐다.

군은 대통령의 지침이 아니라 연평해전 이후 개정된 교전규칙에 따라 대응했다고 밝혔다. 이에 대한 대통령이나 NSC의 직접적 반응은 확인되지 않는다.

노무현 대통령은 6월 27일 해군 2함대 사령부를 방문해 "서해상에서 평화를 정착시킬 수 있는 체제를 구축하라"라고 특별지시했다. 서해상 우발적 충돌을 방지하는 대책을 거듭 지시한 것이다.

8월 8일과 8월 18일에도 북한 어선들이 NLL을 월선했다. 8일에는 월선 5분 만에, 18일에는 월선 1분 만에 한국 해군은 함포로 경고사격했다. 경고방송 후 여유를 주지 않고 경고사격을 하는 패턴이 형성됐다.

게다가 우발적 충돌을 막으라는 대통령의 지침에도 외형적으로 민간선박인 북한 어선을 향해 함포와 기관총으로 경고사격을 한 것은 군이자기 선호대로 행동한 책임 회피이다. 이와 같은 현상이 반복적으로 나타났으니 책임 회피의 수위는 높았다.

어선에 이어 북한 경비정은 7월 10일, 8월 26일, 10월 30일, 11월 24일 NLL을 월선했다. 한국 해군은 7월 10일을 제외한 나머지 3차례 월선에 대해 함포로 경고사격했다. 이 역시 대통령의 우발적 충돌 방지 지침, 서해상 평화 정착 체제 구상에 반하는 책임 회피의 행동들이다.

책임 회피의 근원은 1년 전 제2연평해전으로 추정이 가능하다. 전사 6명, 부상 18명, 고속정 1척 침몰의 피해를 낸 연평해전 1주년 즈음에 북한군이 관리하는 어선과 북한 해군의 경비정이 NLL을 의도적으로 넘었다. 복수를 다짐하고 있던 해군이 포와 총을 잡을 이유가 충분했다. 대통령의 지침은 현장 지휘관에게 부당하게 들렸을 것이다.

북한 육군은 7월 19일 경기도 연천 DMZ에서 한국군 GP를 향해 고사총 4발을 쏘았다. 한국군은 1분 만에 기관총 17발로 응사하고 경고방송했다. 2~3배로 되갚는다는 비례성의 원칙이 적용됐다. 1분 만의 대응사격은 상대적으로 빠른 반응 속도였다. 우발충돌 방지 지침을 따르지 않은, 낮은 수준의 책임 회피에 해당된다. 정부는 해군과 육군의 책임 회피적 행위를 처벌하지 않았다.

노 대통령의 서해상 평화정착체제 구축 지시는 2004년 이른바 6·4 합의로 결실을 맺었다. 핵심은 남북 해군 함정들이 국제상선공통망을 활용해 교신하는 것이다. 이전까지의 경고방송은 일방적인 퇴각 경고였으나, 이후부터는 상호 호출해 의사를 교환한다는 계획이었다. 국제상선 공통망은 주변 민간 선박들도 이용하기 때문에 남북 해군의 교신은 공개됐다. 제3의 관찰자가 듣고 있으니 남북 해군은 불합리한 행동을 하기가 어려워졌다.

6·4 합의가 채 정착되기도 전인 7월 14일 6·4 합의가 계기가 된 민군 갈등이 벌어졌다. 북한 등산곶에서 내려온 경비정이 NLL을 월선했고, 한국 초계함은 경고통신 4회 뒤 경고사격했다. 북한 경비정은 수차례 응신했는데 해군 작전사령부와 합참은 상부에 북한의 응신 사실을 보고하지 않았다.

NSC는 이튿날 국가정보원을 통해 보고 누락 사실을 파악했고, 노무현 대통령은 엄중 조사를 지시했다. 정부합동조사가 진행되는 과정에 합참 박승춘 정보본부장은 북한의 응신 내용을 몇몇 기자들에게 유출했다. 북한 응신 내용은 "남하하는 것은 중국 어선이다", "너희(한국 함정)가 남하하라"이다. 한국 함정의 통신에 대해 북한 함정은 동문서답한 것이다. 박 본부장은 교신 내용 유출로 저항했고, 정부는 박 본부장을 해임했다. 군의 책임 회피에 정부의 처벌이 전광석화처럼 단행됐다.

NLL을 월선한 북한 함정이 제2연평해전에서 한국 고속정을 기습공격했던 등산곶684호라는 사실도 드러났다. 승조원도 같았다. 북한의 응신에도 불구하고 경고사격한 한국 해군의 행동을 합리화하는 데 도움이 되는 증거들이다. 그럼에도 정부합동조사를 벌이니 민군갈등은 커졌다. 청와대와 여당도 군의 반발과 민군의 갈등을 공개적으로 확인했다.

합동조사단은 북한에 대한 해군의 적개심, 북측 교신에 대한 불신, 6·4 합의의 몰이해 등으로 고의적 보고 누락이 빚어졌다고 결론을 내렸다. 해군 작전사령관은 "북한의 응신을 보고했을 때 사격중지 명령이 내려질까 우려했다"라고 말해 정부에 대한 군의 불신을 우회적으로 드러냈다.

국방부장관은 사임했고, 해군 작전사령관 등 보고 누락 책임자 5명은 서면 및 구두경고를 받았다. 경고 조치는 대통령이 정한 처벌 수위이다. 민군갈등이 불거지자 처벌의 수준을 조정한 것으로 추정되는 대목이다.

보고 누락과 북한 교신 유출 사건은 2003년 대통령의 우발적 충돌의 금지 지침에도 해군 함정들이 북한 어선과 경비정을 향해 함포와 기관총으로 경고사격한 것보다 더 높은 수준의 책임 회피라고 볼 수 있다. 정부는 2차례에 걸친 조사와 해임, 사임, 경고 등으로 군을 처벌했다. 피버의 민군 전략적 상호작용이 한국 문민통제 지형에서 생생하게 나타났다.

군의 책임 회피는 유독 노무현 정부에서 관찰되는데 이와 관련해 노무현 대통령의 군에 대한 인식을 눈여겨볼 필요가 있다. 노무현 정부에서 비상기획위원회 위원장과 국방보좌관을 맡았고, 보고 누락 사건 이후 국방부장관에 임명된 윤광웅은 "노 대통령이 과거 군인의 정치참여와 군부가 민주화를 억압했던 것에 대해 다소 부정적인 인식이 있었다"라고 말했다.[155]

2006년 12월 21일 민주평화통일자문회의 연설에서 노무현 대통령은 "대한민국 군대 지금까지 뭐 했나", "작전통제권 하나 제대로 할 수 없는 군대를 만들어놓고 '나 국방장관이오', '나 참모총장이오'", "부끄러운 줄

---

155 국방부 군사편찬연구소(2013), p. 495.

한국군의 두 얼굴

을 알아야지, 이렇게 수치스러운 일을 해놓고"라고 일갈했다.[156] 전시작 전통제권 전환에 반대하는 군에 대한 정면 공격이었다.

노무현 대통령은 군을 부정적으로 인식했고, 이에 군은 종종 반발한 양상이다. 군을 불신한 미국의 클린턴, 오바마 대통령 시기 민군갈등이 발생한 것처럼 한국에서도 민군갈등이 생겼다. 군사작전뿐 아니라 전시 작전통제권 전환, 주한미군 조정, 장성 인사, 파병 등 정책적 사안에서 도 민군은 부딪혔다.

6·4 합의와 7월 보고 누락 사건 이후 교전규칙이 복잡하게 수정됐다. 경고통신, 경고사격, 격파사격 등 3단계의 큰 틀은 유지한 채 경고통신 을 통해 NLL 단순 월선으로 판단될 때에는 경고사격을 자제하라는 일 종의 운용 세부지침이 내려졌다.

국제상선공통망을 통해 북한 경비정, 어선과 통신하면서 북측의 적대 적 의도를 확인했을 때에만 경고사격을 하라는 것이다. NLL 월선이라 는 객관적 행위 자체를 적대적 의도와 공격적 행동이라고 정량적으로 판단할 수 없게 됐다. 현장 지휘관의 재량권은 그만큼 제한됐다. 정부 는 또 충돌 방지를 강요했기 때문에 현장 지휘관에게 주어진 판단의 폭 은 좁아질 수밖에 없었다.

김대중 정부에 이어 노무현 정부도 감시의 방법으로 위임 결정의 수 정을 사용했다. 전략적 목적, 전술적 목표보다 하위인 작전의 방식을 문민정부의 의도대로 재정립함으로써 군의 자율성을 제약했다.

6·4 합의와 교전규칙의 개정 이후 2004년 말까지 북한 경비정은 6차

---

156 노무현재단의 유튜브 채널인 노무현시민학교에 관련 연설이 업로드돼 있다(https://www.youtube.com/watch?v=KNbw8RP_8BM).

레 더 서해 NLL을 월선했다. 한국 해군 함정의 경고통신에 북한 경비정들은 응답을 안 하거나 불성실하게 응신했다. 이 기간 한국 함정은 딱 1차례 경고사격했다.

2005년에도 북한 경비정은 수차례 NLL을 넘었다. 6·4 합의가 비교적 잘 지켜져 국제상선공통망을 활용한 통신은 원활했다. 2005년은 남북의 군이 서로에게 1차례도 사격을 하지 않은 해로 기록됐다. 2006년과 2007년에도 NLL에서 경고사격이 실시됐다는 기록은 발견되지 않는다. 3년간 서해 NLL은 평화로웠다. 이종석 통일부장관은 "6·4 합의는 남북 간 군사적 긴장 완화에 획기적인 이정표"라고 평가했다.

노무현 정부는 2003년 출범한 후 2004년 중반까지 군과 갈등을 빚었다. 군은 반발 끝에 책임 회피를 선택했다. 한국 문민통제에서 군의 책임 회피라는 예외적 상황이 발생했다. 정부는 처벌했다. 군은 2004년 후반기부터 다시 정부의 지침에 순응했다. 책임을 이행한 것이다. 노무현 정부 전반기 군의 책임 회피는 예외적이긴 해도 곧 책임 이행을 함으로써 예외적 정상, 정상적 예외라고 볼 수 있다.

결론적으로 김대중, 노무현 대통령의 진보 정부는 군에 대해 관여적 문민통제를 실시했다. 교전교칙에 선제사격 금지, 적대적 의도 확인과 같은 관여적 조항을 추가함으로써 지휘관의 자율성을 상당폭 제한했다. 가장 강력한 감시 도구인 위임 결정의 수정이 김대중, 노무현 두 정부에서 모두 채택됐다.

김대중 정부의 군은 순응하며 책임 이행했다. 전반적인 군사작전은 수세적으로 진행됐다. 노무현 정부의 군은 몇 차례 뚜렷하게 자기 선호에 따라 행동하는 책임 회피를 했다. 노무현 정부는 군을 처벌했고, 이후 군은 책임 이행의 모습을 보였다. 처벌 이후 군사작전은 수세적으로 변했다.

진보 정부의 관여적 문민통제와 교전규칙의 복잡화, 지휘관 자율성의 제한, 군의 책임 이행이 김대중, 노무현 정부에서 반복적으로 나타났다. 피버의 주인-대리인 이론에서 제시하는 선호의 불일치, 관여적 통제, 군의 책임 회피, 정부의 처벌 등 전형적인 민군의 전략적 상호작용이다.

<그림 3-5> 진보 정부의 문민통제 흐름도

보수 정부의
자율적 문민통제

4

이명박 정부의 자율적 통제와
군의 공세적 작전

1. 민군 대북인식 선호의 일치

(1) 이명박 정부의 원칙적 대북인식

이명박 정부는 2008년 2월 25일 '비핵·개방·3000' 구상을 공식화하면서 출범했다. 북한이 핵 폐기 결정을 내린다면 국제사회와 함께 10년 내 북한의 1인당 국민소득이 3,000달러 수준으로 도약할 수 있도록 지원한다는 구상이다. 노무현 대통령이 실상은 반공주의, 대결주의라고 비판한 남북관계의 상호주의적 접근이다.

이전 정부 10년과 비교할 때 가장 두드러진 차이가 대북정책이라고 스스로 표명할 정도로 이명박 정부는 김대중, 노무현 정부와 대북인식의 차별성을 부각했다. 대북정책의 목표는 대화와 협력이 아니라 북한의 비핵화이다.

북한이 핵과 미사일 개발에 집착하는 한 지속 가능한 평화는 달성할 수 없고, 대북 지원도 북한의 평화 파괴 능력을 키우는 데 악용될 소지가 있다는 점을 분명히 했다. 이명박 정부는 북한의 비핵화를 추동하기 위해 대화와 압박 등 가용한 모든 수단을 동원하겠다고 선포했다.[1] 북한이 핵을 내려놓으려고 해야 비로소 본격적인 대화와 협력, 지원은 가

---

1   대한민국 정부, 『이명박 정부 국정백서, 05권 통일·안보, 원칙있는 대북·통일정책과 선진안보』(서울: 문화체육관광부, 2013), p. 36.

능하다.

이른바 '원칙 있는 대북정책'이다. 이명박 정부에 대해 북한은 핵을 보유하고 있는 이웃 독재국가 그 이상도 이하도 아니다. 북한은 경제적 빈곤에도 불구하고 핵으로 무장하고 있어 위협적 대상이다. 북한이 핵을 포기하지 않는다면 평화는 지속 가능하지 않고 남북 협력도 무의미하다. 이명박 정부는 북한이 한반도의 평화를 위해서 또 자구책으로 먼저 핵을 내려놓아야 한다고 압박했다.

북한이 비핵화에 응하지 않고 벼랑 끝 전술을 쓴다 해도 이명박 정부는 개의치 않았다. 이전 정부의 대북 협력적 정책은 퍼주기, 구걸이라고 매도했다. 북한의 운명은 한국이 결정한다는 강경하고 공세적인 태도이다.

북한은 이명박 정부의 대북정책 기조를 비현실적이며 일방적 주장이라고 비난했다. 그래도 이명박 정부의 정책 기조는 변하지 않았다. 김하중 통일부 차관은 개성공단 입주기업 간담회에서 "북핵 문제 해결 없이 개성공단 확대는 어렵다"라고 단언했다.[2] 북한이 핵을 내려놓아야 협력도 가능하다는 엄격한 상호주의의 발로이다.

김태영 합참의장 후보자는 2008년 3월 26일 국회 인사청문회에서 한 국방위원이 '북한 핵에 대한 우리의 대비책'을 묻자 "적이 핵을 가지고 있을 만한 장소를 빨리 확인해서 적이 그것을 사용하기 전에 타격하는 것"이라고 답변했다.[3] 북핵 선제타격으로 받아들여질 소지가 다분한 발언이었다. 북한은 사과와 발언 취소를 요구하며 격렬하게 반발했다.

---

2   통일연구원(2013), p. 454.

3   국회사무처, 제272회 국회 국방위원회 회의록(합참의장 후보자 인사청문회) 제1호(2008. 3. 26.), p. 11.

한국군의 두 얼굴

김 후보자의 발언이 논란이 되자 국방부는 "인사청문회 회의록 어디에도 선제타격이라는 단어는 없다"라며 진화에 나섰다. 이명박 대통령은 4월 3일 김태영 합참의장의 보직 신고식에서 "국회의원이 물으니까 당연한 대답을 한 것"이라며 김 의장을 두둔했고, 북한의 비판에 명확하게 선을 그었다.[4]

2008년 6월 27일 영변 원자로 냉각탑 폭파 등 북한 비핵화를 위한 가시적 성과도 나타났다. 그러나 곧 북핵 검증 절차의 합의 난항, 북한 테러지원국 지정 해제 조치의 연기 등으로 북한 비핵화는 제자리걸음을 했다. 이어 북한은 2009년부터 군사적 도발을 본격화했다.

북한은 2009년 4월 5일 광명성 2호 위성을 탑재한 장거리 로켓 은하2호를 쏘아 올렸고, 5월 25일 2차 핵실험을 감행했다. 이명박 정부는 북한 핵실험 다음 날 PSI 참여를 발표했다. 노무현 정부가 주저했던 PSI의 전면 참여를 선언하자 북한은 "PSI 가입은 선전포고로, 더 이상 정전협정의 구속을 받지 않을 것"이러며 대형 군사적 행동을 예고했다.[5]

이후 북한은 2009년 7월 4일 탄도미사일 4발을 발사했고, 11월 10일 대청해전을 일으켜 패전했다. 2010년에는 천안함 폭침과 연평도 포격전을 저질렀다. 천안함 폭침과 연평도 포격전은 전면전으로 확대됐어도 이상하지 않을 일촉즉발의 위기였다. "핵과 무력을 포기하지 않는 한 남북 협력은 없다"라는 이명박 정부의 원칙은 더욱 공고해졌다. 이명박 정부 후반기의 공세적 대북인식은 전반기보다 더 강화됐다. 다음은 이명박 정부의 5년을 되돌아본 국정백서에 나타난, 냉정한 대북인식의 단

---

4   황정욱, "李대통령 '北, 이제까지의 방식에서 벗어나야'," 「연합뉴스」, 2008. 4. 3.

5   통일연구원(2013), pp. 473~476.

면이다.[6]

대한민국의 평화와 번영을 누리는 데 있어 북한에 신세를 질 일은 없습니다. 북한이 도발하지 않고 해를 가하지만 않으면 대한민국이 승승장구하는 데 문제가 없습니다. 북한은 대한민국이 제공하는 산소호흡기와 생명줄이 없으면 생존을 유지하는 것조차 어렵습니다. 북한이 이명박 정부를 어떻게 보느냐에 따라 우리의 존재가 결정되는 것이 아니고, 대한민국이 북한의 생존과 미래를 결정할 힘을 가지고 있습니다. 북한이 우리를 해치는 것을 막기 위해 북한의 무리한 요구에 끌려다니며 '퍼주기'로 달래는 것도 평화를 유지하고 순탄한 남북관계를 유지하는 한 가지 방법이긴 합니다. 그러나 '퍼주기'를 통해 북한 지도부의 자비와 선의를 구걸하여 얻는 평화는 지속 가능한 평화가 아니라 북한이 선의를 거두어들이는 순간 위태로워지는 굴욕적인 평화이며 평화의 환상일 뿐입니다. 북한도 대한민국과 국제사회의 요구를 수용하는 최소한의 성의를 보이고 공존공영의 길로 나올 진정성을 보여야 남북관계가 바로 설 수 있습니다.

한국은 이미 체제 경쟁에서 승리했고 북한은 한국의 선의가 없는 한 존립조차 어렵다는 인식이다. 북한의 미래를 결정할 수 있을 정도로 한국은 막강하고, 분단의 상태가 유지된다고 해도 번영을 누리는 데 어려움이 없다고 보았다. 통일을 갈구하지 않으니 대북 협력에 매달릴 필요도 없다. 주기 위해서는 받아야 하는 엄격한 상호주의가 적용됐다. 이

---

6   대한민국 정부 국정백서 05권(2013), pp. 37-38.

명박 정부가 북한을 바라보는 시각은 원칙적, 공세적이었다.

(2) 군의 보수적 대북인식

이명박 정부가 출범하자 군 장성들의 입에서 노무현 정부에서 금기시
됐던 "북한은 적"이라는 말이 다시 쏟아져 나왔다. 이명박 정부 첫 국회
국방위원회 전체회의는 김태영 합참의장 후보자 인사청문회를 위해 소
집됐다. 김태영 의장 후보자는 "서울에 대한 적의 포병 화력", "적이 핵을
가지고 있는 장소", "적이 그것을 사용하기 전에 타격", "우리가 받게 되는
적의 위협" 등 북한을 적으로 등치시킨 표현을 자연스럽게 구사했다.[7]

18대 국회의 원 구성이 마무리되고 국방위원과 군 지휘부의 상견례
차원에서 2008년 9월 열린 국회 국방위원회 전체회의에서 정옥근 해군
참모총장은 "적에게는 무시운 존재로, 국민에게는 사랑받는 존재로 발
전해 나가도록 최선을 다하겠다"라고 말했다. 전제국 국방정책실장이
발표한 국방 업무보고는 북한에 대해 "내부적으로 선군정치 기조하에
체제 결속 및 경제난 타개에 주력하면서 대외적으로 핵을 담보로 체제
보장과 경제적 실리 획득을 추구하고 있다"라고 규정했다. "북한의 군사
적 위협이 전혀 변함없다는 인식하에 확고한 대비태세를 유지하겠다"라
고 덧붙였다.[8]

이명박 정부의 군은 북한의 위협이 본질적으로 변하지 않았다는 보

---

7   국회사무처(2008. 3. 26.), p. 10, 11, 19.

8   국회사무처, 제278회 국회 국방위원회 회의록 제2호(2008. 9. 4.), pp. 3-4.

수적 인식을 분명하게 드러냈다. 북한이 선군정치와 핵을 앞세운 만큼 위협의 크기는 오히려 더 커졌다고 군은 판단했다.

2008년 6월부터 이명박 정부는 이전 10년간의 진보 정부 기간 수정된 역사 교과서의 내용 개정을 추진했다. 이에 국방부는 고교 교과서 가운데 25개 항목의 삭제 및 개선 의견을 제시하는 '고교 교과서 한국 근·현대사 개선요구'라는 자료를 교육과학기술부에 제출했다.

주요 내용은 △제주 4·3 사건은 좌익 세력의 무장폭동 △자유민주주의체계를 확립시킨 이승만 대통령 △민족의 근대화에 기여한 박정희 대통령 등이다. 전두환 정부에 대해서는 "권력을 동원한 강압정치를 하였다"라는 기존의 표현을 "일부 친북적 좌파의 활동을 차단하는 여러 조치를 취하지 않을 수 없었다"로 수정해야 한다는 의견을 냈다.[9]

북한과 좌익에 대한 분명한 반대를 표명한 국방부의 입장이었다. 이전 진보 정부 시기 교과서가 좌편향적이라며 일방적 규정을 내리고 이승만과 박정희, 전두환 정부를 미화했다는 비판이 따라왔다. 야당은 "역사의 시곗바늘을 거꾸로 돌리고 있다"라며 국방부의 교과서 개정 요구를 취소할 것을 촉구했다. 이상희 국방부장관은 거절했다. 이 장관은 오히려 "생명을 담보로 전투임무를 수행하는 장병들의 국가관, 안보관, 대적관이 분명히 확립되어 있어야 한다", "안보의식의 약화가 학교 교육의 문제일 수도 있다", "교과부에서 의견을 제시하라고 하여 국방부의 의견을 분명히 제시했고, 교과부에서 결정할 것"이라며 물러서지 않았다.

또 "우리의 주적은 누구냐"라는 여당 국방위원의 질의에 "현시적이고

---

9 김범현, "국방부 '교과서 개정' 요구," 「연합뉴스」, 2008. 9. 18.

한국군의 두 얼굴

실제적인 적은 분명히 북한"이라고 답했다.[10] 국방부장관의 이 발언으로 이전 정부에서 퇴장했던 군의 주적 개념은 완전히 복원됐다.

2009년 장거리 로켓 발사, 핵실험, 대청해전, 그리고 2010년 천안함 폭침, 연평도 포격전으로 이어지는 이명박 정부 기간 북한의 연쇄적 대형 군사 행동으로 군의 보수성은 더욱 강화됐다. 이전 정부에서 사라졌던 국방백서의 주적 개념도 2010년 국방백서에 '북한 정권과 북한군은 우리의 적'이라는 표현으로 되살아났다. 2012년 국방백서도 주적 개념을 유지했다.

---

10 국회사무처, 2008년도 국방부 등 국정감사 국방위원회 회의록(2008. 10. 6.), p. 19, pp. 35-36.

2. NSC 체제의 중지

(1) NSC 상임위·사무처의 폐지

이명박 정부 출범 직전인 2008년 1월 28일 한나라당 안상수 의원
은 국가안전보장회의법 일부 개정 법률안을 대표 발의했다. 개정안은
NSC 사무처의 폐지를 골자로 하며 이명박 정부 출범 직후인 2월 29일
시행됐다. NSC의 간사로 외교안보수석을 지정하고 NSC 제도 자체는
유지됐지만 NSC의 핵심적 기관인 사무처가 폐지된 것이다.[11]

청와대의 안보정책 결정 과정에서 가장 중요한 부문인 총괄조정기능
은 차관급인 외교안보수석비서관에게 일임했다. 산하에 대외전략, 외
교, 국방, 통일 등 4개 비서관을 두고 주로 관련 부처의 연락관 역할을
맡겼다. 김영삼 정부의 외교안보수석실과 흡사한 구조이다.

총괄조정기능은 외교안보수석실의 비서관 중 대외전략비서관에게만
부여됐다. 대외전략비서관은 수석을 도와 총괄조정 업무를 독점하는
핵심 직위로 부상했다. 그러나 현실적으로 대외전략비서관에게 집중된
총괄조정 업무가 과도하고 비효율적이라는 지적이 나왔다. 외교와 국
방, 통일비서관은 조정기능이 없는 연락관에 불과했다. 외교와 국방, 통
일비서관들이 연락관으로 기능과 위상이 격하됨에 따라 관련 부처들의

---

11 국가안전보장회의법, 법률 제8874호, 2008. 2. 29. 일부개정.

자율성은 이에 반비례해 커졌다.

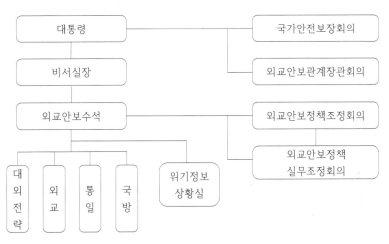

〈그림 4-1〉 이명박 정부 1기 안보 컨트롤타워

출처: 제271회 국회 법제사법위원회 회의록 제7호(pp. 20-21) 중 임인규 국회 수석전문위원의 설명을 재구성

　노무현 정부 2기 NSC 사무처는 조정기능을 청와대 비서실로 이관한 바 있다. 청와대 내부의 역할을 재분류하고 업무를 정리했을 뿐 외교·안보·통일 관련 부처의 업무를 조정하는 기능은 여전히 청와대에 남아 있었다. 반면 이명박 정부는 조정기능을 연락 기능으로 약화시킴으로써 청와대의 통일·외교·안보 컨트롤타워로서의 권한을 스스로 줄였다.

　통일·외교·안보 분야의 정책 조정은 외교통상부장관이 주재하는 외교안보정책 조정회의에서 이뤄졌다. 김대중, 노무현 정부의 NSC 상임위와 같은 회의체이다. 차관급인 외교안보수석은 외교안보정책 실무조정회의를 주관했다. NSC 사무처가 주도했던 각종 차관급 회의와 유사하다. 실무조정회의에서 안건을 정리해 장관급 회의체인 외교안보 조정회의에

서 의결하는 구조여서 외교안보수석의 위상은 상대적으로 낮았다.[12]

NSC 사무처의 폐지, 상임위의 무력화는 NSC의 종언(終焉)이나 다름 없다. 이명박 정부 첫해 국정감사에서 야당 문희상 위원은 "NSC가 없어짐으로 인해 안보 관련 컨트롤타워가 사라지는 것 아닌가"라고 우려를 표명했다. 이상희 국방부장관은 "매주 1회씩 외교안보 조정회의를 하고 있다", "외교안보 현안에 관한 조정을 하고 대통령께 보고가 된다"라고 답변했다.[13]

이명박 정부 NSC의 위기관리 부문도 노무현 정부 2기 NSC에 비해 역할과 규모 면에서 대폭 축소됐다. NSC의 위기관리센터는 사무처와 함께 폐지됐다. 대신 외교안보수석 산하에 위기정보상황팀을 설치해 전통적 안보 위주의 위협을 모니터링했다. 팀장은 2급 선임행정관급으로 낮아졌고, 인원도 24명에서 15명으로 줄었다. 이명박 정부 청와대의 상대적으로 약화된 위기관리 부문은 여러 차례 실책을 저질렀다.

(2) 국가위기대응시스템 3차례 개편

2008년 7월 11일 금강산에서 박왕자 씨가 북한군의 총격에 피살됐다. 북한 측은 4시간 만에 현대에 사건의 내용을 통보했다. 현대는 통일부에 즉각 보고했다. 청와대 위기정보상황팀에도 실시간으로 보고가 이뤄졌다. 문제는 대통령 보고에서 불거졌다. 청와대 내부에서 대통령에

---

12 동아시아연구원, "바람직한 한국형 외교안보정책 컨트롤타워," 『2013 EAI Special Report』, pp. 14-16.
13 국회사무처(2008. 10. 6.), p. 24.

게 보고하는 데 2시간 가까이 소요된 것이다.[14]

7월 12일 관계장관회의와 7월 18일 NSC에서 이명박 대통령은 늑장 보고를 빚은 위기대응시스템에 중대한 문제가 있었음을 지적하고 대책을 주문했다. 이에 따라 2008년 7월 25일 대통령실 운영 등에 관한 규정을 개정해 외교안보수석을 수장으로 하는 국가위기상황센터를 설치했다. 행정관이 맡던 팀장은 비서관급 직위로 격상됐다. 분석반과 상황반을 별도로 운영하도록 했다.

위기상황 발생 시 국가위기상황센터장인 외교안보수석이 대통령과 대통령실장에게 즉각 보고하고, 관련 수석들에게도 상황을 공유해 후속 조치를 할 수 있도록 보완한 것이다. 그러나 2010년 3월 26일 천안함 폭침 사건으로 한 번, 그리고 11월 23일 연평도 포격전으로 또 한 번 정부의 위기대응시스템은 도마에 올랐고 매번 개편됐다.

천안함 폭침 사건 초기에는 외교안보수석의 위기상황센터가 주도하다가, 인양 국면에서는 국방비서관실이 주도했다. 그러나 현역 장성인 국방비서관은 조정관이 아니라 연락관으로서 위상과 역할에 한계가 있었다. 김태영 국방부장관조차 국회에서 "국방비서관은 저희 참모"라고 말했을 정도이다.[15] 청와대 국방비서관은 문민통제의 기구인데, 역으로 국방부의 청와대 연락관 역할을 하는 것 아니냐는 의심을 촉발했다.

천안함 폭침 사건으로 2010년 5월 31일 국가위기상황센터는 국가위기관리센터로 확대 개편됐다. 초기대응 능력을 강화하고, 위기 진단 및 기획 기능을 추가했다. 개편의 골자는 대통령실장을 거치지 않고 위기

---

14 국회사무처, 제276회 국회 본회의 회의록 제7호(2008. 7. 21.), p. 6.

15 국회사무처, 제289회 국회 본회의 회의록 제4호(2008. 4. 7.), p. 74.

상황팀이 대통령에게 직보하는 보고 체계의 단순화이다.

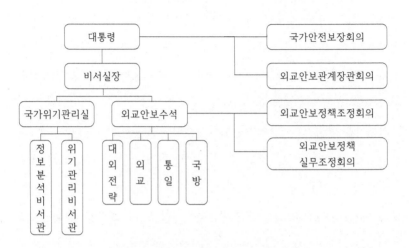

〈그림 4-2〉 이명박 정부 2기 안보 컨트롤타워

출처: 추승호, "靑, 수석급 국가위기관리실장 신설," 「연합뉴스」, 2010. 12. 21.

연평도 포격전에 대한 청와대의 대응 미숙으로 인한 개편은 2011년 1월 1일 자로 단행됐다. 대통령실 운영 등에 관한 규정을 개정해 국가위기관리센터를 대통령실장이 책임지는 국가위기관리실로 격상했다. 위기관리실에는 위기관리비서관실과 상황팀을 설치했다. 군사 위기를 포함한 각종 위기 상황의 관리 및 조치를 담당하고, NSC를 주관하도록 업무를 분장했다.[16]

청와대 외교안보부서의 기능도 일부 조정했다. 외교안보수석실은 외교와 안보 분야의 정책 업무를 전담하고, 외교안보 장관회의와 외교안

---

16 대한민국 정부 국정백서 05권(2013), pp. 510-513.

보정책 조정회의를 주관하도록 했다.

이명박 정부는 대형 안보위기 때마다 청와대의 대응 능력에 대한 비판에 직면했고, 그때마다 조직을 개편했다. 노무현 정부의 위기대응시스템은 청와대가 상대적으로 소소한 사안까지 장악해 관련 부처에 지침을 하달하는 방식이었다면, 이명박 정부는 부처에 결정권의 상당 부분을 이양했다. 작은 정부를 지향하며 청와대의 위기관리 대응시스템을 축소하고 외교와 국방, 통일비서관에게 상대적으로 권한이 작은 연락관의 직무를 맡김으로 인해 유래된, 피할 수 없는 한계였다.

3. 정부의 위임과 군의 공세적 작전

(1) 대청해전과 자율적 100배 대응사격

이명박 정부가 출범한 2008년 남북의 군사적 충돌은 드물었다. 9월까지 북한 경비정(7회)과 어선(8회), 전마선(6회) 등이 NLL을 21회 월선했다. 북한 선박들은 한국 해군의 경고통신 이후 북으로 돌아갔다. 경고사격, 대응사격으로 이어지지 않았다. 2005년부터 4년째 서해 NLL에서 총격이 사라졌다.[17]

남북 함정들이 국제상선공통망 통신을 하기로 합의한 2004년 6·4 합의가 2005년부터 잘 지켜졌고, 이명박 정부 들어서도 첫 해는 무난히 지나갔다. 긴장은 2009년부터 고조됐다.

북한 조평통은 2009년 1월 30일 남북의 정치, 군사적 대결상태 해소와 관련한 모든 합의사항을 무효화하고, 남북기본합의서의 서해 해상군사경계선에 관한 조항들을 폐기한다고 발표했다.[18] 남북합의로 새로운 해상경계선이 선포될 때까지 NLL을 경계선으로 인정하자는 남북의 기존 합의를 파기한다는 뜻이다. NLL에서 군사적 행동을 예고한 것이다. 정부는 북한의 일방적인 남북합의 파기에 유감을 표명했고, 군은 "북한

---

17 국방부, 외교통상위 소속 한나라당 진영 의원 제출 자료(2018. 10.)
18 통일연구원(2013), p. 469.

이 NLL을 침범하면 단호히 대응하겠다"고 밝혔다.[19]

서해 NLL의 긴장이 고조되는 상황에서 이상희 국방부장관은 현장 지휘관의 판단을 거듭해서 강조했다. 2월 16일 국회 대정부 질문에서 이 장관은 "가용한 전투력으로 최단기간 내에 승리할 수 있도록 필요한 권한을 예하 지휘관들한테 위임해놓고 있다", "짧은 시간에 치열한 교전이 예상되기 때문에 현장 지휘관에게 필요한 권한들을 위임하여 단호하게 대응할 것이다", "현장 지휘관이 합동 전투력으로 현장에서 최단기간 내에 승리하여 작전을 종결할 수 있도록 계획하고 준비하고 또 훈련을 실시하고 있다"라고 말했다.[20]

'현장 지휘관에게 권한의 위임'은 이전 김대중, 노무현 정부에서 찾아볼 수 없는 국방부장관의 수사(修辭)이다. 상대적 우위의 전력으로 억지를 기본으로 하고, 만약 북한이 군사적 행동을 한다면 현장 지휘관이 자율적 지휘로 최단 시간 내에 상황을 종결한다는 이명박 정부의 군 전술이 드러나기 시작했다.

북한은 4월 5일 함북 무수단리에서 장거리 로켓을 발사했다. 발사 하루 전 한국 정부는 대통령 주재 안보관계장관회의를 열었고, 발사 당일 대통령 주재 NSC를 개최했다. 유엔 안보리는 4월 13일 북한의 장거리 로켓 발사 관련 의장성명을 채택했다.[21]

북한은 NLL 북측에서 해안포 사격과 전투기 비행훈련 횟수를 크게 늘렸다. 한국군은 이에 기자단을 연평도와 백령도로 초청해 해병대와

---

19 조준형, "정부, '北성명 유감..NLL 침범 불용'," 「연합뉴스」, 2009. 1. 30.

20 국회사무처, 제281회 국회 본회의 회의록 제8호(2009. 2. 16.), pp. 18-22.

21 국방부 군사편찬연구소(2013), p. 332.

해군의 대비태세를 공개했다.[22]

5월 25일 북한은 2차 핵실험을 실시했고, 이명박 정부가 PSI 가입을 선포했다. 북한은 판문점 대표부 성명을 통해 "PSI 가입은 선전포고로, 우리 군대는 더 이상 정전협정의 구속을 받지 않을 것이며 조선반도는 곧 전쟁상태에 돌입할 것"이라고 위협했다. 이명박 대통령은 6월 1일 라디오 연설과 6월 6일 현충일 추념사에서 "핵을 포기하고 화해와 협력의 장으로 나오라"라고 북한에 촉구했다.[23]

북한은 이후 탄도미사일 몇 발을 시험발사했다. 한국 공군은 6월 3일 보도자료를 통해 "북한군의 NLL 도발시 F-15K를 투입하겠다"라고 밝히고, 기자들을 대구 공군기지로 초청해 F-15K의 출격훈련을 벌였다.[24]

10월 17일 서해 NLL 가까이 정체불명의 물체가 날아왔다. 백령도 주둔 해병대가 벌컨포로 경고사격하고, KF-16 전투기들이 긴급 출격했다. 북한군 헬기로 추정하고 대응한 것이다. 해당 물체는 NLL을 월선하지 않았는데 이후 군은 이를 새떼로 판정했다.[25]

2009년 벽두부터 고조되던 긴장은 11월 10일 극에 달한다. 대청해전이 발발했다. 대청해전은 NLL 이남 대청도 인근 해상에서 남북 해군이 벌인 교전이다. 제1, 2연평해전에 이어 3번째 서해교전이다. 별도의 명칭 없이 서해교전이라고 부르다가 11월 16일 합동참모본부는 대청해전이라고 공식 명명했다.[26] 국방부가 국회 국방위원회에 보고한 대청해전

22 김귀근, "서북지역 긴장 '팽팽'..軍 대비태세 유지," 「연합뉴스」, 2009. 5. 8.

23 국방부 군사편찬연구소(2013), pp. 335-337.

24 홍창진, "비상벨소리에 F-15K 조종사들 용수철," 「연합뉴스」, 2009. 6. 3.

25 이상헌, "軍, '새떼' 北항공기 오인..경고사격," 「연합뉴스」, 2009. 10. 18.

26 김귀근, "서해교전→'대청해전' 명명," 「연합뉴스」, 2009. 11. 16.

의 경위는 다음과 같다.[27]

11월 10일 오전 10시 33분 북한 경비정 등산곶383호가 NLL을 1.2마일 월선했다. 한국 해군 고속정은 5회에 걸쳐 경고통신했다. 경고통신에도 불구하고 북한 경비정이 북으로 돌아가지 않자 한국 고속정은 4발의 경고사격을 했다. 이에 북한 고속정은 50여 발을 대응사격하면서 교전은 시작됐다. 한국 고속정은 40㎜ 함포와 20㎜ 벌컨포로 응사했다.

제2연평해전 이후 7년 만에 벌어진 남북의 해상 교전이다. 북한 경비정은 11시 40분 NLL 이북으로 완전히 퇴각했다. 한국 해군의 피해는 없었다. 북한 경비정은 15발 가량 피탄돼 반파됐다. 자체 운항이 불가능할 정도로 파괴돼 예인선에 끌려갔다. 북한 경비정 승조원 중 10명 안팎이 숨지거나 다친 것으로 한국군은 추정했다.

교전 당일 국회 국방위원회 전체회의에서 한국 해군의 대응사격 발수는 구체적으로 공개되지 않았다. 교전 이틀 후부터 일부 언론이 한국 해군이 4,950발 대응사격했다고 보도했다. 교진 1주일 후 다시 열린 국방위원회 전체회의에서 김태영 국방부장관은 해군 함정들이 4,950발 대응사격을 했다고 확인했다. 교전에 투입된 한국 해군 전력도 고속정 1척이 아니라 2개 편대 4척으로, 상대적으로 대형인 초계함, 호위함도 포함됐다.[28]

북한 50발 대 한국 4,950발, 즉 군에서 흔히 사기를 돋우기 위해 사용하는 용어인 100배의 응징이었다. 또 경고통신, 경고사격, 조준격파사격 등 3단계로 축소 확립된 교전규칙이 그대로 적용됐다.

유엔사령부의 정전 교전규칙, 합참의 작전예규 등은 한국군 작전에서 비례성 원칙을 규정하고 있다.[29] 김태영 국방부장관도 대청해전 발발 9개월 후 벌어진 북한군의 해상 포격과 관련해 "동일한 종류의 화력으로 2~3배 정도로 대응하도록 교전규칙이 작성돼 있다"라고 비례성 원칙을 설명한 바 있다.[30] 비례성 원칙을 적용했을 때 북한 경비정 1척의 50발 대응사격에 대한 한국 해군의 초계함, 호위함, 고속정 등 4척의 4,950발 사격은 교전규칙을 초월한 대응이었다.

대청해전 100배 대응사격은 정부의 지침이 아니라 현장 지휘관 판단의 결과였다. 김태영 국방부장관은 교전 당일 국회 국방위원회에서 "현지 지휘관에게 재량권을 주고 있다", "보고해서 위에서 결심하는 것은 더더욱 시간만 걸리는 일이기 때문에 현지 지휘관한테 저희가 지침을 주고, 그 지침 범위 내에서 지휘관이 재량으로 할 수 있도록 그렇게 하고 있다"라고 말했다.

이어 "교전규칙을 현장 상황에 맞게 유연하게 적용할 필요가 있다"라는 유승민 위원의 제안에 적극 동의하며, "교전규칙을 최대한 조정해보겠다"라고 답했다.[31] 의무적으로 경고통신을 몇 회 한 뒤 경고사격을 할 수 있는 형식적 절차를 현장 지휘관이 상황에 맞게 조절해 유연하게 대응하는 데 있어 여당 국방위원과 국방부장관의 의견이 일치했다. 대청해전은 김대중, 노무현 정부 시기 볼 수 없었던 현장 지휘관의 재량권이

---

29 정전 교전규칙(유엔사/연합사 규정 525-4)은 무력의 사용 강도, 기간, 규모에 있어서 과도하지 않아야 하고 합참 작전예규(합참 작전명령 10-48호)는 적 도발 시 비례성 원칙에 따라 대응사격하도록 규정하고 있다. 작전예규 중 비례성 원칙이란 적이 도발한 거리, 화력, 종류, 위협 정도 등에 따른 대응이다. 이른바 '동종 동량(同種同量)' 같은 표현은 찾아볼 수 없다.

30 국회사무처, 제293회 국회 국방위원회 회의록 제1호(2010. 8. 24.), p. 7.

31 국회사무처(2009. 11. 17.), p. 15.

작동한 첫 사건이었고, 군의 자율성이 구체화된 계기였다.

(2) 해안포탄 월선 시 해안포 조준타격 공언

2009년 11월 10일 대청해전 이후 북한 경비정의 NLL 월선은 11월 27일 단 1차례를 제외하고 이듬해 3월까지 없었다. 11월 27일 NLL 월선도 한국 해군의 경고통신에 북한 함정은 퇴각해 경고사격, 대응사격으로 이어지지 않았다.[32]

이 기간 북한은 NLL 도발의 수단으로 함정 대신 해안포, 자주포 등 지상 화력을 꺼내들었다. 북한은 2009년 12월 21일 서해 해상사격구역을, 2010년 1월 25일 서해 항행금지구역을 각각 선포하며 1월 27일부터 29일까지 해상 포 사격을 예고했다.[33]

북한은 사전에 포 사격을 경고했고, 한국군은 북한 해상 사격의 징후를 미리 파악해 어민들에게 알렸기 때문에 어선들은 모두 대피했다.[34] 북한은 1월 27일 오전 9시 5분부터 10시 16분까지 백령도와 대청도 인근 NLL 해상으로 해안포와 자주포 30여 발을 사격했다. 탄착 지점은 NLL 이북 1.5마일로 추정됐다.

NLL을 향한 북한의 포 사격은 처음 있는 일이었다. 한국군은 9시 35분부터 3차례에 걸쳐 사격 중지를 요구하는 경고통신을 했다. 백령도

---

32 합동참모본부, 이종명 자유한국당 의원 국정감사 요구 자료 〈2000년 남북정상회담 이후 북한 서북도서 도발 현황〉(2015. 9.), p. 3.

33 통일연구원(2013), p. 485, 489.

34 국회사무처, 제287회 국회 본회의 회의록 제5호(2010. 2. 5.), p. 13.

해병대 6여단은 벌컨포 100여 발로 경고사격했다.[35]

정부는 정정길 대통령실장, 원세훈 국가정보원장, 김태영 국방부장관, 현인택 통일부장관 등이 참석한 긴급 안보대책회의를 소집했다. 인도를 국빈 방문 중이던 이명박 대통령에게도 북한의 포 사격과 한국군의 경고사격 사실을 즉시 보고했다.[36]

북한은 이에 그치지 않았다. 같은 날 오후 3시 25분과 8시에 오전과 비슷한 유형으로 또 포 사격을 했다. 1월 27일 하루에만 모두 100여 발을 NLL 이북 해상에 쏜 것이다. 이튿날인 1월 28일에는 연평도 이북 북한 해상과 육지로 10여 발의 포 사격을 했다.[37]

1월 27~28일 북한의 NLL 사격에 대한 한국군의 대응은 벌컨포 경고 사격에서 멈췄다. 이에 대해 김태영 국방부장관은 북한이 NLL 이북 해상에만 사격한 점을 강조했다. 김 장관은 "적이 NLL을 넘어서 우리 지역에 사격을 한다면 우리는 바로 대응할 수 있도록 모든 준비를 갖추어 놓고 있다"라고 확언했다.[38] 2개월 전 발발한 대청해전의 사례를 미뤄봤을 때 북한이 NLL 이남으로 포 사격을 했다면 한국 해병대는 NLL 이북으로 대응사격을 했을 개연성이 높았다.

북한의 1월 NLL 포사격을 계기로 교전규칙은 한층 더 공세적, 자율적으로 전환됐다. 7개월 뒤 열린 국회 국방위원회 전체회의에서 여당 김학송 위원에 의해 북한의 1월 NLL 사격에 대한 대응으로 "북한이 NLL을 넘어서 우리 측으로 또다시 포격을 가하면 북한의 해안포를 직

35 이승우, "北, NLL 북측지역에 포사격..南 경고사격," 「연합뉴스」, 2010. 1. 27.

36 이상헌, "北 해안포 발사..정부 긴박했던 하루," 「연합뉴스」, 2010. 1. 27.

37 김귀근, "北 포사격 선포 마지막날..軍 동향 예의주시," 「연합뉴스」, 2010. 1. 29.

38 국회사무처(2010. 2. 5.), p. 23.

접 타격하겠다'라는 김태영 국방부장관의 계획이 공개됐다. 김 장관은 김 위원의 말에 동의하며 "그러한 지침을 예하 부대에 전달했다", "연평도 같은 경우에는 연평도 부대장이, 백령도 같은 경우는 육군과 해병대 여단장의 결심에 의해서 바로 즉각 조치될 수 있도록 돼 있다", "이 규정에 의하면 합참의장이나 장관이 모든 책임을 지고 그 밑에서, 아래서 전부 시행하게 된다'라고 설명했다.[39]

북한이 NLL 이남으로 사격을 했을 경우 한국군의 대응은 비례성의 원칙에 의거, NLL 이북 해상으로 사격하는 수준을 넘어 북한군 포를 겨냥해 타격하도록 교전규칙을 수정해 하달한 것이다. 이와 같은 자율적 교전규칙의 시행 권한도 오롯이 현장 지휘관에게 넘겼다.

(3) 천안함 폭침과 자위권의 발동

이후 서해 NLL은 정확히 2개월간 고요했다. 그리고 2010년 3월 26일 천안함 폭침 사건이 벌어졌다. 북한 잠수정의 어뢰 공격으로 천안함 장병 46명이 희생되고 구조 과정에서 한주호 준위가 순직한 북한의 초대형 군사 행동이다. 북한 소행이라는 결론은 5월 20일 민군 합동조사단의 최종 조사 결과 발표로 확정됐다.[40] 천안함을 침몰시킨 주체를 근 2개월 만에 파악함에 따라 천안함 폭침에 대한 한국의 대응은 이때부터

---

39 국회사무처(2010. 8. 24.), p. 19.

40 대한민국 정부, 「천안함 피격사건 백서」(서울: 대한민국 정부, 2011), pp. 120–121.

본격화됐다.[41]

이명박 대통령은 최종 조사 결과가 나온 지 나흘 만인 5월 24일 대국민 담화를 통해 이른바 5·24 조치를 발표했다. 이 대통령은 담화에서 "북한이 우리의 영해, 영공, 영토를 침범한다면 즉각 자위권을 발동할 것"이라고 경고했다.[42] 앞으로 북한이 도발했을 때 유엔사가 규정한 전시 교전규칙과 정전 교전규칙의 제한을 받지 않고 스스로를 방어하기 위한 본래적 권한인 자위권을 발동하겠다는 군 통수권자의 선언이다. 군은 까다로운 교전규칙에 얽매이지 않고 자위권에 입각해 자율적 군사작전을 할 수 있는 권한을 명시적으로 위임받은 것이다.

천안함 피격에 대한 군사적 대응 조치로는 자유의 소리 방송과 대북 전단 살포 등 심리전 재개, 2004년 5월과 8월 남북합의에 따라 북한에 개방됐던 제주해협에 대한 북한 선박 진입 불허, 한미의 해상훈련 및 PSI 역내외 차단훈련 등이 대표적이다.[43] 군은 북한 선박이 제주해협 차단에 불응했을 때 강제 퇴거 조치하겠다고 밝혔다. 2001년 6월 북한 상선의 제주해협 침범과 같은 사건이 재발하면 무력을 사용하겠다는 경고였다.

5월 25일 한국 정부는 '북한은 주적'이라는 개념을 6년 만에 부활시키기로 했다.[44] 김은혜 청와대 대변인은 정례브리핑에서 "국방백서에 주적

---

41 2010년 3월 26일 천안함 폭침은 북한 소행일 가능성이 농후했지만 즉각적 또 명시적으로 적대행위의 주체를 특정할 수 없는 사건이었다. 이에 한국 정부는 민군 합동조사단을 구성해 사건의 경위를 파악했고, 북한의 소행이라는 결론은 5월 20일 발표했다. 이에 따라 5월 20일까지 상황에서 이 책의 분석 수준인 문민정부와 군의 상호관계는 나타나지 않는다. 따라서 이 책에서 천안함 폭침 사건 자체는 집중적으로 다루지 않는다.

42 대한민국 정부 천안함 백서(2011), p. 157.

43 대한민국 정부 천안함 백서(2011), pp. 171-173.

44 통일연구원(2013), p. 496.

의 개념을 어떻게 확립시킬지 검토할 것"이라고 말했다.[45] 노무현 정부의 2004년 국방백서에서 "북한은 직접적 군사위협"으로 완화됐던 표현을 되돌리는 방침이 확정된 것이다.[46]

주적 개념의 부활은 5·24 조치의 자위권 발동을 뒷받침하는 후속 대책이다. 북한을 주적으로 공식 상정해야 북한이 적대 의도를 드러내거나 공격적 행위를 할 때 즉각적 무력 사용이 원활하기 때문이다. 2010년 마지막 날 발행된 2010년 국방백서에 "북한 정권과 북한군은 우리의 적이다"라는 문구가 2004년 삭제 이후 6년 만에 들어갔다.[47]

자위권 발동을 선포한 5·24 조치가 발표되기 9일 전인 5월 15일 북한 경비정 2척이 잇따라 서해 NLL을 월선했다. 2010년 들어 두 번째로 발생한 북한 경비정의 NLL 월선이자, 천안함 사건 이후 첫 월선이었다.[48]

먼저 밤 10시 13분 북한 경비정 1척이 연평도 서북쪽 NLL 1.4마일을 월선했다가 한국 해군 함정의 경고통신에 북상했다. 또 다른 북한 경비정은 밤 11시 30분 같은 해역으로 NLL을 1.3마일 넘어왔다. 한국 해군 함정의 경고통신에도 북한 경비정은 계속 남하했다. 한국 해군 함정은 2차례 경고사격했다. 이에 북한 경비정은 물러났다.[49]

천안함 피격에 대한 군사적 조치로 한미연합훈련과 한국군 단독훈련이 서해와 동해에서 연거푸 실시됐다. 7월 25일부터 28일까지 동해에서 미국 조지워싱턴 항공모함과 핵잠수함이 참가한 한미연합 합동기동훈

45 이승우, "'북=주적' 개념 6년 만에 부활 확정," 「연합뉴스」, 2010. 5. 25.

46 국방부 2004 국방백서(2005), p. 48.

47 국방부, 「2010 국방백서」(서울: 국방부, 2010), p. 34.

48 통일연구원(2013), p. 495.

49 이상헌, "北 함정, NLL 침범..경고사격에 북상," 「연합뉴스」, 2010. 5. 16.

련이, 7월 27일부터 31일까지 동해에서 한미연합 해상대특수전부대훈련이 각각 펼쳐졌다. 8월 5일부터 9일까지 서해에서 한국군 단독의 합동 해상기동훈련을 했는데 훈련 범위를 NLL 근처까지 확장했다.[50]

한국군 단독 NLL 훈련 마지막 날인 8월 9일 북한군은 백령도, 연평도 해상 방면으로 해안포 117발을 쏘았다.[51] 먼저 오후 5시 30분부터 33분까지 백령도 북쪽 해상으로 10여 발을 사격했다. 한국군은 오후 5시 53분 1차 경고통신에 이어 오후 6시 4분 2차 경고통신을 했다. 북한군은 2차로 연평도 북쪽 해상으로 해안포 104발을 쏘았다. 북한군의 해안포 사격은 한국군의 3차 경고통신 이후 멈췄다. 1, 2차 사격 통틀어 10여 발이 NLL 이남에 탄착했다. 한국군의 대응사격은 없었다.[52]

북한의 8월 NLL 포사격 사건에는 5·24 조치로 허용된 자위권 발동과 1월 정립된 NLL 이남 탄착 시 원점 타격이라는 한국군의 새로운 교전 규칙이 가동되지 않았다. 이에 대해 장광일 국방부 국방정책실장은 "정확한 탄착지점 식별에 시간이 소요됐다", "적의 의도에 말려들지 않도록 예규와 지침에 따라 대응했다"라고 국회에 보고했다.[53]

북한군 포탄의 탄착 지점이 NLL 이남에 형성됐는지를 실시간으로 파악하지 못해 대응을 못했다는 설명인데 만약 탄착 지점이 즉각 확인됐다면 한국군은 어떠한 행동을 했을까. 국회 국방위원회 회의에서 "NLL 이남에 쏜 것으로 확인되는 즉시 육상과 똑같은 비례성 원칙에 따라서 대응이 이뤄진다고 보면 됩니까?"라는 유승민 위원의 질문에 김

---

50 대한민국 정부 천안함 백서(2011), pp. 170–171.

51 통일연구원(2013), p. 500.

52 김귀근, "北해안포 도발에 대응포격 안 해 논란," 「연합뉴스」, 2010. 8. 10.

53 국회사무처(2010. 8. 24.), p. 6.

태영 장관은 "예"라고 답했다.[54]

10월 29일 북한군은 한국군 GP를 향해 2발의 총격을 가했고, 한국군은 기관총 3발의 대응사격을 했다. 남북 이산가족 금강산 상봉 행사 하루 전에 벌어진 일이었다.[55] 한국의 이산가족들이 북한 지역에 있는 상황에서 한국의 군은 사격했다.

경고통신은 대응사격 이후 2차례 이뤄졌고 내용은 "귀측의 총격 도발로 인해 아군의 자위권을 발동해 대응사격을 실시했다", "귀측에 정전협정 위반을 엄중히 경고한다"였다.[56] 한국군은 자위권의 발동을 북한군에 직접 알렸다. 5·24 조치 이후 처음으로 자위권이 적용된 사건이다.

(4) 연평도 포격전과 선조치 후보고의 확립

2010년 11월 23일 정전 이후 처음으로 북한군이 한국 민간인 지역을 공격한 연평도 포격전이 발발했다. 포격전 상황은 다음과 같다.[57]

한국 해병대 연평부대 포7중대가 K-9 자주포 사격훈련을 하던 중인 오후 2시 34분 북한군은 연평도와 주변 해상으로 방사포 사격을 했다. 60여 발은 연평도에, 90여 발은 해상에 낙탄했다.

한국 해병대는 사격훈련 중 서남쪽으로 겨냥했던 K-9 자주포를 북쪽으로 돌리고 피탄된 부분을 수리해 북한의 공격 13분 만인 오후 2시

---

54 국회사무처(2010. 8. 24.), p. 8.

55 통일연구원(2013), p. 503.

56 김호준, "北, 강원도 15사단 최전방 GP 향해 2발 총격," 「연합뉴스」, 2010. 10. 29.

57 국회사무처, 제294회 국회 국방위원회 회의록 제5호(2010. 11. 24.), pp. 2-3, 14.

47분 북한군의 무도 포진지로 50여 발을 대응사격했다. 북한군은 오후 3시 12분부터 3시 29분까지 2차 공격을 했다. 포7중대는 북한군 개머리 진지로 K-9 자주포 30여 발을 쏘았다. 한국 연평부대의 반격은 이승도 연평부대장이 일임해서 진행했다. 연평부대장의 지휘는 실시간 화상으로 합동참모본부 작전통제실에 중계됐다.

공군 전투기 8대가 출격했다. 북한을 타격하지는 않았다. 남북의 공방은 3시 41분 이후 소강상태로 접어들었다. 인명피해는 한국군 전사 2명, 중경상 16명, 민간인 사망 2명이었다. 북한군의 인명피해도 상당할 것으로 추정됐다.

한국 국방부는 북한의 연평도 포격을 무방비 상태의 민간인 거주 지역까지 공격한 비인도적 만행이자, 유엔헌장 및 정전협정, 남북 불가침 합의를 정면 위반한 불법적 공격 행위라고 규정했다.[58] 북한의 연평도 포격은 그 자체로 명백하게 적대적 의도가 표출된, 민간 지역을 상대로 한 비인도적 공격 행위로 한국군이 자위권을 발동해 반격할 조건이 성립됐다.

북한군이 150여 발 쏜 데 대해 한국군은 교전규칙에 따라 최소 2~3배의 사격을 할 수 있었지만 오히려 절반이 조금 넘는 80여 발만 사격했다. 이에 김태영 국방부장관은 "2배 정도 쏜다고 쐈는데 나중에 확인해 보니까 여기저기 떨어진 (북한군의) 탄의 수가 그렇게 많았다"라고 답변했다.[59]

한국군의 사격 시간도 북한에 비해 2배 정도 길었다. 그러나 한국군

---

58 국회사무처(2010. 11. 24.), p. 4.

59 국회사무처(2010. 11. 24.), p. 8.

한국군의 두 얼굴

이 동원할 수 있는 화력은 연평부대의 자주포 6문 가운데 피탄 후 복구한 4문이 전부였다. 타격 수단이 상대적으로 적은 탓에 사격한 포탄의 수도 많을 수 없었다.[60]

한국 공군 전투기가 북한군을 폭격하지 않아 한국군이 확전을 두려워했다는 지적이 여당과 야당에서 동시에 제기됐다. 특히 포격전 당일 청와대의 발표가 확전 기피 논란을 부추겼다. 청와대는 포격전 직후인 오후 3시 50분 "확전되지 않도록 잘 관리하라"라고 발표했다가, 10분 후인 오후 4시 "확전되지 않도록 만전을 기하라", 오후 4시 30분에는 "단호히 대응하되 악화되지 않도록 만전을 기하라"라는 입장을 내놨다. 상황이 완전히 종료된 밤 9시 30분에야 "몇 배로 응징하라", "미사일 도발 조짐이 있으면 타격하라", "막대하게 응징하라"라는 강화된 지침을 발표했다.[61]

청와대는 수세적 지침을 내놨다가 여론의 질타가 이어지자 점차 공세적으로 입장을 바꾼 것이다. 김태영 장관은 국회 국방위원회에서 "적의 포병이 쐈을 때 바로 우리 공군으로 (폭격)하는 것은 과도한 확대, 전쟁의 확대라는 차원에서 조금 그건 뒤로 고려를 하고 있다"라며 전투기 출격의 부적절성을 부각하려고 노력했다.[62] 김 장관은 또 "적의 도발을 억제하고 도발이 있다면 적절히 대응하면서 확전되는 걸 방지하는 차원에서 정전 교전규칙이 있다", "이번 같은 일이 끝나고 나면 우리가 검토

---

60 당시 연평부대에는 105mm 곡사포 1개 포대도 배치돼 있었지만 105mm포의 사거리가 11~12km로 짧아 북한의 포격 원점을 타격할 수 없었다.

61 국회사무처(2010. 11. 24.), pp. 11-12, 50.

62 국회사무처(2010. 11. 24.), p. 10.

를 해서 교전규칙을 수정하게 된다"라고 설명했다.[63]

연평도 포격전 이후 국방부장관은 김태영에서 김관진으로 교체됐다. 12월 3일 열린 국회 인사청문회에서 김관진 국방부장관 후보자는 전임 장관보다 더 공세적이고 적극적인 대북관을 피력했다. 김 후보자는 인사청문회 모두 발언에서 "작전 현장 지휘관이 선조치 후보고의 개념하에 작전을 과감하고 소신 있게 지휘할 수 있도록 여건을 보장해줄 예정이다"라며 군의 자율성 확대를 선포했다.[64] 선조치 후보고는 이후 이명박 정부, 박근혜 정부의 대표 교전규칙으로 자리 잡았다.

김관진 장관 후보자는 연평도 포격전과 같은 북한의 추가 도발이 또 일어나면 전투기 폭격 등 합동지원전력의 타격을 약속했다. "북한의 일방적 도발에는 우발충돌 시 확전 방지 가이드라인인 교전규칙이 아니라 위협의 근원을 완전히 없앨 때까지 응징하는 자위권을 발동하게 될 것"이라고 경고했다. 연평도 포격전과 같은 북한의 도발에 대한 대응은 교전규칙 대신 자위권 차원의 문제로 규정함으로써 군의 자율성을 강화했다.[65]

구체적으로 적과 아군이 조우했을 경우에는 교전규칙이 작동하고, 적이 일방적으로 포격을 했을 때는 자위권의 대상이라고 구분했다. 연평도 포격전과 같은 사건은 자위권 대상으로 현장에서 가용한 모든 수단으로 대응하고, 부족할 경우 상급 지휘관 판단으로 지원을 한다는 복안이었다. 자위권의 한계는 위협의 근원이 제거될 때까지로 선을 그

63 국회사무처(2010. 11. 24.), p. 13.

64 국회사무처, 제294회 국회 국방위원회(국무위원후보자 인사청문회) 회의록 제7호(2010. 12. 3.), p. 4.

65 국회사무처(2010. 12. 3.), pp. 7-8, 16.

한국군의 두 얼굴

었다.[66]

"11월 23일 국방부장관이었다면 대통령에게 'K-9으로만 쏠 것이 아니라 F-15K로 바로 때려야 된다'라고 제안할 것인가"라는 유승민 국방위원의 질의에 김 장관 후보자는 두 번 거듭 "예"라고 답했다. 또 "1994년 평시작전통제권이 미군에서 한국군으로 전환됐고, 연평도 포격전과 같은 평시 상황에서 한국군 단독으로 F-15K의 북한 개머리 진지 초토화가 가능하다"라고 말했다.[67]

한국군의 강력한 대응이 확전으로 이어질 수 있다는 야당 위원의 우려에 김 장관 후보자는 "강력한 응징이 확전으로 이어지지 않을 것"이라고 답변했다. 한미연합 정보자산들이 북한의 전면전 징후들을 면밀히 감시하고 있고, 한미연합 전력은 북한의 전면전 시도를 억지 및 방지할 수 있는 신뢰할 만한 수준의 수단과 방법을 보유하고 있어서 대북 대응이 강력해도 확전으로 이어지지 않는다는 것이다.[68]

인사청문회 이튿날인 2010년 12월 4일 취임한 김관진 국방부장관은 취임식과 연평도 현장 방문에서 TV, 신문, 통신 등 전 민간 언론매체와 정책홍보원의 KTV를 통해 지휘 지침과 대북 메시지를 타전했다. 그는 "북한이 영토와 국민에게 다시 도발을 감행해 온다면 즉각적이고 강력한 대응으로 완전히 굴복할 때까지 응징해야 한다"라며 지위권적 대응을 거듭 강조했다. "적이 누구인지 똑바로 알아야 한다"라며 주적관도 분명히 했다.[69]

---

66 국회사무처(2010. 12. 3.), p. 18, 36.

67 국회사무처(2010. 12. 3.), p. 10.

68 국회사무처(2010. 12. 3.), p. 9.

69 김호준, "김관진 국방장관 취임..'北 추가도발 시 즉각 응징'," 「연합뉴스」, 2010. 12. 4.

북한이 연평도 포격전의 빌미로 삼은 서북도서 해병대의 사격훈련도 조속히 재개하라고 지시했다. 사흘 후 전군 지휘관 회의에서 군단장급 이상 장군들에게 "선조치 후보고 개념으로 자위권을 행사하라"라고 직접 명령했다.[70] 김관진 장관은 2011년 3월 연평도를 재차 방문해서도 연평부대 지휘관들에게 선조치 후보고를 지시했다. 북한이 도발하면 현장 지휘관 판단하에 위협의 근원을 제거할 때까지 자위권을 동원해 반격하라는 지침을 군 말단에까지 이식하기 위한 의도적 발언들이다.

김 장관의 지시에 따라 한국 해병대는 2010년 12월 6일부터 12일까지 대청도 등 29곳에서, 12월 20일 연평도에서 각각 해상사격훈련을 실시했다. 북한 인민군 총사령부는 이에 대해 "일일이 대응할 가치도 없는 유치한 불장난"이라고 폄하했을 뿐 별다른 행동은 하지 않았다.[71] 천안함 피격과 연평도 포격전의 2010년은 이렇게 저물었다.

(5) 북한 어선의 월선과 완전무장 전투기의 출격

연평도 포격전과 강경 발언을 쏟아낸 김관진 장관 취임 이후 남북의 군사적 대치는 소강상태로 접어들었다. 2011년 서해 NLL의 첫 포성은 8월 10일 들렸다.[72] 오후 1시와 7시 46분 연평도 동북쪽 NLL 인근에 북한 해안포탄이 떨어져 한국 해병대가 각각 경고통신 후 사격을 했다.

---

70 김호준, "김 국방, '北 재도발시 자위권 행사, 강력응징하라'," 「연합뉴스」, 2010. 12. 7.

71 통일연구원(2013), pp. 505-506.

72 통일연구원(2013), p. 517.

오후 1시에는 북한군이 3발을 쏘았고, 이중 1발이 NLL 이남 0.6㎞ 지점에 탄착했다. 한국 해병대는 1시간 후인 오후 2시 2분 K-9 자주포 3발로 대응사격했다. 2차 때는 북한군이 2발을 사격했는데 1발은 NLL 선상에, 나머지 1발은 NLL 이남에 탄착됐다. 한국 해병대는 16분 뒤인 오후 8시 2분 K-9 자주포 3발을 NLL 선상으로 쏘았다.[73]

이날 남북 포사격의 쟁점은 북한군 사격 1시간 만에 한국군이 대응사격했다는 데 있었다. 김관진 국방부장관은 북한군 포탄이 NLL을 넘어왔는지 판단하느라 대응에 1시간이 걸렸다고 해명했다. 8월 10일 사격은 김 장관이 인사청문회, 전군 주요 지휘관회의에서 강조했던 자위권 발동의 범위에는 포함되지 않는다는 다소 소극적 입장을 나타냈다.[74] 북한군이 NLL 이남으로 쏘면 한국군은 NLL 이북으로 3배를 쏘는 교전규칙에만 충실했다는 것이다.

2011년 12월 19일 오전 8시 30분 북한 김정일 국방위원장이 사망했다. 한국 정부는 류우익 통일부장관 명의의 담화로 북한에 위로의 뜻을 전했다. 전방 지역 애기봉 성탄 트리 점등을 유보하도록 교계(敎界)에 권유하겠다고도 밝혔다. 고(故) 김대중 전 대통령의 미망인 이희호 여사와 현정은 현대그룹 회장은 조문을 위해 방북했다. 영결식은 12월 28일 치러졌다.[75]

2012년 상반기 남북의 군이 직접 충돌하는 사건은 발생하지 않았다. 북한은 4월 13일 장거리 로켓 광명성 3호를 발사했다. 위성의 궤도진입

73 최정인, "잇단 北 해상포격에 軍대응사격..충돌 없어," 「연합뉴스」, 2011. 8. 10.

74 국회사무처, 제302회 국회 국방위원회 회의록 제1호(2011. 8. 18.), p. 17.

75 통일연구원(2013), pp. 520-521.

은 실패했지만 북한의 발사체 능력은 입증됐다. 한국 정부는 광명성 3호를 장거리 미사일로 규정해 규탄했다. 유엔 안전보장이사회는 장거리 로켓 발사 관련 의장성명을 채택했다.[76]

2012년 9월 북한 어선들이 서해 NLL을 넘나들기 시작했다. 급기야 한국 고속정이 북한 어선을 향해 경고사격을 하는 일이 벌어졌다.[77]

북한 어선의 서해 NLL 월선은 9월 12일 13차례, 14일 13차례, 15일 8차례, 20일 2차례였다. 9월 21일에도 북한 어선 6척이 오전 11시 44분부터 연평도 서북쪽 NLL을 0.9~1.2㎞ 순차적으로 월선했다. 한국 해군 고속정 2척은 오후 3시부터 작전에 들어가 각각 2회씩 경고통신을 한 후 20㎜ 벌컨포 수십 발을 북한 어선 쪽으로 사격했다. 북한 어선은 오후 4시 북상했다. 북한 어선을 향한 경고사격은 2010년 11월 3일 이후 근 2년 만이다.[78]

이날 북한군의 특이동향은 없었다. 한국군은 김관진 국방부장관이 거듭 다짐한 대로 전투기 출격 등 합동전력을 대기시켜 만약의 사태에 대비했다. 한국 공군 F-15K 전투기는 고속정의 경고사격에 맞춰 공대공, 공대지 무장을 장착한 채 서해로 출격했다.[79]

김관진 장관은 사흘 후 국회 국방위원회 회의에서 "북한 어선은 의도적으로, 기획적으로 왔다고 평가한다", "(북한 어선들이) 복귀를 안 하기 때문에 경고사격을 통해 복귀시켰다", "복귀 과정에서 북한이 도발할 가능성이 있기 때문에 대비하는 차원에서 공군도 그렇고, 육군도 그렇

76 통일연구원(2013), p. 528.
77 통일연구원(2013), p. 534.
78 김귀근, "北어선 서해NLL 또 침범..軍경고사격에 퇴각," 「연합뉴스」, 2012. 9. 21.
79 김귀근, "軍, 北어선에 경고사격 때 F-15K 출격," 「연합뉴스」, 2012. 9. 22.

한국군의 두 얼굴

고, 다 대비를 시켰다"라고 말했다. 또 "NLL은 60년 동안 우리가 관할한 우리 영토 개념이나 마찬가지"라며 NLL에 대한 확고한 수호 의지를 표명했다.[80]

어선 경고사격 한 달 후인 10월 19일 북한 어선 1척이 연평도 서북쪽 NLL을 월선했다. 한국 해군의 경고통신에 북한 어선은 물러났다. 사격은 없었다. 10월 25일 북한 경비정 1척이 백령도 인근 NLL을 월선했다. 한국 해군의 경고통신 후 경고사격으로 북한 경비정은 퇴각했다. 북한 경비정의 NLL 월선은 12월에도 1차례 더 있었고, 충돌은 없었다.[81]

탈북자 단체들이 10월 22일 대북전단을 살포하겠다는 계획을 밝히자 북한군은 타격 수단을 휴전선 가까이 전진배치했다. 한국군도 화력을 북으로 옮기며 위기가 고조됐다. 북한은 공개 서한장으로, 한국은 김관진 장관과 정승조 합참의장의 공개 발언으로 맞섰다. 북한은 조준격파 사격을, 한국은 자위권 차원의 응징을 각각 경고했다. 포격전은 벌어지지 않았다.[82]

애기봉 성탄 트리가 북한 김정일 국방위원장의 사망으로 한 해 건너 뛰고 2012년 12월 22일 점등됐다. 북한은 애기봉 점등이 전쟁의 도화선이 될 것이라고 위협했지만 남북의 충돌은 없었다.[83]

12월 21일 발간된 2012 국방백서는 2010년 백서에 이어 북한 정권과 북한군을 적으로 명시했다. 또 NLL을 1953년 8월 30일 설정된 이래 지

---

80 국회사무처, 제311회 국회 국방위원회 회의록 제2호(2012. 9. 24.), p. 28.

81 2012년 10월과 12월 북한 경비정의 NLL 월선 사실은 통일연구원의 남북관계연표와 이종명 의원의 국정감사 자료에는 기록돼 있지만 국회 회의록, 언론 보도 등에서는 기록을 찾아볼 수 없다. 통일연구원(2013), p. 536.

82 국회사무처, 2012년도 국방부 등 국정감사 국방위원회 회의록(2012. 10. 19.), p. 89.

83 통일연구원(2013), p. 539.

켜져 온 남북 간의 실질적인 해상경계선이라고 처음 공식적으로 규정했
다.[84] 이명박 대통령은 2013년 1월 1일 백령도의 해병대 6여단장 조동택
준장과 통화에서 "NLL은 남북통일까지 우리의 영토선이자 평화선으로
목숨 걸고 지켜야 한다"라고 지시했다.[85]

84 국방부, 『2012 국방백서』(서울: 국방부, 2012), p. 36, 50.
85 통일연구원(2013), p. 540.

한국군의 두 얼굴

박근혜 정부의 자율적 통제와
군의 공세적 작전

1. 민군 대북인식 선호의 일치

(1) 박근혜 정부의 안보 우위 대북인식

박근혜 대통령의 취임 전 새누리당의 대선 공약은 대외정책의 우선 순위를 외교와 통일에 두었다. 박근혜 정부의 외교를 신뢰 외교라고 칭하고 국격에 걸맞는 외교, 국민이 만드는 외교를 하겠다는 청사진을 제시했다. 이어 남북관계 정상화로 통일의 기반을 다지겠다며 한반도 신뢰 프로세스라는 개념을 공개했다.

대선 공약에서 국방은 외교와 통일 다음으로 밀려났다. 북한은 NLL 도발 명분을 축적하고 있으며 동북아 정세 또한 갈등과 긴장이 고조되고 있다고 진단한 뒤, 한미동맹을 기반으로 대북 억지력을 강화하고 장거리 미사일의 조기 전력화와 군 정신 전력 강화 등을 약속했다.[86] 이렇듯 국방 공약의 어조는 강했지만 보수 정당임에도 대선 기간 외교와 통일을 국방보다 앞세우는 전략을 택한 것이다.

박 대통령의 취임을 즈음해 대외정책의 순위가 뒤바뀌었다. 대통령직 인수위원회는 박 대통령 취임 4일 전인 2013년 2월 21일 박근혜 정부의 국정과제를 발표했다. 국정 목표의 통일 분야 중 안보정책을 통일과 외교정책의 앞에 배치했다. 대선 공약에서 순서는 외교-통일-국방이었는

---

86 새누리당, 제18대 대통령선거 새누리당 정책공약집(2012), pp. 354-372.

한국군의 두 얼굴

데 국정과제에서는 안보-통일-외교 순으로 뒤집힌 것이다.[87] 통일정책과 외교정책보다 안보정책에 중점을 둔 보수 정부 특유의 정책 선호이다.

이를 두고 당시 상황에 대한 인식이 반영됐다는 주장도 있다. 박 대통령 취임 13일 전인 2013년 2월 12일 북한은 3차 핵실험을 실시했다. 대화와 협력보다 대북 억지와 안보의 중요성이 부각될 수밖에 없는 여건이었다는 해석이다.[88] 그렇지만 박근혜 정부는 안보정책을 중시하게 된 원인이 3차 핵실험이라고 밝힌 바 없다. 따라서 핵실험과 상관없이 보수 정부는 안보를 강조한다는 경험칙은 박근혜 정부에서도 유효하다.

박근혜 정부는 김대중, 노무현 대통령의 진보 정부뿐 아니라 이명박 대통령의 보수 정부식 대북 접근법의 한계도 극복하려는 시도를 했다. 진보 정부 특유의 대화와 협력이라는 포용정책과 이명박 정부의 원칙적 대북정책을 각각 비판하고 절충한 것이다.

박 대통령은 취임사에서 "한반도 신뢰 프로세스로 한민족 모두가 보다 풍요롭고 자유롭게 생활하며 자신의 꿈을 이룰 수 있는 행복한 통일시대의 기반을 만들고자 한다", "서로 대화하고 약속을 지킬 때 신뢰는 쌓일 수 있다", "북한이 국제사회의 규범을 준수하고 올바른 선택을 해서 한반도 신뢰 프로세스가 진전될 수 있기를 바란다"라고 선언했다. 박근혜 정부 특유의 대북정책인 한반도 신뢰 프로세스를 본격적으로 천명한 것이다.

한반도 신뢰 프로세스의 목표는 남북관계의 발전, 한반도 평화정착, 통일기반 구축이다.[89] 대북정책의 당면 목표를 통일 자체가 아니라 통일

---

87 제18대 대통령직인수위원회, 박근혜 정부 국정과제 보도참고자료(2013. 2.), pp. 177-203.

88 성기영, "박근혜 정부의 대북정책 성공 가능성-북한 행동 변수와 미중관계 전망에 따른 시나리오 분석," 『통일연구』 제17권 제2호(통일연구원, 2013), pp. 5-37.

89 통일부, 『한반도 신뢰 프로세스』(서울: 통일부, 2013), pp. 5-11.

을 위한 기반 형성에 두었다. 흡수통일을 하겠다는 현상타파적 인식을 드러내지 않고 신뢰에 방점을 찍음에 따라 북한의 직접적인 반발을 피했다.

한반도 신뢰 프로세스의 구체적 정책 추진의 기조 중 첫 번째는 튼튼한 안보이다. 통일을 위한 기반을 구축하기 위해 가장 중요한 실천 과제로 안보를 앞세운 것이다. 안보 강화는 인수위의 국정과제에 이어 재차 대북정책의 최우선 순위임을 확인했다.

신뢰 프로세스의 정책 추진 기조의 두 번째는 합의 의행을 위한 신뢰 쌓기, 세 번째는 북한의 올바른 선택 여건의 조성이다.[90] 튼튼한 안보를 디딤돌 삼아 남북의 신뢰를 쌓고 북한의 현명한 선택을 유도하는 정책이다.

박근혜 정부는 공약에 따라 청와대에 국가안보실을 신설해 3월 23일 발족함으로써 안보 중시의 지향을 행동으로 실천했다. 안보실은 국가안보에 관해 대통령의 직무를 보좌하는 기구이다. 실장은 장관급 정무직 공무원이다.[91] 초대 실장으로 국방부장관을 역임한 김장수 예비역 대장이 임명됐다.

박근혜 대통령은 5월 6일 방미 중 뉴욕에서 동포 간담회를 열고 "정부는 강력한 대북 억지력으로 도발에 대비하면서 대화의 문은 항상 열어놓고 있다"라고 말했다.[92] 대북 억지와 안보가 대화의 전제조건임을 강조한 발언이다.

---

90 변창구, "박근혜 정부의 대북정책 중간평가와 발전과제," 『통일전략』 제15권 제3호(한국통일전략학회, 2015), pp. 147-178.

91 대통령령 국가안보실 직제 제2, 3, 4조 참고.

92 신지홍, "朴대통령 '강력한 대북 억지력 속 대화 문 열어놔'," 「연합뉴스」, 2013. 5. 6.

2013년 5월 28일 박근혜 대통령은 국무회의를 주재하고 그동안의 여건 변화를 감안해 인수위의 국정과제를 조정하고 추진전략을 보완 발표했다. 외교·안보·통일정책은 추진전략 11~13에 할당됐다. 추진전략 11은 튼튼한 안보, 추진전략 12는 한반도 신뢰 프로세스, 추진전략 13은 신뢰 외교이다.[93]

박근혜 정부는 인수위 국정과제를 그대로 인용해 정부 공식 국정과제에서도 안보의 중요성을 내세웠다. 양보 없는 안보를 대전제로 한반도 신뢰 프로세스를 추진하고, 박 대통령 고유의 신뢰를 바탕으로 한 신뢰 외교를 구사한다는 방침이다. 박근혜 정부의 대표 대북정책을 한반도 신뢰 프로세스라고 보는 시각이 보편적인데 사실은 안보가 그 앞에 자리 잡았던 것이다. 그만큼 박근혜 정부의 대북인식 중 안보가 차지하는 비중은 절대적이었다.

2013년 11월 천주교사제단이 북한의 서해 도발을 옹호하는 듯한 시국미사를 집전해 논란이 일었다. 박 대통령은 수석비서관회의에서 "안보는 첨단 무기만으로 지킬 수 있는 것이 아니다", "그보다 훨씬 중요한 것은 국민들의 애국심과 단결"이라며 천주교사제단을 우회적으로 견제했다. 정홍원 총리는 노골적으로 "신부의 발언은 반인륜적인 북한의 도발을 옹호하는 것"이라고 비판했다.[94]

박 대통령의 안보 중시 행보는 최전방 GOP 철책선 방문으로 이어졌다. 그는 2013년 12월 24일 강원도 양구 동부전선의 12사단 을지대대 GOP를 찾아 장병들을 위문했다. 박 대통령은 장병들에게 "한반도 정세

---

93 국무조정실, 박근혜정부 국정과제 추진계획 보도 참고자료(관계부처 합동, 2013. 5. 28.)
94 도광환, "朴대통령─정총리, 사제단 발언 '강경 발언' 왜," 「연합뉴스」, 2013. 11. 25.

와 안보 상황이 매우 위중하다", "북한이 만약 도발을 해 온다면 단호하고 가차 없이 대응해서 국가와 국민의 안위를 지켜야 한다"라고 말했다.[95]

이어 2014년 신년사에서도 안보는 대북정책의 1순위였다. 그는 "국가 경제를 살리는 데 있어 전제조건이자 가장 중요한 것은 국가의 안보와 국민의 안위를 지키는 것", "빈틈없는 안보태세와 위기관리체제를 확고히 하고 한반도의 평화를 보다 적극적으로 만들어 가면서 평화통일을 위한 기반을 구축해 나갈 것"이라고 단언했다.[96] 이상의 사실로 미루어 박근혜 정부의 대북인식, 대북정책의 지향은 안보를 우선으로 한 통일 기반의 구축이라고 정의해도 무리가 없다.

박근혜 대통령 집권 2년차인 2014년 이른바 통일 대박론이 등장한다. 박 대통령은 1월 6일 청와대 춘추관에서 열린 신년 기자회견에서 "통일은 대박이다", "통일은 경제 대도약의 기회이다"라고 언급했다.[97] 분단 고착화와 통일 비용에 대한 우려 등으로 통일 무용론, 통일 기피 현상이 나날이 확산되는 것은 어제오늘의 일이 아니다. 이런 가운데 박 대통령은 통일의 경제적 편익을 부각시키며 통일을 경제적 생존의 기회로 치환함으로써 통일 논의를 재점화했다.

2014년 3월 28일 박 대통령은 독일 드레스덴 공과대에서 '한반도 평화통일을 위한 구상'이라는 제목의 연설을 했다. 이른바 드레스덴 선언이다. △남북한 주민들의 인도적 문제의 해결 △공동번영을 위한 민생

---

95 김남권, "朴대통령 첫 군부대 방문...'北도발 가차 없이 대응'," 「연합뉴스」, 2013. 12. 24.

96 박성민, "〈신년사〉朴대통령 '정상화 개혁 꾸준히 추진할 것'," 「연합뉴스」, 2013. 12. 31.

97 박근혜 대통령의 통일 대박론 전체 발언은 다음과 같다. "지금 국민들 중에는 통일 비용이 너무 많이 들지 않겠느냐, 그래서 굳이 통일을 할 필요가 있겠느냐고 생각하시는 그런 분들도 계신 것으로 알고 있습니다. 그러나 저는 한마디로 통일은 대박이다 이렇게 생각을 합니다. 저는 통일은 우리 경제가 실제로 대도약할 수 있는 기회라고 생각합니다."

인프라 구축 △남북한 주민의 동질성 회복 노력 등 3가지 대북 제안을 했다.[98] 통일 대박론이 통일에 대한 명분의 공표라면, 드레스덴 선언은 통일의 방법론이다.

박근혜 정부가 통일 대박론과 드레스덴 선언을 공표했다고 해서 안보의 순위가 밀린 것은 아니다. 현지 시간 2014년 10월 23일 미국 워싱턴에서 열린 제46차 한미연례안보협의회에서 한민구 국방부장관과 척 헤이글 미국 국방부장관은 전시작전통제권 전환을 연기하는 내용의 공동성명을 발표했다. 노무현 정부에서 합의됐던 전시작전통제권의 한국군 전환이 이명박 정부에서 2015년 12월 1일로 연기된 데 이어 또다시 연기된 것이다. 기한은 조건이 충족될 때까지여서 사실상 무기한 연기로 간주됐다.

야당은 전시작전통제권 전환 공약의 파기, 군사주권의 포기라며 정부를 맹공했다.[99] 이에 민경욱 청와대 대변인은 10월 24일 춘추관 브리핑에서 "계획된 전환 시기를 반드시 지켜야 한다는 공약의 철지한 이행보다 국가 안위라는 현실적 관점에서 냉철히 봐야 할 사안"이라며 야권의 반발에 정면대응했다.[100] 공약의 파기로 박 대통령 특유의 신뢰에 흠집이 생겨도 안보 강화를 위해 전시작전통제권 전환의 연기를 택했다는 것이다.

2015년 8월 4일 북한의 비무장지대 목함지뢰 도발로 남북 사이에는 팽팽한 군사적 긴장감이 조성됐다. 남북 포격전이 벌어졌고, 북한의 잠

---

98 안정원, "朴대통령 '드레스덴 선언'..대북 3大제안 발표," 「연합뉴스」, 2014. 3. 28.

99 국회사무처, 제329회 국회 국방위원회 회의록 제4호(2014. 10. 29.), pp. 7-36.

100 정윤섭, "靑 '전작권, 국가안위 관점서 봐야..공약파기 아냐'," 「연합뉴스」, 2014. 10. 24.

수함들이 일시에 잠항하는 위기 상황까지 치달았다. 대화와 협력보다 안보가 중시되는 분위기는 더욱 무르익었다.

박 대통령은 연평도 포격전 5주년인 11월 23일 영상메시지로 철통같은 안보를 군에 주문한 데 이어 12월 17일 미국 수출용 훈련기 공개식 현장에 참석해 안보를 강조했다. 그는 "훈련기의 미국 수출이 국가안보적 측면에서 한미동맹을 더욱 강화시키는 촉매제가 될 것"이라고 밝혔다.[101] 민간 방위산업체의 수출 추진 훈련기 공개 행사에 대통령이 이례적으로 참석해 한미동맹을 통한 안보를 거론할 정도로 박근혜 정부의 안보 우위 기조는 확고했다.

이듬해인 2016년 박근혜 정부는 굵직한 안보정책 2가지를 결정했다. 북한이 1월 6일 4차 핵실험을 실시하고 한 달 후 장거리 로켓을 발사하자 2월 7일 한미는 THAAD의 주한미군 배치를 공식 협의한다고 발표했다. 북한의 반대와 중국의 저항에도 한미는 7월 8일 THAAD의 주한미군 배치를 결정했다.

야당은 주변국의 반발을 우려하며 정부의 대책을 촉구했다. 한민구 국방부장관은 "NSC에서 (중국, 러시아의 반발) 그 강도에 대해서 높을 것이다, 낮을 것이다 얘기하지 않았다", "중국이 설득되면 배치하고 러시아가 설득되지 않으면 배치 안 하고의 문제가 아니라고 본다"라고 말했다.[102]

11월 23일 한국과 일본은 한일 군사정보보호협정을 체결했다. 한국과 일본 양국이 북한의 미사일 발사 등의 정보를 공유해 한미일 안보협력을 강화하는 협정이다. 반일 감정은 한국과 북한에서 공히 높고, 그

---

101 강병철, "朴대통령 '美수출 훈련기, 한미동맹 강화 촉매제'," 「연합뉴스」, 2015. 12. 17.
102 국회사무처, 제343회 국회 국방위원회 회의록 제5호(2016. 7. 11.), p. 4.

한국군의 두 얼굴

러한 북한을 직접 겨냥한 한일 양국의 군사 협력인 만큼 남북한의 정서를 의식하지 않는 고도의 안보적 결정이었다. 한민구 국방부장관은 "어떤 특정 정파적 이익을 위해서가 아니고 북핵과 미사일에 대한 우리의 대응태세 강화 차원에서, 군사적 요구를 충족시키는 측면에서 동맹 국가와 또 인접 국가와 맺은 그런 것"이라고 한일 군사정보보호협정 체결의 의의를 설명했다.[103]

박근혜 정부에 있어서 북한은 확고한 안보의 대상이었다. 정부 출범 초기 의례적으로 대화와 협력을 언급하면서도 대북정책의 1순위는 안보였다. 2015년부터 북한의 군사적 행동이 강도를 높임에 따라 박근혜 정부의 안보 중시 기조는 더욱 두드러졌다.

(2) 군의 보수적 대북인식

이명박 정부의 군에 이어 박근혜 정부의 군도 대북 적대감, 주적관 등 보수적 대북인식을 여과 없이 드러냈다. 박근혜 정부가 임명한 첫 합참의장은 최윤희 해군 대장이다. 2013년 10월 11일 인사청문회 인사말에서 최윤희 후보자는 "산화한 전우들의 한을 늘 가슴에 품고 살고 있다", "완벽한 군사대비태세를 구축해 적이 감히 도발을 생각하지 못하도록 하겠다", "그럼에도 적이 도발한다면 주저 없이 신속, 단호하게 응징하겠다", "도발 원점은 물론 지원, 지휘세력까지 초토화시켜 도발이 얼마나 잘못된 행동인가를 처절히 후회하도록 만들겠다" 등 강경 발언

---

103 국회사무처, 제347회 국회 국방위원회 회의록 제1호(2016. 12. 12.), p. 11.

을 쏟아냈다.[104]

최 후보자는 먼저 연평해전, 천안함 폭침 등에서 전사한 전우들에 대한 복수를 다짐했다. 이어 사전 억지, 도발 시 대응, 원점 및 지휘세력 응징까지 상황별 공세적 행동 방침을 밝혀 적대적 대북인식을 숨기지 않았다.

최윤희 의장의 후임인 이순진 합참의장은 2015년 10월 5일 인사청문회에서 "5·16 군사정변은 혁명"이라는 본인 논문의 주장을 철회하지 않아 국방위원들의 질타가 이어졌다. 여당 소속 국방위원들의 "국가기관이 내린 평가를 기준으로 삼아야 한다"라는 타협 유도에도 이순진 후보자는 5·16을 명쾌하게 군사정변이라고 표현하지 않았다.[105] 5·16의 주역 박정희 전 대통령의 딸인 박근혜 대통령의 심기를 의식했을 수도 있지만 현역 군인 최고 서열자로서 군 편의적 사고방식을 보여준 것이다.

박근혜 정부가 선택한 첫 국방부장관은 한민구 예비역 대장이다. 2014년 6월 29일 인사청문회에서 "통일 기반을 조성하려는 정부의 정책 수행에 있어서 국방부의 몫이 무엇인가"라는 여당 한기호 위원의 질의에 한민구 후보자는 "통일 기반을 조성할 수 있도록 북한의 도발을 억제하고 군사적으로 그것을 뒷받침하는 일"이라고 답했다. 이어 "박근혜 정부 첫 국방부장관으로서 가장 중요한 임무가 무엇이냐"라고 묻자 "현존하는 북한의 도발을 철저히 억제하는 것"이라고 밝혔다.[106]

군이 정부의 통일대박론을 뒷받침하는 일도 북한의 도발에 대한 억

---

104 국회사무처, 제320회 국회 국방위원회 회의록 제4호(2013. 10. 11.), p. 2.

105 국회사무처, 제337회 국회 국방위원회 회의록 제3호(2015. 10. 5.), pp. 4-73.

106 국회사무처, 제326회 국회 국방위원회 회의록 제3호(2014. 6. 29.), p. 5.

지이고, 국방부장관의 제1임무도 북한의 도발에 대한 억지임을 분명히 했다. 북한이 섣불리 군사적 행동을 할 수 없도록 강력한 대비태세를 갖추겠다는 뜻으로 최윤희 의장과 같은 공세적 대북인식의 발로라고 볼 수 있다.

박근혜 정부 시기 남북의 정상회담이나 극적인 대화, 교류는 없었다. 남북의 긴장이 완화되지 않는 가운데 군이 자발적으로 보수적 성향, 적대적 대북인식을 거둬들일 리 만무했다. 오히려 북한은 핵실험, 장거리 로켓 발사, 목함지뢰 사건 등을 감행했고, 남북의 군은 서해 NLL 주변에서 교전과 다름없는 충돌, 지상 포격전을 벌였다. 정부도 안보 우위의 대북인식을 거듭 표명했기 때문에 민군의 보수적 대북인식은 상승작용을 일으켰다고 볼 수 있다.

부사관 2명을 크게 다치게 한 2015년 8월의 목함지뢰 사건은 군의 적대적 대북인식을 더욱 강화했다. 유엔사 정전위의 조사 결과 북한군이 한국군 장병들에게 상해를 입힐 목적으로 군사분계선 남쪽에 목함지뢰를 매설한 것으로 밝혀졌다. 상호 사격하는 교전과 달리 북한군의 비인도적 면이 부각됨에 따라 군은 "혹독한 대가를 치르게 될 것"이라며 반발했다.[107] 한국군의 적대적 대북관은 이후 박근혜 정부 기간을 통틀어 견고했다.

2014, 2016 국방백서는 제2절 국방정책 중 국방목표에 "북한 정권과 북한군은 우리의 적"이라는 주적 개념을 명시했다.[108] 이명박 정부의 2010, 2012 국방백서에 이어 주적 개념을 유지한 것이다.

---

107 국회사무처, 제336회 국회 국방위원회 회의록 제1호(2015. 8. 12.), p. 2.
108 국방부, 『2014 국방백서』(서울: 국방부, 2014), p. 37., 국방부, 『2016 국방백서』(서울: 국방부, 2016), p. 34.

2. 4성 장군 출신의 안보실장과 NSC

(1) 김장수 안보실장과 NSC

박근혜 정부 출범 한 달 만에 김장수 국가안보실 체제가 가동됐다. 안보실장 선임은 박 대통령 취임 전에 이뤄졌다. 야당인 민주통합당의 김현 대변인은 김장수의 안보실장 선임을 두고 "국가안보실장은 국방뿐 아니라 외교, 안보 분야에 대해서도 역할을 해야 할 자리다", "육사 출신인 점을 아쉽게 생각한다"라고 논평했다.[109]

김 대변인의 논평은 2006년까지 육군참모총장, 2008년까지 국방부장관을 역임한 육군사관학교 출신의 무장이 안보뿐 아니라 외교와 통일을 아우르는 문민통제의 사령탑에 지명된 데 대한 우려이다. 사실 박근혜 정부의 신임 장관급 인사 중에는 김장수 실장 외에 남재준 국가정보원장, 박흥렬 경호실장 등도 육군참모총장 출신의 무골이었다. 보수의 색채가 짙은 군 출신이 안보라인을 장악했다는 지적이 정치권, 언론에서 제기됐다.

---

109 송수경, "민주 '철저히 검증할 것..책임총리제 인식 결여'," 「연합뉴스」, 2013. 2. 8.

〈그림 4-3〉 박근혜 정부의 NSC

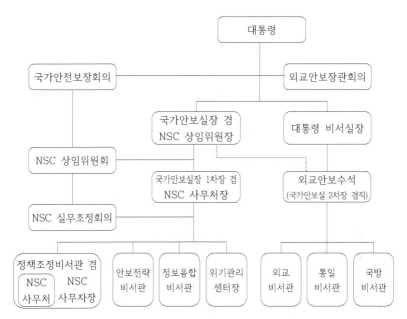

출처: 신지홍, "靑, NSC 상임위…안보컨트롤타워 역할," 「연합뉴스」, 2013. 12. 20.

    박근혜 정부에서는 국가안보실과 외교안보수석실이 병존했다. 안보실과 외교안보수석실의 역할이 중첩되는데 안보실장이 외교안보수석을 지휘하는 구조로 역할을 분담했다. 안보실장은 장관급이고, 외교안보수석은 차관급이다. 외교안보수석은 안보실의 2차장을 겸임했다.

    국가안보실은 실장, 차장 외에 국제협력비서관, 정보융합비서관, 위기관리센터장으로 구성됐다.[110] 정원은 13명이고, 출범 당시 9명으로 시작했다. 적은 인원에도 안보실은 외교·통일·국방 분야의 중장기 정책과 전

---

110 이하 국가안보실 일반 현황은 국회사무처, 제315회 국회 국회운영위원회 회의록 제2호(2013. 4. 18.), pp. 40-41.

략, 국가안보 관련 제반 정보의 융합과 국가위기 관련 상황 관리 및 대응 등 국가안보에 관해 대통령을 두루 보좌하는 역할을 맡았다.

김장수 실장은 안보실을 '외교·안보·통일 분야의 컨트롤타워'라고 정의했다. 2013년 3월 20일 북한의 사이버 테러 공격 시에도 국가안보실을 컨트롤타워로 운용하며 관련 기관들과 유기적으로 대응했다고 밝혔다. 주요 회의체는 NSC 상임위로 이명박 정부 시기 약화됐던 NSC가 강화됐다.

김장수 안보실장은 군의 자율성, 지휘관의 재량권을 인정했다. 북한의 국지도발 대응 계획에 대해 그는 "국방부에서도 수차 밝혔지만 자위권 차원에서 한다", "교전규칙에 의해서 하는 게 아니고 자위권 차원에서 도발 원점, 지원 세력, 더 나아가 지휘 세력까지도 표적에 다 포함을 시켜서 가용한 모든 수단으로 응징하겠다"라고 말했다.[111]

교전규칙에 얽매이지 않고 자위권 차원에서 가용한 모든 수단으로 응징하겠다는 김장수 실장의 언급은 군 지휘관의 재량권을 백분 허용하겠다는 뜻이다. 국방부도 도발 원점, 지원 세력, 지휘 세력 타격의 의사를 수차례 밝혔음을 거론해 군과 안보실의 교감을 확인했다. 박근혜 정부 출범 2개월도 채 안 된 시점에서 안보실장이 군의 전폭적 자율을 공개 선언한 것이다.

이명박 정부에서 폐지됐던 NSC 상임위원회와 상설 사무처는 2013년 12월 안보실 산하에 재설치됐다. 안보실과 NSC를 동시에 강화하는 조치이다. 안보실 1차장은 NSC 사무처장을 겸임했다. 외교안보수석이 겸임하는 안보실 2차장 산하에 외교와 통일, 국방비서관을 설치했다. 국

---

111 국회사무처(2013. 4. 18.), p. 54.

한국군의 두 얼굴

가안보실이 NSC까지 관장함으로써 안보실의 권한이 대폭 강화됐다. 명실공히 안보 컨트롤타워가 된 것이다.[112]

김장수 안보실장을 정점으로 한 박근혜 정부 1기 NSC의 강력한 진용은 2013년 세밑에 완성됐다. 그러나 2014년 세월호 참사 대응 과정 중 구설수에 올라 조기 퇴장했다. 세월호 구조 작전 중 위기관리센터의 초동 대처에 대한 비판이 나오자 세월호 참사 발생 8일째인 2014년 4월 23일 김장수 실장이 청와대 대변인을 통해 "위기관리센터는 재난 컨트롤타워가 아니다"라는 책임 회피성 해명을 내놓은 것이 화근이었다.[113] 책임 회피 논란 한 달 만인 5월 22일 김장수 실장은 퇴임했다.

김장수 안보실장과 NSC는 강력한 권한의 안보 컨트롤타워임에도 군에 명시적으로 자율을 위임했다. 북한 도발에 대한 자위권 차원의 대응을 허용한 것은 군으로 하여금 청와대와 국방부의 지침 없이 현장에서 지휘관 판단으로 작전을 펼치라는 공식 면허와 다름없다. 군의 생리가 체화된 인물로서 군의 선호를 용인한 것이다. 안보실장이 보수 색채의 군 출신이라는 야당의 우려도 결국 이러한 점과 맞닿아 있다고 볼 수 있다.

(2) 김관진 안보실장과 NSC

박근혜 정부 2대 안보실장은 김관진 예비역 육군 대장이다. 김장수

---

112 국회사무처, 제321회 국회 국회운영위원회 회의록 제2호(2013. 12. 31.), pp. 1-4.
113 국회사무처, 제324회 국회 법제사법위원회 회의록 제1호(2014. 4. 28.), pp. 46-49.

예비역 육군 대장에 이어 또다시 군 출신 안보실장의 기용이었다. 합참 의장을 역임한 김관진 실장은 국방부장관에서 안보실장으로 직행했다. 2014년 6월 초 안보실장에 임명된 후에도 후임 국방부장관이 취임할 때까지 국방부장관직을 겸임했다.

김관진 실장의 국가안보실과 NSC는 조직의 규모가 대폭 커졌다. 정원 26명에 2014년 7월 현재 인원은 19명이었다. 관련 부처 직원 43명이 파견돼 총 62명이 근무했다. 김장수 안보실장 체제 출범 당시와 비교하면 7배 가까운 인원의 증가이다.

안보실의 역할은 김장수 실장 때와 큰 차이가 없었다. NSC 상임위원회와 사무처의 역할은 보다 구체화됐다. NSC 상임위는 외교·통일·국방 분야 주요 현안 및 정책을 협의, 조정해 대통령에게 보고하고, 필요시 대통령 주재 NSC를 개최했다. NSC 상임위의 운영 지원은 NSC 실무조정회의가 맡았다. 상임위와 실무조정회의는 2014년 10월까지 10개월간 각각 38회, 32회 열렸다. 외교안보수석은 안보실 2차장을 겸임하며 외교·통일·국방 분야의 현안 업무에 관해 국가안보실장을 보좌했다.[114]

김관진 실장 체제의 안보실과 NSC의 최대 현안은 북한의 핵과 미사일, 장성택 처형 이후 북한의 정세, NLL 도발 등이었다. 김관진 실장은 "유관 부처와 긴밀한 연계 하에 철저한 대응태세를 유지하고 있다"라고 2014년 7월 국회에 보고했는데 군의 작전에 직접적으로 개입한 증거는 찾기 어렵다.

김 실장은 대북 강경파인데다 이명박 정부와 박근혜 정부를 잇는 국방부장관이다. 선조치 후보고의 상징적 인물이다. 국방부장관으로서

---

114 국회사무처, 제326회 국회 국회운영위원회 회의록 제2호(2014. 7. 7.), pp. 6-7.

한국군의 두 얼굴

북한의 도발에 주저 없는 강력한 보복, 자율적 교전규칙을 강조하며 이를 군에 주입했다. 선조치 후보고는 김관진 실장이 국방부장관을 이임한 후에도 군의 기본적 교전교칙이었다. 2015년 8월 북한의 목함지뢰 도발로 남북의 군사적 긴장이 고조됐을 때 박근혜 대통령이 직접 육성으로 선조치 후보고를 재확인하기도 했다.

김관진 실장은 박근혜 정부 후반기 안보 총책임자의 역할을 했다. 2014년 10월 4일 북한 고위급 대표가 인천을 방문했을 때 통일부장관 등을 이끌고 남북 고위급 회담을 주도했다. 김 실장은 목함지뢰 도발과 포격전으로 조성된 긴장 국면의 해결을 위한 남북회담에서도 남측 대표단을 이끌었다. 강력한 안보실장, 강력한 NSC 체제였다. 선조치 후보고의 군 자율적 작전이 허용됐다.

3. 정부의 위임과 군의 공세적 작전

(1) 고위급 회담 3일 후 조준격파사격

박근혜 정부 출범 직전 북한은 3차 핵실험을 했다. 조선중앙통신은 2013년 2월 12일 함경북도 길주군 풍계리에서 지하 핵실험을 성공적으로 진행했다고 보도했다. 같은 날 이명박 대통령은 NSC를 개최했고, 정부는 "국제사회와 공조해 북한의 핵 포기를 위한 필요한 모든 조치를 강구하겠다"라고 밝혔다. 박근혜 대통령 당선인과 이명박 대통령은 긴급 회동하고 대책을 논의했다.[115]

유엔 안보리는 대북 제재를 결의했다. 3월로 예정된 한미연합훈련의 강도는 높아질 것으로 예상됐다. 북한은 3월 5일과 6일 "한미연합훈련에 대응해 반미대전의 최후 승리를 위한 결정적 중대 조치를 취할 것"이라고 선포했다. 합참은 3월 6일 "북한이 도발을 감행하면 도발 원점과 지원 세력, 지휘 세력까지 강력하고 단호하게 응징할 것"이라는 경고 성명을 발표했다. 이에 북한은 3월 11일부터 정전협정과 남북 불가침에 관한 합의의 백지화를 위협했다. 국방부는 "북한이 핵무기로 한국을 공격하면 인류의 의지로 김정은 정권은 지구상에서 소멸할 것"이라고 맞받

---

115 국회사무처, 제313회 국회 외교통상통일위원회 회의록 제2호(2013. 2. 13.), pp. 2-4.

았다.[116] 남북은 이후에도 위협적 언사를 주고받으며 한반도의 긴장 수위를 끌어올렸다. 미국은 B-52와 B-2 폭격기, 핵잠수함 등을 한반도로 수차례 전개해 대북 무력시위를 벌였다. 북한군은 3월 21일 전체 군인과 주민들에게 공습경보를 발령했고, "B-52가 이륙하는 괌 앤더슨 공군 기지, 핵잠수함이 발진하는 일본 본토와 오키나와의 해군기지가 우리 정밀타격 수단의 타격권 안에 있다"라며 공세를 폈다. 김정은은 3월 29일 0시 30분 전략로케트군 화력타격임무수행 관련 작전회의를 긴급소집하고 화력타격계획을 최종 비준했다.[117]

남북의 위협적 언사가 1년 내내 오가는 가운데 남북의 군은 직접적으로 충돌하지 않았다. 서해 NLL에서 종종 북한 선박의 월선이 있었을 뿐 사격으로 이어지지 않았다. 10월까지 NLL을 월선한 북한 선박은 22척이고, 이 가운데 무장한 경비정과 단속선은 9척이었다.[118]

해를 넘겨 2014년 2월 24~25일 금강산에서 남북 이산가족 상봉 행사가 열리는 중 서해 NLL에서 위기 상황이 발생했다. 금강산 상봉 행사 마지막 날이던 2월 24일 밤 10시 56분과 11시 46분, 그리고 25일 0시 25분 등 총 3차례에 걸쳐 북한 경비정 1척이 연평도 서쪽 13마일 해상에서 NLL을 월선했다. 1차 20분, 2차 30분, 3차 120분 동안 NLL 이남에 머물렀다. 한국 해군은 10여 차례 경고통신만 했고 경고사격은 하지 않았다.[119]

---

116 통일연구원(2013), pp. 544-545.

117 통일연구원(2013), pp. 546-547.

118 국회사무처, 2013년도 합참 등 국정감사 국방위원회 회의록(2013. 10. 22.), p. 45., 국회사무처, 2013년도 해군 등 국정감사 국방위원회 회의록(2013. 10. 23.), p. 6.

119 국회사무처, 제322회 국회 국방위원회 회의록 제2호(2014. 2. 26.), p. 16.

이에 앞서 북한 국방위원회는 1월 16일 남측에 중대 제안이라는 형식을 통해 "서해 5개 섬 열점지역을 포함해 지상, 해상, 공중에서 상대방을 자극하는 모든 행위, 중상비방 행위를 전면 중지하자"라고 발표했다. 북한은 "중대 제안의 실현을 위해 먼저 실천적 행동을 보여주겠다"라고 다짐했다.[120] 1개월 만에 중대 제안을 어기고 NLL을 월선한 것이다.

김관진 국방부장관은 북한 경비정이 3차례나 NLL을 월선한 상황에서도 경고사격을 하지 않은 데 대해 현장 지휘관의 판단이었음을 강조했다. "이산가족 상봉 행사에 따른 정치적 판단은 배제하고, 군사적 판단에 따라 현장 지휘관이 임무를 다했다"라고 부연했다.[121]

경고사격을 하지 않은 것은 짙은 해무로 함정의 기동이 여의치 않았고, 북한 경비정이 한국 함정의 경고통신 이후 북으로 복귀 기동을 했기 때문이다. 북한 경비정이 시간을 끌며 지그재그로 운항하면서도 한국 함정의 경고통신에 호응해 선수를 북으로 돌렸으니 경고사격은 필요 없다고 현장 지휘관은 판단했다.

3월 31일 NLL을 사이에 두고 남북의 포가 불을 뿜었다. 북한은 낮 12시 15분부터 오후 3시 30분까지 장산곶과 강령반도 일대에서 해안포와 방사포 등 500여 발을 쏘았다. 이 가운데 100여 발이 NLL 이남에 떨어졌다. 한국 해병대는 북한 사격 5분 뒤부터 K-9 자주포로 사격을 시작해 NLL 이남에 떨어진 북한 포탄의 3배인 300여 발을 NLL 이북으로 날렸다.

김관진 국방부장관은 "단호하게 등거리만큼 NLL 북쪽으로 충분한

120 노재현, "北 '30일부터 상호 비방 중단…적대행위 중지 제안'," 「연합뉴스」, 2014. 1. 16.
121 국회사무처(2014. 2. 26.), p. 28.

한국군의 두 얼굴

사격을 즉각적으로 한 것이다", "우리 육지에 도발했다면 그대로 원점 타격뿐 아니라 지원 세력, 지휘 세력까지 가차 없이 응징할 태세를 갖추고 있다"라고 국회에 보고했다.[122]

2014년 10월 4일 북한 고위급 대표단이 인천 아시안게임 폐막식 참석차 서해 직항로를 이용해 방남했다. 황병서 북한군 총정치국장, 최룡해 노동당 비서, 김양건 노동당 통일전선부장 등 북한의 실세 최고위급들의 전격 방문이었다.

이들은 오전 9시 52분 김정은 전용기로 알려진 항공기를 타고 인천국제공항에 도착했다. 오전 11시 20분 인천 오쿠우드 호텔에서 류길재 통일부장관과 회담했다. 오후 1시 50분 인천시청 인근 한식당 영빈관에서 김관진 청와대 국가안보실장, 류길재 통일부장관, 김규현 안보실 1차장, 한기범 국가정보원 1차장 등과 오찬 회담을 했다. 북측 대표단은 남측이 제안한 제2차 남북 고위급 접촉을 수용했다.

오후 6시 45분 정홍원 국무총리와 면담하고, 이어 인천 아시안게임 폐회식에 참석했다. 북한 고위급은 밤 10시 서해 직항로를 되밟아 북으로 귀환했다.[123] 박근혜 정부 출범 이래 냉랭했던 남북관계에 획기적인 돌파구를 기대할 수 있었던 접촉이었다.

북한 최고위급들이 평양으로 돌아간 지 3일 만에 서해에서 남북 교전이라고 불러도 무방한 충돌이 발생했다. 10월 7일 오전 9시 50분 북한 경비정 1척이 연평도 서쪽 NLL을 약 900m 월선했다. 이에 한국 해군 유도탄고속함이 경고통신 후 경고사격을 실시했다. 북한 경비정은 돌아

---

122 국회사무처, 제323회 국회 국회본회의 회의록 제4호(2014. 4. 4.), p. 50.
123 장용훈, "北, 최고위급 대표단 AG 폐막식에 왜 보냈나," 「연합뉴스」, 2014. 10. 4.

가지 않고 기관포 수십 발로 대응사격했다. 유도탄고속함은 맞대응으로 조준격파사격을 했다. 북한 경비정을 조준해 76㎜와 40㎜ 함포를 100발 가까이 사격한 것이다. 북한 경비정은 NLL 월선 10분 만인 10시쯤 북상했다.[124]

경고통신, 경고사격, 조준격파사격으로 이어지는 3단계 교전규칙이 고스란히 이행됐다. 한민구 국방부장관도 국회에서 당시 상황을 "조준격파사격으로 이어진 교전"이라고 표현했다. 합동참모본부는 서둘러 "남북 함포의 사거리가 남북 함정 간 거리에 비해 짧기 때문에 완전한 교전으로 보기에는 무리가 있다"라고 해명했지만 2009년 11월 대청해전 이후 5년 만에 남북 함정 간 상호 대응사격이 벌어진 것은 분명했다.

최윤희 합참의장은 "상부의 지침이 아니라, 의장의 지침과 현지 부대의 판단에 따라 조준격파사격으로 대응했다"고 밝혔다. 즉, 경고사격에 이은 조준격파사격은 해군 작전사령부와 2함대의 독자적 판단이었다.[125] 북한 함정에 대한 경고사격, 조준격파사격을 NSC와 국방부장관의 지침 없이 합참 이하 군부대에서 자율적으로 교전규칙에 따라 실시한 것이다.

정호섭 해군 작전사령관은 "북한 경비정을 향한 격파사격의 목적은 일발필중(一發必中), 명중시키기 위한 것"이라고 밝혔다.[126] 북한 경비정이 피격됐다면 연평해전, 대청해전과 같은 대규모 무력충돌을 불러올 수도

124 국회사무처, 2014년도 국방부 등 국정감사 국방위원회 회의록(2014. 10. 7.), p. 7.

125 최윤희 합참의장은 사건 발생 6일 뒤 열린 합동참모본부 등 국정감사에서 윤후덕 위원의 "현지 부대의 지침에 따라서 했나"라는 질의에 "현장 부대에서 바로 지휘했다"라고 답변했다. 국회사무처, 2014년도 합참 등 국정감사 국방위원회 회의록(2014. 10. 13.), p. 53p.

126 국회사무처, 2014년도 해군 등 국정감사 국방위원회 회의록(2014. 10. 15.), p. 31.

한국군의 두 얼굴

있는 작전을, 군은 청와대와 국방부의 지침 없이 자율적으로 판단하고 행동했다. 또 2014년 북한의 경비정과 단속정이 13회 서해 NLL을 월선했는데 남북 고위급 접촉 직후인 10월 7일만이 유일하게 조준격파사격으로 이어진 사건이라는 점도 특기할 만하다.[127]

(2) 자율적 DMZ 지상 교전

북한 최고위급 인사들의 인천 아시안게임 폐막식 참석으로 남북이 대화 국면으로 접어드는 시점에 군은 자율적으로 북한을 상대로 공세적 작전을 펼쳤다. 남북관계는 10월 7일 서해교전으로 인해 다시 살얼음판이 됐다. 위기는 곧 해상에서 지상으로 옮아갔다. 빌미는 9월 21일에 이어 10월 10일로 예정됐던 탈북자 단체의 대북전단 살포 행사였다. 10월 10일은 북한의 당 창건 기념일로 북한의 큰 명절이다.

북한 대남기구인 조국평화통일위원회는 "총정치국장 일행의 인천 방문 이후 이러한 망동을 감행하려는 데 경악을 금할 수 없다"라며 "전단살포는 선전포고"라고 규정했다.[128] 대북전단 살포 시 공격을 예고한 것이다.

통일부의 만류에도 탈북자 단체는 10일 오전 11시쯤 경기도 파주 오두산 통일전망대에서, 오후 1시 50분쯤 경기도 연천의 야산에서 각각

---

127 합참이 2016년 9월 이종명 국회 국방위원에게 제출한 서북도서 도발 현황에 따르면 북한 경비정, 단속정의 2014년 서해 NLL 월선은 13회이고 10월 7일에만 대응사격이 있었다.

128 민경락, "北, '南 정부가 삐라살포 묵인하면 남북관계 파국'," 「연합뉴스」, 2014. 10. 9.

풍선을 이용해 대북전단을 북으로 날려 보냈다. 2시간 후 북한은 전날의 경고를 전격적으로 행동으로 옮겼다. 오후 3시 55분 북한은 연천군 삼곶리 일대로 고사총 10여 발을 쏘았다.

한국 육군은 5시 30분부터 6차례 경고통신을 한 후 5시 40분부터 가까운 북한군 GP를 향해 K-6 기관총 40여 발로 대응사격했다. 10여 분 후 북측이 수발을 사격했고, 한국군도 소형 화기 10여 발을 북측 GP를 향해 쏘았다. 적 도발 원점 미식별 시 인근 지역 적 GP로 사격한다는 절차에 따른 사격이라고 합동참모본부는 설명했다.[129]

남북은 소화기를 사격하면서 동시에 중화기를 추가 배치했다. 북한군은 장사정포를, 한국군은 K-9 자주포와 공대지 미사일을 장착한 F-15K를 준비시켰다. 남북 양측이 확전도 불사하는 군사적 대치에 돌입한 국면이었다.

대북전단으로 빚어진 교전도 10월 7일 서해교전과 마찬가지로 군의 자율적 작전이었다. 10월 13일 국회 국방위원회의 합참 국정감사에서 최윤희 합참의장은 "국방부나 청와대 안보실에 보고해서 지침을 받았나"라는 문재인 야당 국방위원의 질의에 "아니다"라고 대답했다. 군은 합참 조보근 정보본부장을 통해 청와대의 관련 행정관에게 상황 보고를 했고, 청와대는 작전 지휘권을 군에 위임했다. 조보근 정보본부장은 국정감사에서 "(청와대가) 알아서 군의 매뉴얼대로 하라고 그래서, 의장께 '그대로 하면 된다'라고 전달했다"라고 말했다.[130]

강력한 NSC 체제의 노무현 정부에서 청와대 비서실장을 지낸 문재

---

129 김귀근, "北, 대북전단 향해 고사총 발사...軍, 기관총 대응사격," 「연합뉴스」, 2014. 10. 10.
130 국회사무처(2014. 10. 13.), pp. 37-38.

인 위원은 NSC 또는 청와대의 지침 없이 군이 자율적으로 교전을 했다는 데 "납득할 수 없다"라며 합참의장과 정보본부장에게 사격 경위를 수차례 되물었다. 대답은 똑같았다. 최 의장은 "군의 계획, 군의 매뉴얼에 따라서 대응했다"라고 강조했다. 군은 10월 7일에 이어 10월 10일에도 문민정부의 통제에서 벗어난 자율적인 작전을 펼친 것이다.

(3) 대통령의 선조치 후보고 강조

2015년 8월 4일 북한의 서부전선 목함지뢰 도발로 한국 육군 1사단 소속 부사관 2명이 크게 다쳤다. 국방부와 유엔사령부는 합동조사단을 구성해 조사에 착수했고, 8월 10일 북한의 소행이라는 결론을 내렸다. 한국 정부는 합동조사단 발표 직후 북한 도발에 대한 보복으로 2004년 6·4 합의 이후 중단됐던 대북 확성기 방송을 11년 만에 재개했다. 북한은 확성기 타격을 위협하는 등 남북의 군사적 위기가 고조됐다.[131]

위기는 물리적 충돌로 이어졌다. 대북 확성기 가동 10일 만인 8월 20일 오후 3시 52분 북한군은 서부전선 한국군 대북 확성기 쪽으로 14.5㎜ 고사총 1발을 사격했다. 이어 4시 15분 북한군은 76.2㎜ 직사화기 3발을 쏘았다. 대북전단에 반발해 포격을 한 지 10개월 만에 북한이 또

---

131 2015년 8월 4일 목함지뢰 도발은 북한 소행일 가능성이 농후했지만 즉각적 또 명시적으로 적대행위의 주체를 특정할 수 없는 사건이었다. 이에 한국 정부와 유엔사는 합동조사단을 구성해 사건의 경위를 파악했고, 북한의 소행이라는 결론은 8월 10일 발표했다. 이에 따라 북한에 대한 대응이 문민정부와 군의 상호관계가 아니라 정부와 유엔사의 협의라는 이 책의 분석 수준과 다른 차원에서 결정되고 시행됐다. 따라서 이 책에서는 목함지뢰 도발 사건 자체는 집중적으로 다루지 않는다.

지상 사격을 감행한 것이다.[132]

한국군은 북한 고사총의 경우 소구경 탄환 1발이어서 정확하게 탐지하지 못했고, 직사화기는 북한군 초소 쪽에서 포연이 올라옴에 따라 육안으로 확인했다. 오후 5시 4분 155㎜ 자주포 29발로 대응사격했다. 북한군이 상대적으로 소형 화기로 사격한 데 반해 한국군은 포병의 주력인 자주포로 7배 이상 많은 양의 포탄을 쏘았다.

한국군의 155㎜ 자주포 29발 대응사격은 합참 휘하 사령부의 자체 결정으로 이뤄졌다. 사단장이 대응사격을 건의하고 군단장은 이를 받아 사령관에게 보고했다. 사령관은 사단장 건의대로 조치할 것을 지시함으로써 대응사격이 진행됐다.[133] NSC와 국방부는 사격 결정에 전혀 개입하지 않고 추후 보고를 받은 전형적인 자율적 선조치 후보고의 방식이다.

남북은 각각 NSC와 중앙군사위원회 비상확대회의를 소집해 향후 대책을 논의했다.[134] 8월 21일 오전 1시쯤 북한은 48시간 시한의 최후통첩이라며 확성기 방송 중단을 강력히 촉구했다. 한국군은 KF-16, F-15K의 무장 출격태세를 갖췄고, 북한군은 해안포를 개방해 확전의 위기로 치달았다.[135]

이날 박근혜 대통령은 군복 차림으로 육군 제3야전군 사령부를 방문했다. 화상회의를 통해 전군 사령관들에게 선조치 후보고의 원칙적이고 자율적인 대응을 명령했다. "현장 지휘관의 판단하에 즉각적으로 대

132 황철환, "北 도발에 南北 서부전선서 포격전..군사적 긴장 최고조," 「연합뉴스」, 2015. 8. 21.

133 국회사무처, 제336회 국회 국방위원회 회의록 제2호(2015. 8. 26.), p. 25.

134 이영재, "북한군, 남쪽으로 포격 도발..우리 군 20여 발 대응사격," 「연합뉴스」, 2015. 8. 20.

135 김호준, "北 확성기 타격 준비 움직임 여전..76.2㎜ 전진배치," 「연합뉴스」, 2015. 8. 22.

응하라", "선조치 후보고하라", "대통령은 군의 판단을 신뢰한다"라는 박 대통령의 강경 대응 육성 명령은 당일 TV 뉴스로 타전됐다. 한국군을 향해서는 자율적 강경 대응의 준엄한 교전규칙과 신뢰를, 북한에 대해서는 확전 불사의 메시지를 전달한 것이다.[136]

한민구 국방부장관은 "북한이 다시 도발하면 혹독한 대가를 치를 것"이라는 대국민 담화를, 북한 외무성은 "전면전도 불사하겠다"라는 성명을 각각 발표했다. 한미 군 당국의 워치콘(WATCHCON: 정보감시태세)은 4에서 3으로 상향조정됐다. 한미의 화력들은 속속 전방으로 전개됐다. 휴전선을 사이에 두고 남북이 사실상 준전시 상태에 접어들었다.[137]

북한이 선포한 48시간 최후통첩 시한을 7시간쯤 앞두고 8월 22일 판문점 평화의 집에서 한국 김관진 국가안보실장과 홍용표 통일부장관, 북한 황병서 총정치국장과 김양건 당비서 간 고위급 접촉이 시작됐다. 이 회의는 밤샘 협상, 중단, 재개를 반복하며 25일까지 이어졌다.[138]

8월 23일 북한 잠수함 전력의 70%인 50여 척이 일제히 잠항에 들어간 사실이 국방부 김민석 대변인의 이례적 발표를 통해 공개됐다. 정부 대변인이 북한 핵심 무기의 동향을 공식적, 선제적으로 확인한 유례없는 일이었다. 초대형 충돌로 비화할 것 같던 남북의 위기는 25일 오전 0시 55분 남북 고위급 회담이 타결되면서 진정됐다.[139]

---

136 박근혜 대통령의 2015년 8월 21일 전군 주요지휘관 화상회의 발언은 방송, 신문, 통신을 통해 당일 실시간 보도됐다. 언론에 보도된 주요 육성 명령은 "현장 지휘관의 판단하에 즉각적으로 대응하라고 여러 차례 지시를 한 바 있는데 어제(8월 20일) 즉각 대응사격은 이러한 평소의 원칙을 그대로 실행한 것이라고 생각한다", "또 상황이 발생했을 때는 선조치 후보고 하기를 바란다", "평소에도 여러 차례 얘기했듯이 대통령은 군의 판단을 신뢰한다" 등이다.

137 이영재, "한미, '워치콘' 격상해 북한군 감시..'동시다발 교전까지 대비'," 「연합뉴스」, 2015. 8. 23.

138 정윤섭, "남북, '무박 4일' 43시간 마라톤협상 끝 극적타결," 「연합뉴스」, 2015. 8. 25.

139 황철환, ""피말리는 시간의 연속이었다"..협상 타결까지 숨가빴던 6일," 「연합뉴스」, 2015. 8. 25.

남북 고위급의 이른바 8·25 합의는 북측이 지뢰 폭발로 남측 군인이 부상한 데 유감을 표명하고, 남측은 8월 25일 정오부터 확성기 방송을 중단하며, 남북은 모두 준전시 상태를 해제하는 것을 골자로 했다. 또 2015년 추석을 계기로 이산가족 상봉을 재개하기로 합의했다.[140]

언론과 정치권은 8·25 합의에 대해 전쟁위기를 평화의 길로 이끈 반전이라고 평가했다. 평화는 오래 가지 않았다. 합의 1주일도 지나지 않아 NLL에서 또 총성이 울렸다. 8월 31일 북한의 단속정이 중국 어선을 단속하는 과정에서 백령도 서북쪽 NLL을 월선했고, 한국 해군 함정은 40㎜ 기관포 3발로 경고사격했다. 일촉즉발의 위기를 8·25 합의로 가까스로 넘긴 국면에 아랑곳 않고 한국 해군은 포를 쏜 것이다.

이 경고사격은 즉각 언론에 공개되지 않았다. 군은 군대로 자율적으로 선조치 후보고 지침에 따라 작전을 했고, 정부는 8·25 합의의 이행이라는 정치적 상황 관리를 위해 사건을 공개하지 않았을 것이라는 추측이 가능하다.

8월 31일 사건은 10월 24일 북한 어선단속정의 NLL 월선에 대응한 한국 해군의 40㎜ 기관포 5발 경고사격을 계기로 외부에 알려졌다.[141] 10월 24일 사건은 8·25 합의에 따라 1년 8개월 만에 금강산에서 남북 이산가족 상봉 행사가 열리는 와중에 NLL에서 경고사격을 한 것이다. 해군이 이산가족 상봉 행사의 성공을 정치적으로 고려했다면 사격하지 않았을 것이다. 순수하게 군사적 판단에 따라 경고사격을 한 것으로 볼 수 있다.

---

140 김호준, "'전쟁위기'에서 '평화의 길'을 찾다..남북관계 획기적 개선 기대," 「연합뉴스」, 2015. 8. 25.
141 김귀근, "軍, NLL 월선 北 어선단속정에 경고사격..北, '고의적 도발'," 「연합뉴스」, 2015. 10. 25.

한국군의 두 얼굴

자율적 통제와
공세적 작전의 인과관계

1. 보수 정부 민군의 대북인식 일치

(1) 이명박 정부 민군의 대북인식 일치

문민통제 제 이론에 따르면 민군 선호의 일치는 문민정부의 간섭을 완화한다. 선호의 일치로 정부는 군에 자율을 보장하고 이에 따라 민군갈등의 소지가 적다는 것이 논리적 귀결이다. 자율이 보장된 군이 공격적으로 행동하는 것은 이미 여러 문헌에서 이론적, 경험적으로 확인됐다.

한국의 보수 정부와 군은 북한을 공히 현상타파 체제로 보며 보수적 대북인식을 공유한다. 민군 대북인식 선호의 일치이다. 따라서 보수 정부는 자율적 문민통제를 펼치고, 자율이 보장된 군은 공격적으로 행동한다는 가정이 가능하다.

먼저 이명박 정부의 대북인식 관련 증거 사례들은 하나같이 원칙주의로 수렴한다. 정부 출범과 함께 공식화한 '비핵·개방·3000' 구상은 북한이 비핵화하는 조건으로 북한을 개방해 북한의 1인당 국민소득을 3,000달러 수준으로 올려주겠다는 것이다. 일방적 지원은 없다. 비핵화를 하면 그 대가로 북한을 지원하겠다는 상호주의이자 원칙주의이다.

북한이 이명박 정부의 대북정책을 일방주의라고 비난해도 이명박 정부는 미동도 않고 "북핵 문제 해결 없이 개성공단 확대는 어렵다"라고 맞받았다. 국방부장관 후보자가 국회에서 북핵 선제타격을 연상케 하는 발언을 해 물의를 빚어도 대통령은 "국회의원이 물으니까 당연한 대답을 한 것"이라며 북핵 제거의 의지를 숨기지 않았다.

북한은 2009년 4월 장거리 로켓을 발사했고, 5월 2차 핵실험을 실시했다. 이명박 정부는 PSI 전면 참여를 선언했다. 노무현 정부가 거부했던 PSI에 이명박 정부는 스스럼없이 들어간 것이다. 남북관계 복원의 시작은 북한의 비핵화 노력이고, 북한이 비핵화 의지를 안보이면 이명박 정부는 그에 맞춰 공세적으로 행동했다.

"PSI 참여는 선전포고"라고 엄포를 놓은 북한은 2010년 천안함 폭침과 연평도 포격전을 일으켰다. 이명박 정부는 더욱 강경해질 수밖에 없었다. 이명박 정부는 화해의 손길을 북한의 강요에 무릎을 꿇는 격으로 이해하기 때문에 비핵화 실천 없는 대화와 협력은 난망(難望)했다.

이명박 정부의 군 최고 지휘관들은 앞다퉈 주적 개념, 대적관을 강조했다. 이전 김대중, 노무현 정부에서 암묵적으로 금기시되었던 "북한은 적"이라는 말을 자유자재로 할 수 있었다.

2008년 6월 근·현대사 교과서 개정 논란 때도 군은 북한과 좌익에 대한 분명한 반대 의사를 표명하며 진보 정부의 교과서를 좌편향으로 규정했다. 야당의 반발에 이상희 국방부장관은 "안보의식의 약화는 학교 교육의 문제"라며 진보 정부 10년의 교육에 날을 세웠다. 노무현 정부의 국방백서에서 사라졌던 주적 개념도 2010년 국방백서에서 부활했다.

이명박 정부의 원칙적 대북인식, 군의 보수적 대북인식은 반복적 규칙으로 나타났다. 정부와 군의 선호는 일치했다. 대북인식 선호가 같은 군에 대해 정부가 관여할 이유는 없다.

(2) 박근혜 정부 민군의 대북인식 일치

박근혜 정부의 대북인식도 안보 우위로 대표되는 보수적 성향이다. 새누리당의 대선 공약은 외교와 통일을 국방 앞에 두었지만 대선 후 인수위 체제부터 안보, 통일, 외교 순으로 재정립됐다. 이후 박근혜 정부의 대외정책 제1순위는 언제나 안보였다.

박근혜 정부의 안보 우위적 인식은 2013년 3월 안보실 신설에서 잘 나타난다. 초대 실장에 민간 안보 전문가가 아니라 김장수 전 국방부장관을 임명했다. 대북 군사적 억지를 염두에 둔 포석이라고 볼 수 있다.

2013년 5월 방미 중 박 대통령은 "강력한 대북 억지력으로 도발에 대비하면서 대화의 문은 열어놓겠다"라고 말했다. 이명박 정부처럼 안보를 전제로 대화한다는 원칙주의적 면모도 보인다. 이어 발표된 정부 공식 국정과제와 2014년 신년사에서도 대외정책 중 안보를 가장 중시했다.

2014년 10월 미국에서 열린 한미연례안보협의회에서 한미 국방부장관은 조건에 기초한 전시작전통제권 전환 연기에 합의했다. 일정한 조건들이 충족돼야 전작권을 전환한다는 사실상의 기한 없는 연기이다. 노무현 정부에서 한미가 약속한 전작권 전환 합의를 백지화한 것이다. 박근혜 정부에 중요한 것은 자주보다 안보였다.

북한의 목함지뢰 도발로 2015년 8월부터 남북의 군사적 긴장감이 극에 달했다. 박 대통령은 민간 방위산업체인 한국항공우주산업을 방문해 미국 수출용 훈련기 공개 행사를 주관했다. 이례적이다. 그는 "훈련기 수출은 국가안보적 측면에서 한미동맹을 더욱 강화시키는 촉매제가 될 것"이라고 말했다.

2016년 박근혜 정부는 THAAD의 주한미군 배치를 결정했고, 한일 군사정보보호협정을 체결했다. 전자는 중국의 반발에도 불구하고 한미동맹과 안보를 강화하는 조치이고, 후자는 남북의 반일감정에도 불구하고 한미일 안보협력체제를 강화하는 조치이다. 경제적, 외교적 타격과 반일감정도 안보 우선의 원칙을 흔들 수 없었다.

정부의 이러한 인식과 행보는 군의 보수성을 더욱 강화하도록 유인한다. 박근혜 정부의 첫 합참의장인 최윤희는 인사청문회 인사말에서 "산화한 전우들의 한을 늘 가슴에 품고 살고 있다"라며 연평해전, 천안함폭침, 연평도 포격전의 복수를 다짐했다. 박근혜 정부의 첫 국방부장관인 한민구 예비역 대장은 인사청문회에서 "첫 국방부장관으로서 임무가 무엇이냐"라는 질문에 "북한의 도발을 철저히 억제하는 것"이라고답변했다. 국방부장관의 첫 번째 역할, 즉 문민통제 대리 기능은 염두에 없었다.

2015년 8월 목함지뢰 도발은 군의 대북 적대관의 강도를 더욱 높였다. 정정당당한 교전이 아니라 불특정 소수의 장병들을 헤치는 방식의기습이었기 때문에 군의 대북 적개심을 불러일으켰다.

박근혜 정부의 안보 중시 증거 사례들은 반복적 규칙의 정도가 상당하다. 군도 마찬가지이다. 보수적이지 않은 말과 행동을 한 사례는 단한 건도 발견되지 않는다. 박근혜 정부는 안보 우위 대북인식을, 군은보수적이고 적대적인 대북인식을 고수함에 따라 민군의 대북인식 선호는 강력하게 일치했다.

보수 정부 국방백서의 주적 개념 복구도 유의미하다. 김대중, 노무현정부는 국방백서에서 주적 개념을 삭제한 데 반해 이명박, 박근혜 정부는 국방백서에서 주적 개념을 부활시켜 유지했다. 보수 정부와 군은 북한의 정권과 군을 주적으로 여기는 대북인식을 공유한 것이다.

2. 보수 정부의 NSC 약화

(1) 이명박 정부의 NSC

보수 정부의 민군 대북인식 선호가 일치함으로써 문민정부가 남북 정세의 관리를 위해 인위적으로 군에 관여할 필요성이 줄어들었다. 진보 정부 시기 강력했던 문민통제 기구인 NSC의 변화가 불가피했다.

이명박 정부는 작은 정부를 지향했고, 출범과 동시에 김대중, 노무현 정부 10년간 운영됐던 NSC 사무처를 폐지했다. 이는 강력한 NSC의 실무적 근간을 없애는 조치이다.

안보정책의 총괄조정기능은 외교안보수석에게 넘겼다. 산하에 대외전략, 외교, 국방, 통일 등 4개 비서관을 두었다. 외교, 국방, 통일비서관은 관련 부처의 연락관 역할을 했다. 업무 조정이 아닌 업무 연락의 역할이어서 권한은 미미했다. 상대적으로 각 부처의 권한은 커졌다. 국방부도 독자적 활동 영역이 확대됐다. 대외전략비서관실이 총괄조정 역할을 한다지만 수석 산하의 일개 비서관실에서 외교부, 국방부, 통일부를 모두 관할하기에는 한계가 있었다.

NSC 상임위원회도 유야무야한 존재가 됐다. 대신 외교통상부장관이 주재하는 외교안보정책 조정회의가 통일·외교·안보정책의 조율을 맡았다. NSC 사무처가 각 부처와 협의해 안건을 제시하고 NSC 상임위가 이를 토론 후 제시하면 대통령이 결정하는 NSC 중심 체제는 사라졌다. 기존의 장관과 수석으로 대외정책을 결정하게 된 것이다. 안보정책 컨트롤타워의 부재를 비판하는 목소리에 이명박 정부는 작은 정부론으로 반박했다.

2008년 7월 박왕자 씨 피살 사건, 2010년 3월 천안함 폭침 사건, 2010년 11월 연평도 포격전 등 대형 안보 관련 사건이 터질 때마다 국가위기관리의 부실이 도마에 올랐다. 작은 정부의 안보적 폐해이다. 이명박 정부는 그때마다 국가위기대응 시스템을 개편했다.

이명박 정부는 보수주의 정부답게 작은 정부를 지향했기 때문에 불요불급한 기구들을 순차적으로 폐지했다. 이명박 정부는 NSC 상임위와 사무처의 관여적 역할을 인정하지 않은 바 폐지 결정을 내렸다고 평가할 수 있다. 선호의 일치로 군을 통제할 유인이 없어졌으니 문민통제 관여 기구인 NSC는 이명박 정부에서 존재의 이유가 없었을지도 모른다.

(2) 박근혜 정부의 NSC

안보 우위 대북인식의 박근혜 정부는 국가안보실을 신설하고 표면적으로 NSC를 강화했다. 장관급의 안보실장이 국방부, 통일부, 외교부 등 외교안보 관련 장관들을 통솔하며 NSC를 이끄는 구조이다.

박근혜 정부의 안보실장 2명 모두 예비역 육군 대장이다. 1대 안보실장은 김장수 전 국방부장관이다. 김장수 실장은 북한의 국지도발 대응 계획에 대해 "국방부에서도 수차례 밝혔지만 자위권 차원에서 한다", "교전규칙에 의해서 하는 게 아니고 자위권 차원에서 도발 원점, 지원 세력, 지휘 세력까지도 표적에 포함시켜서 가용한 모든 수단으로 응징하겠다"라고 말했다.

안보실장은 박근혜 정부 출범 2개월도 안 돼 군에 완전한 자율을 보장했다. 군은 확전 억제의 교전규칙이 아니라 확전도 감수하는 자위권 차원에서 북한군에 대응할 수 있게 됐다. 도발 원점과 지원, 지휘 세력까지 가용한 모든 수단으로 타격할 수 있다. 자위권적 대응에 청와대의 개입과 지침은 파고들 틈을 찾을 수 없다.

2대 안보실장은 김관진 전 국방부장관이다. 자율적 군사작전의 대명사인 선조치 후보고와 동일시되는 인물이다. 후임 국방부장관이 임명되지 않아 한동안 국방부장관과 안보실장을 겸임하기도 했다. 선조치 후보고 교전규칙이 가동되는 한 군사작전에 대한 문민정부의 개입은 불가능하다.

박근혜 정부의 NSC는 안보실장의 NSC이다. 안보실장의 권한은 압도적이었고, 안보실장은 군에 전폭적으로 자율을 허용했다. 문민통제 기구 NSC는 형식적으로 강화됐지만 군에 대한 NSC의 관여는 최소화됐다. 박근혜 정부 NSC의 군에 대한 문민통제력은 오히려 줄었다.

3. 군의 공세적 군사작전

(1) 이명박 정부 시기 군의 공세적 작전

이명박 보수 정부의 군은 지휘관의 재량권을 충분히 향유했고, 군의 공격성은 두드러졌다. 2009년 11월 10일 대청해전에서 NLL을 월선한 북한 경비정에 대해 한국 고속정은 경고통신 후 경고사격을 했다. 북한 경비정이 대응사격을 함으로써 교전은 시작됐다. 북한 경비정은 총 50여 발 쏜 것으로 조사됐다. 한국 해군 함정들은 4척이 투입돼 4,950발을 사격했다. 100배의 응사다. 북한 경비정은 파괴돼 예인선에 끌려갔다.

김태영 국방부 장관은 대청해전에 대헤 "보고헤서 위에서 결심히는 것은 시간만 걸리는 일이기 때문에 현지 지휘관한테 지침을 주고, 그 지침 범위 내에서 지휘관이 재량으로 할 수 있도록 하고 있다"라고 말했다. 현장 지휘관의 재량을 인정한다는 뜻이다. 즉, 해군 작전사령부와 2함대의 현장 지휘관들이 자기 판단으로 4,950여 발을 쏘도록 지휘한 것이다. 군의 완전한 자율적 작전에 가깝다.

2010년 1월 27, 28일 북한은 서해 NLL 이북 해상으로 해안포 100여 발을 사격했다. 한국 해병대는 벌컨포로 대응사격했다. NLL 이남 해상에 탄착점이 형성됐다. 북한이 NLL 이북 해상으로 사격하자 한국도 NLL 이남으로 쏜 것이다. 김태영 장관은 "북한이 NLL 이남으로 쏘면 북한 해안포를 직접 타격하겠다"라고 위협했다. 단지 발언으로 끝난 것이 아니라 작전부대에 지침으로 하달됐다.

2010년 3월 26일 천안함 폭침 사건이 터졌고, 이명박 대통령은 5·24 조치의 일환으로 자위권의 발동을 선포했다. 자위권은 급박한 현재의 위협을 제거하고자 일정한 한도 내에서 실력을 행사하는 것이다.[142] 상대가 적대적 의도를 보이거나 위협적 행동을 했을 때 무력의 사용을 허가한 것으로, 이를테면 북한 함정의 NLL 월선은 그 자체로 의도적 적대행위이니 곧바로 대응사격할 수 있게 됐다. 이로써 한국군의 자율성은 극대화됐다.

2010년 8월 19일 북한 해안포가 불을 뿜었고, NLL 이남 해상에 10여 발의 포탄이 떨어졌다. 탄착점을 확인하는 데 시간이 걸려 대응사격을 못했다. 그러나 제때 탄착점을 파악했다면 비례성 원칙에 따라 대응사격했을 것이라고 국방부장관은 해명했다.

금강산 이산가족 상봉 하루 전인 10월 29일 북한군이 한국군 GP를 향해 2발의 총격을 가했다. 북한 영토에 한국 이산가족들이 있었지만 한국군은 3발의 대응사격을 했다. 현장 지휘관의 정치적 고려는 없었다.

11월 23일 연평도 포격전이 발발했다. 북한군이 방사포 공격을 했고, 해병대 연평부대는 13분 만에 반격에 나섰다. 북한군이 민간인 지역을 폭격한 사건이었기 때문에 한국 해병대는 교전규칙과 자위권에 따라 맹렬히 반격했다. 전투기를 동원한 도발 원점 폭격은 실시되지 않았다.

연평도 포격전 이후 국방부장관에 기용된 김관진은 선조치 후보고의 교전규칙을 선포했다. 현장에서 먼저 대응하고, 이후 결과를 상부에 보

---

142 이성훈, "북한 도발 억제를 위한 자위권 적용에 대한 연구: 북핵 위협에 대응 위한 선제적 자위권 적용을 중심으로," 『국가전략』 제20권 제2호(세종연구소, 2014), pp. 5-40.

한국군의 두 얼굴

고하는 자율적 교전규칙이다. 김관진 장관은 적과 조우했을 때는 교전 규칙으로, 적이 일방적으로 포격했을 때는 자위권으로 대응하라는 명료한 해설도 덧붙였다.

〈표 4-1〉 이명박 정부 시기 문민통제의 유형

	감시 수단	순응/반발	책임 이행/책임 회피-처벌
대청해전	지휘관 재량권	순응	책임 이행(100배 사격)
2010년 1월 NLL 포사격	지휘관 재량권	순응	책임 이행(NLL 이남 100발 사격)
연평도 포격전	자위권	순응	책임 이행(2개 섬 공격)
2011년 8월 NLL 포사격	선조치 후보고	순응	책임 이행(NLL 이북 3배 포사격)
2012년 9월 북한 어선 월선	선조치 후보고	순응	책임 이행(전투기 출격)

2011년 8월 10일 북한군 해안포탄이 서해 NLL 선상에 떨어졌다. 한국 해병대는 정확히 3배의 자주포탄을 NLL 선상으로 쏘았다. 북한이 NLL 선상으로 사격했기 때문에 정부가 공언한 북한 해안포에 대한 직접 타격은 없었다.

2012년 9월 들어 북한 어선들이 서해 NLL을 수시로 월선했다. 9월 21일 한국 고속정은 월선한 북한 어선 6척을 향해 경고통신 후 경고사격했다. 동시에 공군 F-15K 편대가 공대공, 공대지 무장을 한 채 출격했다. 원점, 지원 세력, 지휘 세력을 타격하겠다는 공언을 시위하는 출격이었다.

이명박 정부의 군이 충분한 자율을 누렸다는 것은 다양한 증거 사례들로 입증된다. 대청해전에서 100배 대응사격은 군 자율성과 공격성의 상징적 사건이다. 천안함 폭침 이후 통수권자는 자위권을 발동했다. 군에 최대치의 자율을 보장했다. 통수권자와 군이 확전을 우려해 행동에 제한을 두는 사례들도 있었지만 이명박 정부 기간 군의 자율은 대체적으로 보장됐다.

군의 순응을 대가로 관여적 감시를 완화하고, 군의 자율성과 위임된 권한을 극대화하는 계약 유인(contract incentives)의 전형적 양상이다. 자위권과 선조치 후보고의 자율성을 부여받은 군이 문민정부에 순응하지 않을 이유는 없다.

(2) 박근혜 정부 시기 군의 공세적 작전

박근혜 정부 시기 군도 자율을 보장받았다. 2014년 3월 31일 북한 해안포탄 100여 발이 서해 NLL 이남 해상에 떨어지자 한국 해병대가 K-9 자주포 300여 발을 NLL 이북 해상으로 사격한 것은 시작에 불과했다.

10월 4일 인천 아시안게임 폐회식에 맞춰 북한 고위급 3인방이 방남했다. 김관진 국가안보실장 등과 고위급 회담을 했다. 2차 고위급 회담도 일정을 협의하기로 합의해 바야흐로 남북대화 국면이 열리는 분위기였다. 사흘 후인 10월 7일 북한 경비정 1척이 연평도 서쪽 NLL을 월선했다. 한국 유도탄고속함의 경고통신과 경고사격에 북한 경비정은 대응사격했다. 한국 고속함은 함포 조준격파사격에 나섰다. 북한은 수십 발, 한국은 100발 가까이 각각 사격했다.

한국군의 두 얼굴

극적인 남북 고위급 회담이 사흘 전에 열렸고 2차 회담도 예정됐던 대화 국면이었는데 한국군은 경고사격, 조준격파사격을 했다. 최윤희 의장은 "의장의 지침과 현지 부대의 판단에 따라 조준격파사격으로 대응했다"고 말했다.

〈표 4-2〉 박근혜 정부 시기 문민통제의 유형

	감시 수단	순응/반발	책임 이행/책임 회피-처벌
해안포 사격	선조치 후보고	순응	책임 이행(3배 사격)
고위급 회담 후 조준격파사격	선조치 후보고	순응	책임 이행 (100발 조준격파사격)
대북전단 이후 총격전	선조치 후보고	순응	책임 이행(4배 사격)
목함지뢰 이후 포격전	선조치 후보고	순응	책임 이행 (대형 화기 10배 사격)
이산가족 상봉 중 북한 함정 월선	선조치 후보고	순응	책임 이행(NLL 경고사격)

2014년 10월 10일 북한 당 창건일에 맞춰 탈북자 단체들이 대북전단을 살포했다. 북한군은 연천군 삼곶리 일대로 고사총 10여 발을 쐈다. 한국군은 기관총 40여 발을 북한군 GP를 향해 사격했다. 이어 북한군은 수발을, 한국군은 10여 발을 상대방 GP를 향해 쐈다. 북한에 대한 사격은 군의 자체 판단에 따른 자율적 작전이었다. 노무현 정부 청와대의 비서실장을 역임한 문재인 국방위원은 박근혜 정부 군의 자율적 교전을 믿지 못하겠다는 듯 "청와대 지침은 없었는가"라며 여러 차례 군에 질문했다.

남북의 지원 세력도 동원됐다. 남북은 각각 K-9 자주포와 장사정포를 전진배치했다. 한국은 한술 더 떠 미사일로 무장한 F-15K 전투기를 발진 준비시켰다.

2015년 8월 4일 북한의 목함지뢰 도발을 계기로 남북 포격전이 벌어졌다. 8월 20일 한국이 대북 확성기를 설치하자 북한군은 고사총 1발, 직사화기 3발을 사격했다. 한국은 자주포 29발로 대응사격했다. 10배의 대응이다. 역시 합참 예하 군단 사령부의 자체 판단이었다. 사후에 보고함으로써 선조치 후보고의 교전규칙을 따랐다. 박근혜 대통령은 목함지뢰 위기 국면에서 군복을 입고 "선조치 후보고하라"라는 육성 명령을 TV를 통해 군에 재차 하달했다.

위기는 김관진 안보실장이 주도한 남북 8·25 합의로 해결됐다. 그럼에도 1주일 후 8월 31일 백령도 서북쪽 NLL을 월선한 북한 단속정을 향해 한국 해군 함정은 경고사격을 했다. 준전시 상태의 위기를 넘긴 남북의 합의서에 잉크가 채 마르기도 전에 군은 포를 쏘았다.

8·25 합의를 계기로 금강산 이산가족 상봉 행사가 열리고 있던 10월 24일에도 한국의 군은 북을 향해 사격했다. 서해 NLL을 월선한 북한 단속정에 대해 한국 해군 고속정은 경고통신에 이어 기관포 4발로 경고사격한 것이다.

박근혜 정부 기간 군의 자율성은 보다 확대됐고, 군은 공세적으로 행동했다. 남북대화 국면과 이산가족 상봉도 개의치 않고 한국군은 북한군을 향해 사격했다. 김대중, 노무현 정부에서는 상상할 수 없는 공격성이다. 군의 자율성과 공격성은 의심의 여지가 없는 보수 정부 군대의 특징이다. 가장 자율적인 문민통제의 감시 방식인 계약 유인이 박근혜 정부에서도 채택됐다.

〈그림 4-4〉 보수 정부의 문민통제 흐름도

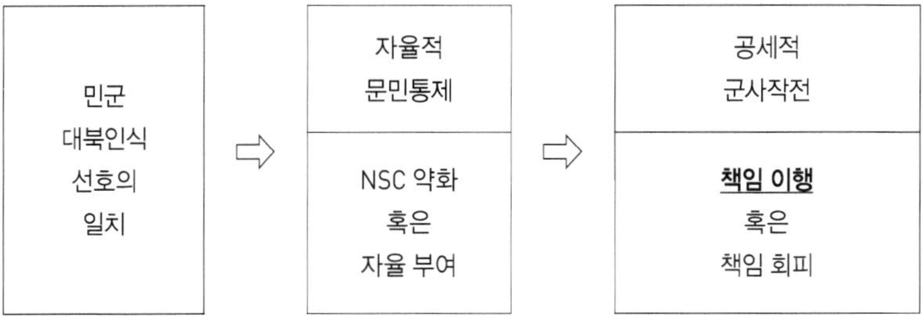

| 민군
대북인식
선호의
일치 | ⇨ | 자율적
문민통제

NSC 약화
혹은
자율 부여 | ⇨ | 공세적
군사작전

책임 이행
혹은
책임 회피 |

제 5 장

한국 문민통제의
관여-자율 균형 모델

5

한국적 문민통제 정립을 위한 개선 방향

1. 이데올로기적 문민통제의 극단성 완화

민주화 이후 한국의 문민통제는 성공적인 편이다. 군은 완전히 탈정치화했고, 문민정부에 대체로 복종했다. 전문직업군으로 성장해 북한의 침략을 억지했다. 문민통제가 떠받쳐야 하는 민주주의와 안보라는 2가지 가치를 비교적 온전히 지켰다. 헌팅턴을 인용하면 민주화 이후 한국의 군은 사회적 요구(societal imperatives)와 기능적 요구(functional imperatives)를 충실히 수행했다.[1]

특히 군의 탈정치화는 민군 공히 쿠데타, 군부 통치를 과거의 유물로 인식할 정도로 완전하게 성취됐다. 이제 한국군의 이미지는 용맹, 애국, 봉사, 책임감 등으로 정착하고 있다. 각 군 모두 대군 통제의 기관인 언론에 대해 친화적인 것으로 평가되고 있고, 육군의 경우 정치개입의 과거를 연상시키는, '무섭다'라는 부정적 이미지도 퇴색됐다.[2]

군이 엄격하다는 인식은 전역한 예비역보다 입대 전 장정에게서 더 높이 나타났다.[3] 막상 군대 생활을 경험해보면 군의 엄격성은 경험 전 인상보다 완화된 형태로 수용되는 것이다. 군은 정치권력과 거리가 먼

---

1   Huntington(1957), pp. 2–3.

2   유근환, "한국군 이미지와 복무 선호도와의 연계 가능성에 관한 연구," 『한국정책연구』 제10권 제3호(경인행정학회, 2010), pp. 201–218.

3   조성심 · 황희숙, "입대 전 · 후 대학생의 군 인식 및 이미지 차이와 대학생활의 관계," 『한국정책연구』 제18권 제2호(경인행정학회, 2018), pp. 63–81.

군 본연의 이미지를 강화하기 위해 노력하고 있고, 현재 그 결과가 나타나고 있다.

한국의 문민통제는 군의 탈정치화를 통해 민주주의를 제도적으로 뒷받침한다는 면에서 괄목할 만한 성과를 냈지만 안보, 즉 북한 위협 억지의 역할은 효율성 면에서 논란의 여지가 있다. 북한의 군사적 행동을 국지적 수준에서 저지하기는 했는데 한국군의 대응이 효과적이었는지 의문이다.

이 책에서 통찰한 대로 한국의 문민통제는 정부의 이데올로기적 성향에 따라 극단의 방식으로 나뉘었다. 군의 대북 군사작전도 정부별로 공세적, 수세적으로 뚜렷하게 구분됐다. 북한은 적대적 의도를 숨기지 않은 채 끊임없이 군사적으로 위협적 행동을 했다. 북한의 군사적 위협 수준에 맞춰 한국군의 구체적 대응이 결정된 것이 아니라, 정부의 대북 인식에 따라 군사작전이 결정된 것이다. 진보 정부, 보수 정부를 관통하며 반복적 규칙으로 나타나는 일관적 현상이다.

포용적 대북인식의 김대중, 노무현 정부는 관여적 문민통제를 하며 군의 작전에 깊이 개입했다. 엄연한 교전규칙이 존재함에도 이를 무력화하는 별도의 지침을 내려 군의 행동을 제약했다. 게다가 그 지침은 선제사격을 하지 말라는 것이니 군인들은 일촉즉발 긴장의 바다에서 손발이 묶인 꼴이었다. 위임 결정의 수정이라는 가장 강력한 감시의 수단이 채용됐다.

북한의 계획은 미궁인 가운데 기온, 파고, 조류, 비와 안개, 바람이 수시로 바뀌고 장병들의 사기와 운이 급변하는 곳이 접적지역 전투 현장이다. 온통 불확실성이다. 최적의 전술은 가변적이라 현장 지휘관은 수많은 경우의 수를 감안해야 한다. 선제사격과 우발적 충돌 금지와 같은 지침은 현장 지휘관의 최소한의 재량권마저 제한하게 된다.

제1연평해전은 한국 해군의 전력과 경계심이 압도적이었고 운이 좋았던 덕에 장병들의 경상, 함정의 미미한 파손으로 선방했다. 전사 6명, 부상 18명, 고속정 1척 침몰 등 제2연평해전의 피해는 먼저 맞아야 쏠 수 있는 수칙의 속박 하에서 예고된 결과였다.

6·4 합의 이후 교전규칙을 복잡하게 개정한 것도 남북 대치의 현장 상황을 무시한 문민정부의 정치 편의적 행동이다. 우발적 충돌을 막아야 한다는 문민정부의 명분은 타당하다. 그래서 북한을 설득해 남북 함정 간 국제상선공통망으로 교신을 하기로 6·4 합의를 체결했다. 이전까지는 일방적인 경고방송을 하다가 6·4 합의 이후에는 남북 함정들이 교신을 하게 됐으니 충돌 가능성은 눈에 띄게 줄었다. 문민정부는 정치적 목적을 달성했다.

경고방송에서 상호 교신의 경고통신으로 대체하는 교전규칙의 개정이면 족했다. 노무현 정부는 이에 더해 국제상선공통망으로 교신해서 북한 함정의 NLL 월선이 의도적인 것인지 우발적인 것인지 따져본 후 단순 월선의 경우 경고사격을 자제하도록 교전규칙을 재개정했다. 북한 함정의 응신을 액면 그대로 믿고 NLL 월선의 목적을 판단할 수 있으면 좋겠지만 최전방 현장에서는 기대할 수 없는 일이다.

현장 지휘관은 현장 상황에 맞게, 그리고 적시에 작전을 지휘해야 승리의 가능성을 높일 수 있다. 고려할 사안이 많고 복잡하면 적시의 작전, 현장 상황에 맞는 작전은 그만큼 어려워진다. 진보 정부는 지나친 관여로 해상과 육상 접적지역의 방위력을 약화시켰다는 비판에서 자유로울 수 없다.

군은 진보 정부의 관여에 비교적 순응했다. 노무현 정부 시기 몇 차례 반발과 책임 회피는 제압됐고, 이후 군은 충실하게 책임 이행했다. 한국의 문민통제가 개방적이라면 군은 불합리한 교전규칙을 개선하기 위해 정부에 적극적으로 조언했을 것이다. 제1, 2연평해전의 사이 군이 교전규칙의 개정을 상부에 간헐적으로 제안한 증거가 있을 뿐, 노무현 정부에서는 군이 정부에 교전규칙의 개정을 요구했다는 근거는 찾기 어렵다.

이명박, 박근혜 정부는 반대로 군에 적극적으로 자율을 부여했다. 이명박 대통령의 자위권 발동, 박근혜 대통령의 선조치 후보고 강조가 바로 그것이다. 자율이 허락된 군은 과도한 공격성을 나타낸다. 그러한 공격성 앞에 교전규칙의 비례성 원칙은 무력화됐다. 아무리 보수 정부라고 해도 교전규칙상 비례성의 원칙을 무시하며 확전을 야기하는 군대는 원하지 않을 것이다.

이명박 정부 2년 차에 발발한 대청해전에서 북한 함정의 50여 발 사격에 한국 함정들은 4,950발로 맞섰다. 100배의 응징이다. 2~3배로 대응한다는 교전규칙의 비례성 원칙은 안중에 없었다. 정부의 판단이 서지 않은 상황에서 현장의 군 지휘로 확전을 초래할 수 있는 위기였다.

이명박 정부의 군은 북한이 NLL 이남으로 포를 쏘면 자율적으로 원점, 지원 세력, 지휘 세력을 모두 포격하겠다고 공언(公言)한 바 있다. 북한이 NLL 이남으로 100발 쏘면 교전규칙 상 비례성의 원칙에 의거해 NLL 이북 해상으로 200~300발 정도 쏘면 된다. 육지의 민간인 지역에 대한 폭격은 자동적으로 자위권이 발동된다. NLL 이남 해상사격에 대한 대응으로 원점, 지휘 세력을 타격하면 불필요한 확전에 직면할 수 있다. 실제로 북한의 포탄이 NLL 이남 해상에 떨어졌을 때 한국군이 원점 이상을 타격한 사례는 없다. NLL 이남 탄착 시 원점 타격은 공언(호

한국군의 두 얼굴

言)이 됐다.

이명박 정부는 천안함 폭침 이후 교전규칙과 별개의 개념인 자위권을 발동했다. 즉시 현장에서 피해만큼 갚아주는 자위권의 복구(復舊) 역시 확전으로 발전할 수 있는데도 정부는 자위권 카드를 꺼냈다.

확전은 군의 자율적 자위권의 행사가 아니라 문민정부의 판단으로 결정해야 하는 중대한 사안이다. 정부의 신중한 의사결정 없이 자칫 군의 작전만으로 확전될 수 있는 상황을 문민정부가 'NLL 이남 사격 시 원점·지휘세력 타격 지침'에 이어 재차 제공한 셈이다.

박근혜 정부의 군은 인천 아시안게임 폐막식을 계기로 조성된 남북 고위급 대화의 분위기에 찬물을 끼얹었다. 고위급 회담 사흘 후 서해 NLL에서 벌어진 조준격파사격은 이후 육상 포격전으로 이어졌다. 특히 NLL 조준격파사격은 합참에 따르면 북한 함정이 사거리 밖에 있을 때 실시됐다. 허공에 사격한 꼴이어서 교전규칙을 준수했다고 보기도 어렵다.

모처럼 조성된 남북대화의 국면은 파국을 맞았다. 현장 지휘관이 작전 중 정치적으로 판단할 겨를이 없었다 해도 교전규칙은 엄정하게 따라야 한다. 2014년 10월의 한국군에는 정치적 고려도 교전규칙도 없었다.

금강산 이산가족 상봉 행사로 한국의 이산가족들이 북한의 금강산에 체류하고 있는 중에도 한국의 군은 북한군을 향해 총을 쏘았다. 북한이 흉심을 품는다면 고령의 이산가족들은 인질이 될 수도 있었다. 한국 군은 개의치 않고 사격했다. 과도한 자율에 가깝다.

이명박과 박근혜 정부는 공통적으로 군에 대한 관여를 최소화하는 계약 유인의 감시를 활용했다. 피버의 이론대로 군은 위임된 권한을 최대한 보장받는 대가로 순응했다. 김대중, 노무현 정부는 감시를 최대화하는 위임 결정의 수정을 채택했고, 이명박과 박근혜 정부는 감시를 최소화하는 계약 유인이라는 감시를 채택했으니 진보와 보수 정부는 말그대로 극과 극의 문민통제를 구사한 것이다.

김대중 대통령부터 박근혜 대통령까지 4개 정부를 거치며 다행히 북한의 침략을 허용한 적은 없다. 국가안보에 이상은 없었다. 그렇다고 완벽했던 것도 아니다. 진보 정부는 교전규칙을 억제했다면, 보수정부는 교전규칙을 초월했다. 보수 정부와 진보 정부 모두 교전규칙을 무겁게 여기지 않았다. 군은 하릴없이 이를 따랐다.

문민통제는 특정 정부의 이데올로기를 위해 복무하는 제도가 아니다. 교과서적으로도 문민통제는 안보와 민주주의를 떠받치는 이데올로기 중립적 제도이다. 정부의 이데올로기적 성향에 직접 영향을 받는 문민통제는 온전한 문민통제라고 볼 수 없다. 한국의 문민통제는 이데올로기적 정향성이 심각하다는 점에서 개선이 반드시 필요하다.

문민통제 이론의 대가들이 공통적으로 연구의 목적으로 추구하는 바는 문민통제의 균형이다. 한국의 상황에서 문민통제 균형의 조건은 이데올로기적 정향성의 완화일 것이다. 내용적으로는 정부의 지나친 관여와 과도한 군 자율의 균형이다. 문민정부의 관여와 군의 자율은 양립하기 어렵다. 그럼에도 문민통제에서는 이를 지향해야 한다.

2. 북한 정체성에 대한 이견의 최소화

북한은 현상유지 체제인가, 현상타파 체제인가. 북한의 본질은 하나일 텐데 한국의 정부들은 북한의 성향에 대해 상반된 견해를 가지고 있다. 진보 정부는 북한을 현상유지 체제로 보고 포용적 대북인식을, 보수 정부는 북한을 현상타파 체제로 보고 적대적 대북인식을 띠고 있다. 이는 북한이 동포의 국가이자 총부리를 겨누고 있는 적이라는 이중적 성격과 각각 연결된다. 한국의 정치권은 진영의 이익과 논리에 맞춰 편의적으로 북한의 이중적 성격 중 하나를 취사선택하고 있다.

북한의 이중성에서 말미암은 진보와 보수 정부의 대북인식은 문민통제의 방식과 군사작전, 안보정책의 방향을 결정한다. 문민통제와 군사작전을 좌우하는 독립변수가 정부별 대북인식으로 고착됨에 따라 군사작전의 유연성은 기대할 수 없게 됐다.

그렇다면 정부별 대북인식을 제약하는 북한의 진정한 성향은 도대체 무엇인가. 현상유지인지, 현상타파인지 정치적 합의를 이끌어내기는 진영 간 대립의 심화로 인해 현실적으로 쉽지 않지만 회피할 수 없는 선택이다.

스웰러(Randal Schweller)는 2가지 독립변수인 상대적 힘(relative power)과 이익(profit)의 관계 속에서 현상타파 국가와 현상유지 국가를 분류했다. 기본적으로 현상타파 국가는 자신에게 없는 이익을 탐하며, 상대적 힘의 분류에 따른 강대국은 현상타파 경향을 나타낼 것으로 예상한다.

그런데 강대국이면서 현상유지를 좇고, 역으로 약소국이면서 현상타파를 추구하는 사례가 발견됐다. 전자는 현상유지적 강대국, 후자는 현상타파적 약소국으로 구분된다. 이에 스웰러는 상대적 힘과 이익은 국가에 따라 독립적으로 작용한다고 가정했다.[4]

북한의 노동당 규약 전문은 "조선로동당의 당면 목적은 공화국 북반부에서 사회주의 강성대국을 건설하며 전국적 범위에서 민족해방, 민주주의 혁명 과업을 수행하는 데 있으며 최종 목적은 온 사회를 주체사상화하여 인민대중의 자주성을 완전히 실현하는 데 있다"라고 규정했다.[5]

북한에서 노동당 규약은 헌법보다 상위의 규범이다. 한반도 적화통일을 당의 당면 목적으로 명시했으니 북한은 자체적으로 새로운 이익을 추구하는 현상타파 체제임을 천명한 것이다. 북한은 상대적 힘의 기준으로 강대국이 아니면서도 적화통일이라는 이익을 추구하고 있으니 현상타파적 약소국이라고 부를 수 있겠다.

노동당 규약과 같은 문헌적 규범이 아니라 북한의 실체적 의도와 행동도 분석이 필요하다. 북한은 지역적 또는 세계적 패권과는 거리가 멀고, 단지 한반도의 패권을 놓고 한국과 경쟁관계에 있다. 즉, 북한의 국가 성향 판단은 한반도의 제도적 개편, 물적 재분배와 관련된 북한의 의도와 행동이 기준이 돼야 한다.

우승지(2013)는 김정일 통치 시기의 북한의 의도와 행동을 현상타파적이라고 보았다. 김정일의 북한은 핵과 미사일 프로그램에 몰두하면

---

4 Randall L. Schweller, "Bandwagoning for Profit: Bringing the Revisionist State Back In," *International Security*, 19-1(Summer, 1994), pp. 72–107.

5   통일부 북한정보포탈(https://nkinfo.unikorea.go.kr).

306   한국군의 두 얼굴

서 남북한의 군사적 세력균형의 재역전을 노렸기 때문이다.[6] 북한이 경제적으로 취약해지면서 혁명전략을 수정할 것이란 전망은 소수 의견에 속한다.

북한의 핵·경제 병진 노선은 취약한 경제를 지탱하며 핵 능력을 강화하는 정책이다. 핵을 앞세운 행동 뒤에 군사적 세력균형의 재역전을 감안한 현상타파적 의도가 숨겨져 있다. 김정은도 핵·경제 병진 노선을 승계했고, 2018년 4·27 남북정상회담 직전에야 '핵무기 불사용'과 '핵실험 중지' 등 모라토리엄을 선언했다. 북한의 모라토리엄은 4년 만에 파기됐다. 우승지에 따르면 북한의 의도와 행동은 현상타파적이다.

한국의 헌법도 제4조 "대한민국은 통일을 지향하며", 제66조 3항 "대통령은 조국의 평화적 통일을 위한 성실한 의무를 진다" 등의 조항을 통해 현상타파를 추구하고 있다. 한국이 현상타파 국가인지, 현상유지 국가인지 규정하는 것과 별개로 북한이 현상타파를 포기할 수 없는 이유 중 하나가 한국 헌법의 통일 조항이다.

남북의 대치 상황과 경제난을 겪으면서 북한 체제는 내부 보수 세력의 저항 속에서 변화하고 있다. 변화의 방향성과 속도는 불분명해도 점진적으로 체제 내 개선(reform within the system)은 진행되고 있다.[7] 체제 내 변화가 개방과 개혁으로 이어지고 체제 외적 변혁으로 발전할지는 누구도 장담할 수 없다.

조심스럽게 의견을 개진컨대 북한은 현상타파 체제에 가깝다. 분단이

---

6   우승지, "북한은 현상유지 국가인가?," 『국제정치논총』 제53권 제4호(한국국제정치학회, 2013), pp. 165–190.

7   김갑식, "세계화·정보화와 북한의 국가정체성: '주체 사회주의'의 지속과 변화," 『통일정책연구』 제13권 제2호(통일연구원, 2004), pp. 145–169.

라는 상황 자체가 궁극적으로 상대방의 소멸이나 양자의 통합을 목표로 운동하기 때문에 남북 모두 현상유지 체제가 되기는 어렵다.[8] 북한과 같은 현상타파 체제를 현상유지 체제로 오인하거나 분식(扮飾)하면 유화정책과 같은 과소 대응을 할 소지가 크다. 현상타파 체제는 상대의 과소 대응을 본래의 목적 달성을 위한 수단으로 삼는다. 안보적 불안 요인이다.

현상유지 체제를 현상타파 체제로 오인해 압박해도 국가 간 불필요한 긴장을 조성한다. 역시 안보적 불안 요인이다. 그만큼 개별 국가의 성향을 파악하는 것은 중요하다. 안보정책을 수립하는 데 있어서 1차적으로 검토할 부분이다.

분단 상황으로 말미암은 북한의 독특한 정체성은 한국 문민통제의 특수성이 촉발되는 근원이다. 분단 상황에서 초래된 정파별 편향적 이데올로기에 따라 정형화된 타성으로 제각각 북한을 바라봄으로써 작게는 군사작전, 결국에는 외교·통일·안보정책의 일관성과 합리성을 상실하게 되는 것은 아닌지 성찰이 필요하다.

분단 상황의 해소 없이는 한국 사회의 이데올로기적 분절을 해결할 수 없다고 방기할 문제가 아니다. 통일이 된다 한들 한국의 이데올로기적 갈등이 사라진다는 보장도 없다. 오히려 한국 사회의 내재된 갈등은 분단이 해소됐을 때 더 비등할 가능성이 있다. 그러므로 현재의 분단 상황을 있는 그대로 인정하고, 어렵더라도 북한을 객관적으로 인식하는 틀을 사회적으로 정립할 필요가 있다. 진보 정부와 보수 정부는 북

---

8 박순성, "한반도 평화를 위한 실천 구상—정전체제, 분단체제, 평화체제," 『사회과학연구』 제25권 제1호 (동국대 사회과학연구원, 2018), pp. 27–52.

한의 성향을 액면 그대로 인정하더라도 나름의 지향을 추구하는 대북 정책을 강구할 수 있다.

3. 군 발언권의 강화

미 해군 항공모함 시어도어 루스벨트함의 크로지어(Brett Crozier) 함장은 2020년 3월 30일 미 국방부에 편지 한 통을 보냈다. 시어도어 루스벨트함 장병 수백 명이 코로나 19에 감염됐고, 비확진자들은 항모에 코호트 격리된 상황에서 대책을 촉구한 편지이다. 그는 "지금 행동하지 않는다면 가장 중요한 자산인 우리 요원들을 관리하는 데 실패할 것"이라고 편지에 적었다.

한 언론사가 크로지어의 편지를 보도해 전 세계의 반향을 일으켰다. 트럼프(Donald Trump) 대통령은 "그가 한 일은 끔찍하다", "편지를 쓴다고? (항모 지휘가) 문학 수업은 아니지 않나"라고 혹평했다. 해군은 4월 2일 크로지어 함장을 경질했다.[9]

북미정상회담을 앞두고 트럼프 대통령이 한미연합훈련 유예 카드를 만지작거리자 미 해병대 넬러(Robert Neller) 사령관은 2018년 10월 10일 "미군의 한반도 훈련은 반드시 필요하다"라고 공개적으로 발언했다. "여름에 덥고 언덕은 가파르며 겨울에 추운 한반도는 훈련하기 좋은 장소"라며 연합훈련 축소 방침을 우회적으로 반대했다.[10]

---

9   백나리, "미 국방 '핵항모 함장 경질지지'…바이든 '경질은 거의 범죄'," 「연합뉴스」, 2020. 4. 6.

10 Carlo Munoz, "U.S. military training should continue on Korean peninsula, says top Marine", *The Washington Times*, October 10, 2018.

정부의 정책에 군 장성들이 반발하는 장면은 미국의 민군관계에서 흔하다. 피버의 주인-대리인 이론을 적용한 미국 민군관계 연구에서도 무력 사용의 방법을 놓고 미국의 민군은 자주 갈등했다. 냉전기의 무력 사용 방법 결정 과정 27개 사례 중 23개 사례에서 군은 문민정부의 선호에 동의하지 않고 정부와 갈등을 빚었다.[11]

특히 전술 이하 수준의 이슈에서 정부가 군에 지나치게 개입했을 때 미군은 강력하게 자기 목소리를 내는 편이다. 민주적 문민통제 원칙만 확고하다면 자기 목소리를 내는 군은 기피 대상이 아니다. 영국의 처칠은 오히려 자기 주장이 뚜렷한 장군들을 중용했다. 문민정부의 정파성에 순치된 장군보다 본인의 군사적 지식과 경험, 분석을 제시하고 토론하는 장군을 더 신뢰했다.[12]

개방적 문민통제하에서 민군갈등은 발생하기 마련이다. 갈등은 민군 대화와 설득으로 해소할 대상이지 그 자체로 부정적 현상은 아니다. 갈등이 없는 상황이 오히려 부정적이다. 민군의 대화가 차단되거나 군의 조언 채널이 작동하지 않는 폐쇄적 문민통제하에서 갈등은 표피 아래서 곪기 십상이다.

한국의 문민통제에서 자기 목소리를 낸 군인은 1952년 5월 부산 정치파동 때 이승만 대통령의 병력 충돌 명령을 거부하고 정치적 중립을 지킨 이종찬 육군참모총장 정도가 손에 꼽힌다.[13] 군은 문민에 복종하고 문민은 군을 통제하는 문민통제 제도가 자리 잡은 민주화 이후, 정부가

---

11 Feaver(2005), pp. 139-152.

12 Cohen(2002), pp. 95-132.

13 남시욱, 『한국보수세력연구』(파주: 나남출판, 2020), pp. 312-315.

듣기 불편하더라도 정부의 정책 결정 과정에서 문제를 제기한 군인은 찾아보기 어렵다.

김대중 정부가 제1연평해전 기간 선제사격 금지 수칙을 하달했을 때와 NSC 상임위가 영해를 침범한 북한 상선에 대해 아무런 지침도 내리지 않았을 때 군은 분명하게 의견을 제시했어야 했다. 군의 대표는 NSC 상임위에 참석해 선제사격이 금지되는 NLL 작전의 어려움, 북한 대형 상선을 영해 밖으로 쫓아내는 작전의 애로를 토로하고 문민정부를 설득하는 시도를 했어야 했다. 하지만 그런 움직임은 없었다.

노무현 정부 기간 민주화 이후 보기 드문 군의 반발과 책임 회피가 나타났다. 2003년 5월 29일 노무현 대통령은 우발충돌의 금지를 NSC 사무처장에게 주문했다. 3일 후 한국 해군 함정들은 북한 어선을 향해 사상 최초의 함포 경고사격을 했다. 이후 11월까지 해군 함정들은 통수권자의 지침에도 북한 함정, 어선을 가리지 않고 경고사격을 했다.

2004년 7월 4일 북한 경비정을 향해 경고사격한 해군은 상부에 북한의 응신 사실을 보고하지 않았다. 해군 작전사령관은 북한과 교신한 사실을 누락한 데 대해 "보고 시 사격중지 명령이 내려질까 우려했다"라며 정부를 불신하는 발언을 했다. 박승춘 합참 정보본부장은 북한의 기만적인 응신 내용을 언론에 유출했다.

노무현 정부의 군은 합법적 통로로 의견을 제시하고 조언한 것이 아니라 베일 뒤에서 정부의 방침에 반대했다. 정당한 조언의 절차를 따르지 않고 군이 행동으로 반발한 것이라면 군은 처벌을 받아도 할 말이 없다. 실제로 처벌이 뒤따랐다.

보수 정부 시기에도 다를 바 없다. 북의 포탄이 NLL 이남으로 떨어졌을 때 원점과 지원세력, 지휘세력을 타격하라는 공허한 지침에 군은 의문을 제기했어야 했다. 확전으로 비화할 수 있는 자위권의 포괄적 적용을 결정하는 과정에 신중을 기해야 한다는 군의 의견 제시가 있었는지도 불명확하다.

보수 정부의 군 역시 전술적, 전략적 조언을 적정하게 했다는 증거는 없다. 군은 자율을 부여받는 대가로 순응했고, 공세적 군사작전을 펼치며 자율을 향유했다. 교전규칙의 비례성 원칙을 무시하는 작전이 잦았고, 남북의 정치적 관계를 전혀 고려하지 않은 작전도 종종 했다. 보수 정부의 군이 작전적 자율을 누린 것은 분명한데 조언의 자율도 보장받았는지는 확인되지 않는다.

반군사적 성향의 진보 정부는 제 목소리를 내는 장군들을 정치 군인으로 치부한다. 보수 정부는 위계적, 권위적 성향이 강해서 장군들의 돌출을 허용하는 데 인색하다. 현역 장교들이 바른 소리를 하기에 한국 문민통제에서 처벌의 기대 함수 값이 너무 크다.

군의 조언, 발언권과 관련해 주목할 직위는 합참의장이다. 한국의 합참의장은 NSC에 필요시 출석해 의견을 제시할 수 있도록 법으로 보장됐다. 합참의장이 NSC에 참석한다면 군사적 의견을 내놓고 위원들을 설득할 수 있어야 한다. 그러나 합참의장이 NSC에 참석해 문민 국무위원들과 토론하고 설득했다는 기록은 찾을 수 없다. 참석도 문민정부가 필요에 따라 호출했을 때에만 가능하다.

NSC보다 자주 열리고 안보 관련 실질적 논의가 진행되는 NSC 상임위에서 합참의장의 참석권, 발언권은 아예 없다. NSC 상임위는 NSC의 위임 사항을 처리할 뿐 아니라 NSC의 안건을 조율하는 NSC의 실제적 권한을 행사하는 기구이다. 합참의장이 NSC 상임위에 참석해 발언할 법적 근거가 없다는 것은 군 전체의 발언권이 취약하다는 뜻으로 풀이

될 수 있다.

군의 발언권을 상당폭 강화할 필요가 있다. 군사적 통찰은 군 특유의 강점이다. 군의 발언권을 고양해야 군사적 통찰의 활용도를 높일 수 있다. 이데올로기적으로 편향된 문민통제도 결국 군이 올바른 통찰력에 입각해 조언함으로써 올바른 방향으로 자리 잡을 수 있다.

한국 문민통제의
관여-자율 균형 모델

1. 관여와 자율의 균형적 문민통제

문민정부는 틀릴 권리가 있다(Civilians have the right to be wrong).[14] 주권자로부터 권력을 위임받은 최고 권위체인 문민정부는 정책 판단에서 실수를 범할 수 있다. 민주주의는 유권자들로 하여금 잘못을 저지른 문민 정치인을 다음 선거에서 선택하지 않음으로써 그에게 책임을 묻도록 제도적으로 보장했다.

문민정부가 잘못된 정책을 하달해도 군은 복종해야 한다. 대안을 제시하고 반발할지언정 확정된 정책은 따라야 한다. 다만 이 잘못된 정책이 안보와 직결된다면 정책 실패에 따른 피해는 막대하다. 주권과 국민의 생명을 해치는 최악의 결과로 이어질 수도 있다.

군대의 역할 중 하나는 폭력을 사용해야 할 경우 합법적 권위, 즉 문민정부에 폭력 사용의 다양한 방법을 제공하는 것이다.[15] 군은 폭력을 관리하는 최고 전문가이다. 상황에 맞는 최선, 차선의 폭력 옵션을 가장 잘 선별할 수 있는 집단이다. 문민 앞에 언제 어떠한 폭력을 구사할지 선택지를 펼쳐놓는 것은 군의 임무이다. 문민정부는 정책적 목적과 군이 제공한 선택지를 통합적으로 분석해 정책을 구현할 수 있는 전술적 방향을 결정해야 한다.

14　Feaver(2005), p. 298.
15　존 하키트(1998), p. 145.

서해 NLL, 육상의 MDL에서 벌어지는 남북 군사적 충돌의 문제는 문민정부가 틀릴 수 있다는 특권에 의지해 자의적 해답을 내놓을 사안이 아니다. 장병뿐 아니라 민간인의 생명까지 걸린 안보의 사안이기 때문이다. 충돌이 어떻게 벌어질지 현장 지휘관도 장담할 수 없기 때문이다. 폭력의 전문가, 즉 NLL과 MDL 전투의 전문가인 군은 대북 대응의 전술들을 제공하고, 문민정부는 이를 토대로 교전규칙을 결정하는 수준에서 문민의 권한을 행사하는 편이 타당하다.

사리와 사정이 이러한데도 역대 정부를 되돌아보면 진보 정부는 최전방의 상황, 군의 의사와 무관하게 숫제 세세한 작전지침을 군에 하달했다. 보수 정부는 '무(無)지침의 지침'을 군에 내려보냈다. 진보 정부는 지나친 관여를 한 것이고, 보수 정부는 지나친 자율을 허용했다.

진보 정부는 구체적 군사작전에 있어서 확립된 교전규칙조차 인정하지 않고 관여했다. 전방의 상황에 맞게 작성된 교전규칙은 전방의 상황이 바뀌었을 때 수정하는 것이다. 전방 상황은 변함없는데 정부의 대북 인식이 달라졌다고 해서 전투의 매뉴얼인 교전규칙을 바꾸는 것은 과도한 개입이다.

보수 정부의 상시적 자위권 발동은 군으로 하여금 군 자체의 목적, 군의 본성에 따라 행동하라는 방임이다. 확전의 결정을 군에 맡긴 것과 다름없다. 이는 문민정부가 자발적으로 문민통제를 포기하는 위험한 행동이다. 군에 자율을 줘어줘 공격성을 부추긴다고 해서 안보가 튼튼해지는 것도 아니다.

문민정부는 군에 관여해야 하지만 한국의 진보 정부처럼 군의 일거수일투족을 제약하는 식이면 곤란하다. 보수 정부처럼 관여 없이 군이 알아서 총과 포를 쏘게 하는 것도 부적절하다. 한국 문민통제의 합리적 대안은 역대 진보 정부와 보수 정부 사이의 어디쯤에 있을 것이다. 이른바 관여와 자율의 균형적 문민통제이다.

민주주의 문민통제에서 정책 이행을 위한 관여는 필수이다. 불확실성의 전장에서 군의 재량권 역시 필수이다. 문민정부가 위임받은 권력의 정점으로서 합당한 관여는 하되 군의 작전 재량권도 보장되는, 관여와 자율의 균형을 찾아야 한다.

피버는 문민통제의 균형을 정부의 간섭적 감시(intrusive monitoring)와 군의 책임 이행(work)의 조합으로 보았다. 민군의 갈등이 보편적인 미국에서도 정부는 감시하고 군은 반발하면서 책임 이행을 선택하는 것이 균형의 조건이다.

한국에서 군의 반발, 민군갈등은 흔치 않은 일이다. 미군과 달리 민주화 이후 한국군은 명예롭지 못한 과거 탓에 제 목소리를 내세우는 데 서툴다. 정부의 행동에 군이 적극적으로 자동 반응하는 식의 문민통제는 한국에서 비현실적이다. 정부의 잘못된 지침에 당당히 의견을 내놓으라고 독려해도 따를 장교는 희소할 것이다.

그렇다면 정부는 군사에 관여하되 군은 사회적으로 합의된 적정선의 자율을 보장받으며 책임 이행하도록 제도적으로 확립하는 것이 한국적 문민통제의 균형 조건에 가까울 것이다. 우선 관여와 자율의 범위를 정부와 군, 국회, 민간 전문가들이 참여한 공론화 과정을 통해 획정할 필요가 있다. 이어 확정된 관여와 자율의 균형적 문민통제의 조건을 제도화, 법제화해야 한다.

정부의 정책에 대한 군의 확고한 이해와 민군의 교전규칙 중시라는 전제하에 자율적 작전을 벌이는 방식이 하나의 균형적 대안이 될 수 있다. 군은 정부 정책을 뒷받침한다는 목적을 온전히 추구하면서 민군 간

협의를 통해 확립된 교전규칙을 민군이 합의한 범위 안에서 자율적으로 응용하는 것이다.

접적지역에서 북한군과 조우하는 급박한 상황에서 현장 지휘관들이 청와대나 NSC, 국방부의 지침을 수령해 작전을 펼치는 것은 불합리하다. 국방부 이상의 지휘부는 현장을 속속들이 알 수 없다. 정보통신기술의 발달로 전방의 상황을 실시간 파악할 수 있다 한들 군사적 판단은 현장의 전문성에 기초해야 한다. 김대중 전 대통령이 자서전에서 제1연평해전을 회상하며 말했듯이 자칫 아마추어적 지시는 한 치의 빈틈 없이 정교해야 하는 군사작전을 그르칠 수 있다. 정부의 정책 방향을 확고하게 인식하는 군단급 사령부 이하에서 교전규칙을 엄격히 준수하며 작전 전반의 결정권을 행사한다면 관여 속 자율적 책임 이행이 가능하다.

진보 정부의 관여와 보수 정부의 자율을 동시에 좇는 문민통제의 작전적 모델로 독일과 미국의 임무형 전술(Auftragstaktik)이 주목된다.[16] 이는 현장 지휘관에게 명확한 임무를 제시하고 가용한 자원을 제공하되, 임무 수행의 방법은 최대한 군에 위임하는 방식이다. 정부는 임무와 이를 위한 수단의 범위를 엄밀히 규정하고, 현장의 작전은 지휘관에게 일임하는 것이다.

북한의 기습적 군사작전에 즉응 대처하려면 지휘관의 재량권은 임무형 전술 수준 정도는 보장돼야 한다는 점에서 임무형 전술이 한국의 문

---

16 최고 지휘관은 전략적 차원의 목표가 제시된 명령을 내리고, 현장 지휘관은 불확실한 전투에서 독자적인 작전을 할 수 있도록 하는 분권화된 지휘체계이다. 미국은 이를 임무형 지휘(mission command)로 계승, 채택했다. 육군사관학교 산학협력단, 『임무형 지휘 활성화 방안 연구』(서울: 육군사관학교, 2016), pp. 1–13.

민통제에 제시하는 함의는 크다. 임무형 전술의 한국적 변용은 다음과 같다.

서해 NLL을 예로 들면, 문민정부는 NLL을 사수하라는 임무와 북한 함정의 무단 월선 시 가용한 무력의 범위를 분명하게 제한해 군에 하달한다. 현장 지휘관은 교전규칙이 허용하는 선에서 가용한 무력을 자율적으로 활용하며 작전함으로써 임무를 완수한다. 정부는 임무와 가용 무력의 한도 설정, 교전규칙의 수립 등을 통해 적극적으로 관여하고, 군의 자율은 교전규칙의 한도 내에서 보장된다.

한발 더 나아가 남북 정세에 따라 불가피하게 공세와 수세의 정도를 조율해야 할 때 정부의 일방적 지침보다는 고위 지휘관의 정무적, 정치적 판단에 맡기는 것도 고려할 만하다. 합참의장과 각군 작전사령관들은 군사적, 정치적으로 능력을 인정받아 임명된바, 남북 정세의 정치군사적 판단을 적절하게 할 수 있기 때문이다.

2. 합참의 발언권 확대

클라우제비츠는 군사적 천재(Kriegerische Genius)라는 개념으로 최고 지휘관의 역할과 자질을 제시했다. 현실의 전쟁은 위험, 고통, 불확실성, 우연성 등이 혼재돼 기 계획된 전쟁 구상과 마찰을 일으킨다. 이러한 마찰을 극복할 수 있는 능력의 소유자가 바로 군사적 천재이다.[17]

위험을 뛰어넘는 용기, 고통을 극복하는 체력과 정신력, 불확실성과 우연을 헤쳐 나아가는 이성은 군사적 천재의 기본 자질이다. 이를 바탕으로 군 조직 전체의 힘을 아우르며 정책의 목표를 달성하는 최고사령관이다. 군의 편협한 이익에 함몰된 군벌이 아니라, 국가 목표 달성을 위한 정책과 정치를 이행하는 군사 지도자이다.

진정한 군사적 천재는 전쟁술사(戰爭術士), 전투술사(戰鬪術士)이면서도 정치와 정책을 꿰뚫어 보는 정치가여야 한다. 야노비츠가 역설한 국제 관계를 이해하고 무력 사용을 계획하는, 정치적 식견을 갖춘 군인의 모습도 이와 같다.[18] 적어도 합참의장은 군사적 천재가 돼야 한다. 더불어 군사적 천재에 어울리는 권한도 제공돼야 한다.

한국 문민통제의 균형을 위해 1차적으로 군의 대표인 합참과 합참의장의 전략적 조언 역할을 확대할 필요가 있다. 현대의 복잡한 정치군사

---

17 클라우제비츠(2017), pp. 103-127.

18 Janowitz(1988), pp. 16-53.

적 맥락에서 군의 전략적 조언은 점점 중요해지고 있다. 단지 군사적 지식과 경험, 군의 이익에 기반한 조언이 아니라 정치적 관점, 정무적 판단이 더해진 포괄적 안보 조언을 제시하며 정책결정에 참여하는 것이다.[19]

1986년 제정된 미국의 골드워터-니콜스 법안(Goldwater-Nichols Act)은 합참과 의장의 위상 재정립에 대한 시사점이 크다. 이 법안은 미군의 합동성 약화, 합동참모회의체의 조언 기능 부실 등 미국의 국방체계와 전투력의 미비점을 바로잡고자 제정됐다. 핵심 내용은 다음과 같다.

△국방부 재조직과 국방부장관의 역할 강화 △합참의장의 군사 조언 강화 △대통령-장관-전투사령관의 지휘계선에서 명확한 책임의 규정 △합동 소요검토위의 신설로 국방자원의 효율적 활용 등이다.[20]

첫 번째와 세 번째 항목은 당시 미국 국방부장관실의 정치적 입지 약화, 군 간 결탁으로 인한 문민통제의 악화를 해결하기 위한 조치이다. 국방부장관의 권한이 강력하고 군종 간 결탁이 드문 한국의 상황과는 거리가 있다.

한국에 대한 함의가 큰 항목은 합참의장의 군사 조언의 강화이다. 골드워터-니콜스 법안에 의해 미국의 합참의장은 최고 군사 조언자로서 지위를 확립했다. 대통령, NSC, 국방부장관에 대한 의장의 조언 의무를 성문화한 것이다.

합참의 위상도 함께 높아졌다. 법안은 합동특기제도를 도입했고, 합참 근무를 장성 진급의 필수 코스로 명시했다. 또 합참 근무 보직의 진

---

19 손한별 · 김성우, "미 합참의 군사조언과 정책결정과정," 「군사」 제104호(국방부 군사편찬연구소, 2017), pp. 81-119.

20 합동참모본부, 「합동성 강화 대토론회」(서울: 국군인쇄의창, 2010), p. 37

급 비율을 적어도 다른 보직 장교의 진급률과 같도록 했다. 고위 장교로 진급하려면 반드시 합참에 근무해야 하기 때문에 합참은 군 내 선도적 기관이 됐다.

의장의 발언권이 확대되고 합참의 위상이 높아짐에 따라 미국의 합참은 강력한 전투사령부들 사이에서 전략적 지위를 확고히 할 수 있었다. 미국의 합참은 전투사령부를 직접 지휘할 수 없지만 합참의 인사적 우위와 의장의 강화된 발언권은 합참을 군의 실질적 대표로 승격시켰다.

한국의 현행 제도하에서도 합참은 정부에 군사적 조언을 하고 있고, 정부는 이를 정책결정에 참고한다. 그러나 합참의 조언 채널은 '필요시 NSC 참석'으로 제한돼 있다. 여기에 안주하지 않고 보다 효율적 전략 조언을 제공하기 위해 합참의장 발언권의 강화와 합참의장의 NSC 및 NSC 상임위 참석 확대와 같은 적극적인 조언의 방법을 강구해야 한다.

이와 같은 문제의식에 입각해 한국도 골드워터-니콜스 법안과 같은 합참의 위상 재정립을 위한 입법의 필요성이 제기된다. 합참의장의 NSC와 NSC 상임위 참석 기회의 확대, 그리고 직접 발언이 아니더라도 서면 의견 진술 기회의 신설 등을 실질적으로 고려할 수 있다.

합참의장의 발언권은 현역 최고 서열 개인의 의견을 개진하는 차원이 아니다. 군의 전술적, 전략적 지식과 경험, 통찰, 그리고 정치적, 정무적 식견이 통합된 총체적 전략 조언이다. 군사적 천재들의 집단 지성이라고 부를 만하다. 문민통제에 적극 활용할 가치가 충분하다. 군이 이런 수준의 지위를 확보하려면 한국의 장교들은 앞서 군사적 천재가 되기 위해 노력을 경주하고 이를 통해 문민의 두터운 신임을 확보해야 한다.

3. 민군 상호 설득 기구로서 NSC

김대중 정부부터 박근혜 정부까지 NSC의 기구들은 그 역할의 폭과 깊이를 빈번하게 조정했다. 김대중 정부에서 NSC가 부활해 NSC 운용의 노하우가 축적되지 않다 보니 발생한 시행착오로 여겨진다. 20년 이상 축적된 노하우를 토대로 이제는 한국형 NSC를 분명하게 정립해야 할 때이다.

NSC는 법적으로 대통령에게 외교·안보·통일정책을 조언하는 기구이다. 대외정책 결정 과정에서 대통령의 최종 결심에 가장 큰 영향을 미치는 정부의 통일된 채널이다. 안보의 컨트롤타워로서 존재의 의의가 크다.

한국의 안보 환경은 다분히 고정적이다. 북한의 위협과 직면하고 있고, 지역 강대국 중국과 일본의 틈바구니에서 한미동맹에 의존하는 바가 크다. 6·25 전쟁 휴전 이후 변한 적 없는 한국의 안보 지형이다.

이러한 환경에서 안보를 강화하기 위한 기구인 NSC의 역할은 가변적일 이유가 없다. 그럼에도 불구하고 한국 NSC의 변동성은 컸다. 김대중, 노무현 진보 정부의 NSC는 군사에 적극적으로 개입했다. 이명박 정부에서는 NSC 상임위와 사무처가 폐지됐다. 사실상 NSC는 유명무실했다. 박근혜 정부에서 NSC를 강화했지만 책임자라고 할 수 있는 안보실장이 보수적인 장군 출신들이어서 문민의 군에 대한 통제력은 약했다. 두 안보실장은 오히려 군의 자율성을 강화했다.

한국군의 두 얼굴

정부의 대북인식이 군사작전의 방향을 결정하고, 정부의 지침을 군에 일방적으로 주입하거나 방임에 가까운 자율을 허용했던 것이 NSC의 지금까지 모습이었다면 앞으로는 관여와 자율의 균형을 유도하는 소통적 역할이 요구된다. NSC에서 군은 적극적으로 조언하고 설득하며, 문민은 이를 경청해서 또 설득하는 것이다.

문민이 군의 조언을 수용케 하는 설득의 조건은 군이 고도로 전문직업화, 탈정치화하는 것이다. 군은 정치적 중립을 확고히 유지한 채 군사적 실력과 정치적 식견을 쌓음으로써 문민정부로 하여금 군의 말과 행동에 신뢰를 가지게 할 수 있다. 지휘관들이 전략적 조언을 하기 위해 정치적, 정무적 감각을 익히는 것은 군의 정치화, 정치개입과 본질적으로 다른, 문민통제 효율화를 위한 권장 사항이다.

최종 결심은 문민의 절대적 권한이다. 코헌은 링컨, 클레망소, 처칠, 벤구리온 등 승전을 이끈 전쟁 지도자들의 사례에서 민군 간 충분한 의사소통이 이뤄진 이후 문민 지도자가 의사결정을 하는 불평등한 대화를 도출했다. 민군의 상호관계는 문민 우위의 원칙이기 때문에 민군의 대화는 불평등하다고 간주한 것일 뿐, 민군 상호관계 자체는 합리적이고 민주적이어야 한다. 처칠, 링컨, 클레망소, 벤구리온 등도 군의 조언을 충실하게 듣고 자신의 의사를 설득했다. 이들 문민 정치가들은 엄밀히 말하면 불평등한 대화가 아니라 경청과 합리적 설득에 능했다. 잘듣고 결심해서 설득한 것이다. 대통령의 현실적 권력을 냉철하게 분석한 시각을 높이 평가해 케네디 대통령이 인수위 핵심 자문위원에 임명한 뉴스타트(Richard E. Neustadt)도 대통령의 권력을 '설득하는 권력'이라고 정의했다. 대통령은 고압적으로 말에 걸터앉아 결정을 내리는 주인이 아니다. 대통령은 말을 끌고 다니면서 오피니언 리더들에게 말에 오

르라고 설득하는 마부(馬夫)와 같다.[21]

종합하면 한국 문민통제 기구의 대안으로 문민 우위의 평등한 대화가 기반이 되는 민군 상호 설득 기구로서 NSC를 제안할 만하다. NSC에서 현재와 같이 절대적 문민 우위에 입각해 일방적이고 불평등한 대화가 진행되면 군의 조언 기능은 약화된다. 일방적 불평등한 대화는 축적된 군사적 통찰과 경험이라는 귀중한 안보 자산을 버리고, 외교·안보·통일정책의 부실을 초래할 수 있다. 그러므로 군의 군사적 통찰과 경험을 유기적으로 활용하고 문민정부의 정치적 목적을 합리적, 합목적적으로 달성할 수 있는 민군 상호 설득의 NSC로 재구조화할 당위성과 긴급성은 상당하다.

민군 상호 설득의 NSC를 구성하기 위한 충분조건은 앞서 언급한 문민통제의 이데올로기적 정향성의 완화, 군의 발언권 확대 등이다. 발언권이 강화된 군사적 천재인 합참의장은 NSC와 국방부장관에게 적극적인 조언을 하고, 문민정부는 군의 전략적, 전술적 통찰을 직접 청취한다. 양자가 치열하게 토론하고 설득의 과정을 거친 후 문민이 정책을 결정하는 것이다.

문민 우위의 민군 간 평등한 대화가 보장되는 상호 설득의 NSC는 관여와 자율의 균형적 문민통제를 낳을 것으로 기대된다. 문민정부의 일방적 관여와 과도한 공격성으로 비화할 수 있는 군의 자율을 각각 합리적으로 조절함으로써 관여와 자율의 균형을 추구하는 것이다.

---

21 Richard E. Neustadt, "White House and Whitehall," *The Public Interest*, No. 2(Winter, 1966), pp. 55-69.

한국군의 두 얼굴

제6장

결론

6

*

한국의 군은 두 얼굴의 존재이다. 북한군을 향해 때에 따라 공세적 또는 수세적으로 행동한다. 군은 본능적으로 보수적이고 공격적임에도 겉으로 드러나는 행동은 그러하다. 한국군의 두 얼굴 뒤편에는 한국의 특수한 문민통제가 작동하고 있다.

진보와 보수 정부는 북한을 각각 현상유지와 현상타파 체제로 규정하고, 포용적 대북인식과 원칙적 대북인식을 띠었다. 군의 대북인식은 일관되게 보수적, 적대적이다. 민군의 대북인식 선호는 진보 정부에서 불일치했고, 보수 정부에서 일치했다. 분단 상황에서 북한의 이중적 성격 중 한쪽만을 일방적으로 수용하는 한국 정부들의 이데올로기적 성향에서 한국 문민통제의 특수성이 나타나는 것이다.

포용적 대북인식의 진보 정부는 NSC를 대폭 강화했고, 보수 정부는 NSC를 사실상 폐지하거나 군의 자율을 폭넓게 허용하는 선에서 NSC를 운용했다. 진보 정부의 NSC는 군의 행동에 적극 개입한 데 반해, 보수 정부의 NSC는 군에 자율을 부여했다.

결과적으로 김대중, 노무현 대통령의 진보 정부는 별도의 수세적 지침을 내리거나 교전규칙을 복잡하게 작성토록 했다. 현장 지휘관의 재량권은 상당폭 제한됐다. 김대중 정부의 군은 순응하며 책임 이행(work)했다. 노무현 정부의 군은 일시적으로 책임 회피(shirk)했다. 노 대통령의 우발충돌 금지 지침에도 서해 NLL에서 북한 선박을 향해 함포사격을 했다. 보고 누락, 기밀 유출 등의 사건은 군기 문란으로 규정됐다. 군은 한때 반발과 책임 회피를 선택했다가 곧 순응하고 책임 이행했다.

노무현 정부 초기 군의 반발과 책임 회피는 예외적 정상의 성격이다. 문민통제가 강하면 군은 반발할 수 있는데 진보 정부 시기를 통틀어 이러한 반발은 노무현 정부 초기에만 관찰된다. 노무현 정부 초기 군의 반발은 비정상적 현상이 아니라 정상적 사건인데 예외적으로 나타난 것이다.

보수 정부는 교전규칙을 초월하는 자위권을 발동했고, 선조치 후보고의 자율적 교전규칙을 하달해 군의 자율성을 극대화했다. 자율을 부여받은 군은 공세적으로 행동했다. 대청해전에서 북한이 50여 발 사격하는 동안 한국의 해군은 4,950발로 100배 대응했다. 극적인 남북 고위급 대화가 성사되고 3일 후 서해 NLL 주변에서 100발 가까운 조준격파사격을 했다. 금강산에서 이산가족상봉이 진행되는 동안 NLL과 MDL에서 경고사격을 했다.

보수 정부는 군에 자율을 줬고, 군은 이를 충분히 누렸다. 반발할 이유는 없었다. 완전한 순응과 책임 이행이 나타났다. 보수 정부의 군에 부여된 자율은 노무현 정부 청와대에서 실장과 수석을 지낸 국방위원이 납득할 수 없을 정도로 컸다.

포용적 대북인식의 진보 정부는 대북인식의 선호가 불일치하는 군에 대해 관여적 통제를 했고, 보수적 대북인식의 보수 정부는 대북인식 선호가 일치하는 군에 대해 자율적 통제를 한 것이다. 군은 노무현 정부의 초반 일시적으로 문민정부와 갈등했고, 이후 대체적으로 순응 및 책임 이행했다. 군사작전은 진보 정부에서는 수세적으로, 보수 정부에서는 공세적으로 나타났다. 한국의 민군 전략적 상호작용은 갈등 국면이 많지 않아 역동적이라기보다 안정적이었다.

진보와 보수 정부의 문민통제, 그리고 이에 따른 군의 행동이 보여주는 차별성은 극단적이다. 문민통제와 접적지역의 군사작전 모두 합리적이었다고 말하기 어려운 것이 현실이다. 민주주의와 안보를 동시에 떠받치는 문민통제, 그리고 국민과 장병의 안전을 담보하면서 북한의 도발 의지를 억제하는 군사작전을 펼치려면 한국적 문민통제의 대안적 모델이 필요하다.

『한국군의 두 얼굴』은 한국 문민통제의 대안으로 관여-자율 균형 모델을 제안한다. 문민통제의 이데올로기적 정향성의 완화, 북한 정체성에 대한 이견의 해소, 군 발언권의 강화 등의 과정을 통해 합참의 권한을 확대하고 민군 상호 설득 기구로서의 NSC를 재구조화하는 것이다.

분단 상황의 한국 정부들은 이데올로기적 성향에 따라 북한을 현상유지, 현상타파 체제라는 상반된 견해를 가지는 데서 한국 문민통제의 특수성은 비롯된다. 진보와 보수 정부의 대북인식은 정부 성향별로 판이한 양극단의 문민통제로 표출됐다. 그러나 북한의 성향은 단 하나이다. 북한 성향에 대한 정치권의 이견이 합일되지 않는 한 외부 위협의 본질에 상응하지 않는 문민통제는 앞으로도 불가피하다.

군의 발언권이 상대적으로 크다면 정부의 다소 비현실적인 통제에 문제제기를 하는 민군 간 평등한 대화가 가능하다. 현실은 그렇지 않다.

김대중 정부 이후 민군의 대화는 압도적 문민 우위에 입각한 일방통행식이다.

문민 우위의 문민통제 원칙은 절대적 규범이지만 민군의 대화는 평등해야 한다. 최적의 안보 방법론을 찾는 민군 간 대화이기 때문에 안보 전문가인 군의 발언권을 제도적으로 확대해 평등한 대화를 유도하는 것이 바람직하다. 거듭 강조하건대 대전제는 문민 우위이다.

NSC는 발언권을 제도적으로 보장받은 합참의장이 문민 정치인들을 설득하고, 또 문민은 군을 설득하는 기구로 거듭나야 한다. 상호 설득의 결과로 민군의 의견이 합일하고 정책으로 확립되는 프로세스가 가장 이상적 안보정책 의사결정이라고 할 수 있다. 불평등한 대화가 아니라 문민 우위의 평등한 대화가 이뤄지는 NSC이다. 이와 같은 NSC의 재구조화를 위해서 문민통제의 이데올로기적 정향성의 완화, 합참의장의 발언권 강화 등이 선행돼야 한다.

민군 설득의 NSC가 정립되면 앞으로의 문민통제는 "정부는 합리적 관여를 하고, 군의 작전 재량권은 보장되는" 균형적 조건을 추구하게 될 것이다. 이와 같은 관여-자율의 균형적 문민통제의 결과로서 군사작전의 구체적 양상도 도출이 가능하다. 정부는 임무와 가용 무력의 범위 설정, 교전규칙의 수립 등을 통해 적극적으로 관여하고, 군의 자율은 교전규칙의 한도 내에서 보장하는 임무형 전술이다.

이 책 『한국군의 두 얼굴』은 김대중, 노무현, 이명박, 박근혜 대통령의 4개 정부의 문민통제가 정부 성향별로 어떠한 군사작전을 형성했는지에 집중했다. 문민통제는 군사작전 외에 안보정책 전반의 결정에도 직접적인 영향을 미친다. 전시작전통제권 전환, 주한미군 조정, 한일 군사정보보호협정 체결, 해외 파병, 한미연합훈련 규모 및 방법, 주한미군

THAAD 배치 등의 결정에 있어서도 민군갈등과 문민 또는 군 선호의 우세, 정책 결정 등의 문민통제가 실시됐다. 북한의 기습에 대응한 군사작전과 달리, 숙의를 거쳐 결정되는 정책적 문제는 민군의 상호작용이 보다 전략적이고 역동적이었을 것으로 추정된다.

한국 문민통제 전체의 모습을 그리기 위해 군사작전에 그치지 않고 한발 더 나아가 안보정책 전반의 결정 과정도 탐구해야 한다. 『한국군의 두 얼굴』은 군사작전에 집중했고, 이 책의 한계는 여기에 있다. 한국 문민통제의 완전한 실체를 드러내는 후속작이 나오기를 기대한다.

참고문헌

1. 국내 문헌

(1) 단행본

공진성·이근욱, 『민군관계와 대한민국 육군』, 파주: 한울아카데미, 2018.

군사연구회, 『군사사상론』, 서울: 플래닛미디어, 2016.

권태준, 『한국의 세기 뛰어넘기』, 파주: 나남출판, 2007.

그레이엄 앨리슨·필립 젤리코, 『결정의 본질: 누가 어떻게 국가의 운명을 결정짓는가?』, 김태현 역, 파주: 모던아카이브, 2018.

기윤서, 『한반도 교전규칙』, 서울: 한국학술정보, 2013.

김기호, 『현대북한의 이해』, 서울: 탑북스, 2018.

김대중, 『김대중 자서전 2』, 서울: 도서출판 삼인, 2010.

김성만, 『천안함과 연평도-서해5도와 NLL을 어떻게 지킬 것인가』, 서울: 상지피앤아이, 2011.

김일영·조성렬, 『주한미군: 역사, 쟁점, 전망』, 파주: 도서출판 한울, 2014.

김정섭, 『낙엽이 지기 전에: 1차 세계대전 그리고 한반도의 미래』, 서울: 엠아이디, 2017.

김종대, 『서해전쟁: 장성 35명의 증언으로 재구성하다』, 서울: 메디치미디어, 2013.

김진욱·김도윤, 『新민군관계 강의』, 서울: 21세기군사연구소, 2018.

남시욱, 『한국보수세력연구』, 파주: 나남출판, 2020.

노재봉·조성환·김영호·서명구, 『정치학적 대화』, 서울: 성신여대 출판부, 2015.

두산동아, 『두산세계대백과사전』, 서울: 두산동아, 1996.

바실 리델 하트, 『전략론』, 주은식 역, 서울: 책세상, 2015.

박상철, 『정치놈, 정치님』, 서울: 솔과학, 2017.

백낙청, 『흔들리는 분단체제』, 파주: 창비, 1998.

빅터 차, 『적대적 제휴』, 김일영·문순보 역, 서울: 문학과지성사, 2004.

손자, 『손자병법』, 김원중 역, 서울: 휴머니스트, 2016.

한국군의 두 얼굴

시어도어 리드 페렌바크, 『이런 전쟁(This Kind of War)』, 최필영·윤상용 역, 서울: 플래닛미디어, 2019.

아서 브라이언트, 『워 다이어리(War Diary)』, 황규만 역, 서울: 플래닛미디어, 2010.

안정식, 『빗나간 기대』, 서울: 늘품플러스, 2020.

안종만, 『정치학대사전』, 서울: 박영사, 1988.

이근욱, 『왈츠 이후』, 파주: 한울 아카데미, 2009.

이명박, 『대통령의 시간』, 서울: 알에이치코리아, 2015.

이종석, 『칼날 위의 평화』, 서울: 도서출판 개마고원, 2018.

임동원, 『피스메이커』, 서울: 중앙books, 2008.

조영갑, 『민군관계와 국가안보』, 서울: 북코리아, 2005.

_____, 『한국민군관계론』, 서울: 한원, 1993.

존 하키트, 『전문직업군』, 서석봉·이채호 공역, 서울: 연경문화사, 1998.

진영재, 『정치학총론』, 서울: 연세대 대학출판문화원, 2013.

폴 라이트, 『대통령학: 국정 어젠다, 성공에서 실패까지』, 차재훈 역, 파주: 한울아카데미, 2009.

카알 폰 클라우제비츠, 『전쟁론』, 김만수 역, 서울: 갈무리, 2016.

한용원, 『創軍』, 서울: 박영사, 1984.

홍석률, 『분단의 히스테리-공개문서로 보는 미중관계와 한반도』, 파주: 창비, 2012.

E. H. 카, 『20년의 위기』, 김태현 역, 파주: 녹문당, 2017.

(2) 논문

권경득, "민군갈등 사례의 비교분석 및 갈등해결을 위한 전략-군사시설 입지갈등을 중심으로," 『한국거버넌스학회보』 제21권 제2호(한국거버넌스학회, 2014)

권혁빈, "NSC(국가안전보장회의) 체제의 한미일 비교," 『한국경호경비학회지』 제37호(한국경호경비학회, 2013)

권형진, "국민국가 속에서 국민의 자격," 『일감법학』 제26호(건국대학교 법학연구소, 2013)

김갑식, "세계화·정보화와 북한의 국가정체성:'주체 사회주의'의 지속과 변화," 『통일정책연구』 제13권 제2호(통일연구원, 2004)

김경호, "한국군의 정치개입 원인분석," 『21세기정치학회보』 제13권 제2호(21세기정치학회, 2003)

김명수·전상인, "한국 민군관계의 역사적 전개와 발전방향-비교역사적 분석," 『전략논총』 제2

권(한국전략문제연구소, 1994)

김병조, "선진국에 적합한 민군관계 발전방향 모색: 정치, 군대, 시민사회 3자 관계를 중심으로," 『전략연구』 제15권 제44호(한국전략문제연구소, 2008)

김선희, "인과적 과정추적(Causal Process Tracing)을 활용한 정책학 연구방법 고찰," 『정책분석평가학회보』 제27권 제4호(정책분석평가학회, 2017)

김아네스, "서평: 고려 무신정권에 관한 총체적 연구," 『한국중세사연구』 제29권 제0호(한국중세사학회, 2010)

김영호, "외교·국방·통일전략 최적화를 위한 제도적 정비방안," 『KRIS 창립 기념논문집』(한국전략문제연구소, 2017)

김재천·윤상용, "클라우제비츠 이론으로 본 테러와의 전쟁," 『국가전략』 제15권 제2호(세종연구소, 2009)

김종태, "북한 핵의 문제화와 국가 정체성의 구성," 『아세아연구』 제61권 제1호(아세아문제연구소, 2018)

김정섭, "민군(民軍)간의 '불평등 대화': 한국군의 헌팅턴 이론 극복과 국방기획에 대한 문민통제 강화," 『국가전략』 제17권 제1호(세종연구소, 2011)

김태현, "북한의 공세적 군사전략: 지속과 변화," 『국방정책연구』 제33권 제1호(한국국방연구원, 2017)

_____, "『전쟁론』1편 1장에 대한 이해와 재해석," 『군사』 제95호(국방부 군사편찬연구소, 2015)

김호진, "분단구조와 한국정치-지배구조의 모순을 중심으로," 『광장』 제201호(세계평화교수협의회, 1991)

동아시아연구원, "바람직한 한국형 외교안보정책 컨트롤타워," 『2013 EAI Special Report』

마상윤, "자유민주주의의 공간: 1960년대 전반기 <사상계>를 중심으로," 『한국정치연구』 제25권 제2호(서울대한국정치연구소, 2016)

박순성, "한반도 평화를 위한 실천 구상-정전체제, 분단체제, 평화체제," 『사회과학연구』 제25권 제1호(동국대 사회과학연구원, 2018)

박휘락, "안보, 국방정책: 객관적 문민통제 보장을 위한 군대의 전문성 향상," 『군사논단』 제47권(한국군사학회, 2006)

변창구, "박근혜 정부의 대북정책 중간평가와 발전과제," 『통일전략』 제15권 제3호(한국통일전략학회, 2015)

성기영, "박근혜 정부의 대북정책 성공 가능성 -북한 행동 변수와 미중관계 전망에 따른 시나리오 분석," 『통일연구』 제17권 제2호(통일연구원, 2013)

손한별·김성우, "미 합참의 "군사조언"과 정책결정과정," 『군사』 제104호(국방부 군사편찬연구소, 2017)

송승종, "민군관계의 주인-대리인 이론과 그 함의에 관한 연구,"『전략연구』제25권 제3호(한국
전략문제연구소, 2018)

송재익, "건전한 민군관계 속의 국민으로부터 한국군의 신뢰 회복 방안,"『군사논단』제94권(한
국군사학회, 2018)

양병기, "한국의 군부정치에 관한 연구: 정치 정향을 중심으로,"『한국정치학보』제27권 제2-1
호(한국정치학회, 1994)

_____, "한국 민군관계의 역사적 전개와 교훈,"『국제정치논총』제37권 제2호(한국국제정치학
회, 1998)

여영윤, "억지되지 못한 북한의 국지전 위협과 민군관계: 천안함 사건과 연평도 포격사건을 중
심으로,"『동아연구』제67권(동아연구소, 2014)

염동용, "김대중정부의 대북정책 평가: 통일전략,"『통일전략』제2권 제2호(통일전략학회, 2002)

온만금, "해방 이후 한국군의 역할에 대한 동태적 분석,"『한국군사학논집』제69권 제2호(화랑
대연구소, 2013)

우승지, "북한은 현상유지 국가인가?,"『국제정치논총』제53권 제4호(한국국제정치학회, 2013)

유근환, "한국군 이미지와 복무 선호도와의 연계 가능성에 관한 연구,"『한국정책연구』제10권
제3호(경인행정학회, 2010)

이근욱, "민주주의와 민군관계: 새로운 접근법을 위한 시론,"『신아세아』제24권 제1호(신아시아
연구소, 2017)

이성훈, "북한 도발 억제를 위한 자위권 적용에 대한 연구: 북핵 위협에 대응 위한 선제적 자위
권 적용을 중심으로,"『국가전략』제20권 제2호(세종연구소, 2014)

이주희, "민주화 이후 군부에 대한 문민통제-한국과 아르헨티나 사례를 중심으로,"『사회과학연
구』제27권 제3호(경성대 사회과학연구소, 2011)

이화준·노미진, "대북정책과 한국 정부의 인식,"『사회과학연구』제35권 제1호(사회과학연구
소, 2019)

전봉근, "국가안보 총괄조정체제 변천과 국가안보실 구상,"『주요국제문제분석』No. 2013-03(국
립외교원 외교안보연구소, 2013)

전재국, "국방문민화 과정의 재조명-성과와 과제를 중심으로,"『국방연구』제53권 제2호(안보문
제연구소, 2010)

정경환, "김대중정부 대북정책 평가와 향후 과제,"『통일전략』제2권 제2호(통일전략학회, 2002)

_____, "한반도 분단체제의 성격과 통일전략의 방향,"『통일전략』제14권 제1호(한국통일전략
학회, 2014)

정일준, "한국 민군관계의 궤적과 현황: 문민우위 공고화와 민주적 민군협치,"『국방정책연구』
제24권 제3호(한국국방연구원, 2008)

정태환, "김영삼 개혁정치의 성격과 정치적 동원," 『한국학연구』 제23권(한국학연구소, 2005)

조성심·황희숙, "입대 전·후 대학생의 군 인식 및 이미지 차이와 대학생활의 관계," 『한국정책
연구』 제18권 제2호(경인행정학회, 2018)

조성환, "민주화 이후 한국 진보·보수의 이념적·정치적 경쟁의 특성," 『통일전략』 제16권 제1호
(한국통일전략학회, 2016)

_____, "레이몽 아롱의 전쟁 및 전략사상 연구-현대전쟁의 클라우제비츠적 해석을 중심으로,"
서울대 석사논문(1985)

조현연, "한국 민주주의와 군부독점의 해체 과정 연구," 『동향과 전망』(한국사회과학연구회,
2007)

주승현, "남북한 분단의 다면적 대립구조에 관한 고찰," 『인문사회과학연구』 제16권 제4호(부경
대 인문사회과학연구소, 2015)

최석만·국민호·박태진·한규석, "한국에서의 진보-보수적 태도의 구조와 유형에 관한 연구,"
『한국사회학』 제24집 겨울호(한국사회학회, 1991)

한용원, "군부의 정치개입과 그 내부의 파벌," 『광장』 202호(세계평화교수협의회, 1991)

(3) 국회 회의록

국회사무처, 제192회 국회 국방위원회 회의록 제1호(1998. 5. 14.)

_____, 제195회 국회 국방위원회 회의록 제1호(1998. 8. 21.)

_____, 제196회 국회 국방위원회 회의록 제1호(1998. 8. 25.)

_____, 제196회 국회 국방위원회 회의록 제2호(1998. 9. 3.)

_____, 제199회 국회 국방위원회 회의록 제1호(1998. 12. 28.)

_____, 제204회 국회 본회의 회의록 제2호(1999. 6. 16.)

_____, 제204회 국회 국방위원회 회의록 제2호(1999. 6. 17.)

_____, 제205회 국회 국회본회의 회의록 제7호(1999. 7. 8.)

_____, 제215회 국회 국방위원회 회의록 제6호(2000. 11. 28.)

_____, 제225회 국회 국방위원회 회의록 제9호(2001. 11. 30.)

_____, 제222회 국회 국방위원회 회의록 제1호(2001. 6. 4.)

_____, 제222회 국회 국방위원회 회의록 제2호(2001. 6. 7.)

_____, 제222회 국회 본회의 회의록 제4호(2001. 6. 8.)

_____, 제222회 국회 국방위원회 회의록 제3호(2001. 6. 14.)

_____, 제232회 국회 본회의 회의록 제6호(2002. 7. 22.)

_____, 제236회 국회 국방위원회 회의록 제2호(2003. 3. 7.)

_____, 제238회 국회 국방위원회 회의록 제2호(2003. 4. 23.)

_____, 제240회 국회 국방위원회 회의록 제1호(2003. 6. 19.)

_____, 제241회 국회 국방위원회 회의록 제2호(2003. 7. 22.)

_____, 2003년도 해군 등 국정감사 국방위원회 회의록(2003. 9. 25.)

_____, 2003년도 해군작전사령부 국정감사 국방위원회 회의록(2003. 10. 7.)

_____, 제248회 국회 국방위원회 회의록 제3호(2004. 7. 8.)

_____, 제248회 국회 본회의 회의록 제3호(2004. 7. 12.)

_____, 제248회 국회 국방위원회 회의록 제4호(2004. 7. 24.)

_____, 제250회 국회 국방위원회 회의록 제1호(2004. 9. 8.)

_____, 2004년도 국방부 등 국정감사 국방위원회 회의록(2004. 10. 4.)

_____, 2004년도 해군 등 국정감사 국방위원회 회의록(2004. 10. 12.)

_____, 2004년도 NSC 국정감사 국방위원회 회의록(2004. 10. 22.)

_____, 제258회 국회 국방위원회 회의록 제3호(2006. 2. 16.)

_____, 제262회 국회 국방위원회 회의록 제8호(2006. 11. 20.)

_____, 2007년도 국방부 등 국정감사 국방위원회 회의록(2007. 10. 17.)

_____, 제271회 국회 법제사법위원회 회의록 제7차(2008. 2. 26.)

_____, 제272회 국회 국방위원회 회의록(합참의장 후보자 인사청문회) 제1호(2008. 3. 26.)

_____, 제289회 국회 본회의 회의록 제4호(2008. 4. 7.)

_____, 제276회 국회 본회의 회의록 제7호(2008. 7. 21.)

_____, 제278회 국회 국방위원회 회의록 제2호(2008. 9. 4.)

_____, 2008년도 국방부 등 국정감사 국방위원회 회의록(2008. 10. 6.)

_____, 2008년도 대통령실 국정감사 운영위원회 회의록(2008. 10. 31.)

_____, 제281회 국회 본회의 회의록 제8호(2009. 2. 16.)

_____, 제284회 국회 국방위원회 회의록 제7호(2009. 11. 10.)

_____, 제284회 국회 국방위원회 회의록 제8호(2009. 11. 17.)

_____, 제287회 국회 본회의 회의록 제5호(2010. 2. 5.)

_____, 제293회 국회 국방위원회 회의록 제1호(2010. 8. 24.)

_____, 제294회 국회 국방위원회 회의록 제5호(2010. 11. 24.)

_____, 제294회 국회 국방위원회(국무위원후보자 인사청문회) 회의록 제7호(2010. 12. 3.)

_____, 제302회 국회 국방위원회 회의록 제1호(2011. 8. 18.)

_____, 제311회 국회 국방위원회 회의록 제2호(2012. 9. 24.)

_____, 2012년도 국방부 등 국정감사 국방위원회 회의록(2012. 10. 19.)

_____, 제313회 국회 외교통상통일위원회 회의록 제2호(2013. 2. 13.)

_____, 제315회 국회 국회운영위원회 회의록 제2호(2013. 4. 18.)

_____, 제320회 국회 국방위원회 회의록 제4호(2013. 10. 11.)

_____, 제321회 국회 국회운영위원회 회의록 제2호(2013. 12. 31.)

_____, 제322회 국회 국방위원회 회의록 제2호(2014. 2. 26.)

_____, 제323회 국회 국회본회의 회의록 제4호(2014. 4. 4.)

_____, 제324회 국회 법제사법위원회 회의록 제1호(2014. 4. 28.)

_____, 제326회 국회 국방위원회 회의록 제3호(2014. 6. 29.)

_____, 제326회 국회 국회운영위원회 회의록 제2호(2014. 7. 7.)

_____, 2014년도 국방부 등 국정감사 국방위원회 회의록(2014. 10. 7.)

_____, 2013년도 합참 등 국정감사 국방위원회 회의록(2013. 10. 22.)

_____, 2013년도 해군 등 국정감사 국방위원회 회의록(2013. 10. 23.)

_____, 2014년도 합동참모본부 등 국정감사 국방위원회 회의록(2014. 10. 13.)

_____, 2014년도 해군 등 국정감사 국방위원회 회의록(2014. 10. 15.)

_____, 제329회 국회 국방위원회 회의록 제4호(2014. 10. 29.)

_____, 제336회 국회 국방위원회 회의록 제1호(2015. 8. 12.)

_____, 제336회 국회 국방위원회 회의록 제2호(2015. 8. 26.)

_____, 제337회 국회 국방위원회 회의록 제3호(2015. 10. 5.)

_____, 제343회 국회 국방위원회 회의록 제5호(2016. 7. 11.)

_____, 제347회 국회 국방위원회 회의록 제1호(2016. 12. 12.)

(4) 간행물

감사원, 국방 문민화 추진실태 특정감사 보고서(2018. 11.)

국무조정실, 박근혜정부 국정과제 추진계획 보도 참고자료(관계부처 합동, 2013. 5. 28)

국방부, 『1998-2002 국방정책』(서울: 국방부, 2002)

_____, 『2004 국방백서』(서울: 국방부, 2002)

_____, 『2006 국방백서』(서울: 국방부, 2006)

_____, 『2010 국방백서』(서울: 국방부, 2010)

_____, 『2012 국방백서』(서울: 국방부, 2012)

_____, 『2014 국방백서』(서울: 국방부, 2014)

_____, 『2016 국방백서』(서울: 국방부, 2016)

한국군의 두 얼굴

_____, 『2018 국방백서』(서울: 국방부, 2018)

_____, 외교통상위 소속 한나라당 진영 의원 제출 자료(2008. 10.)

국방부 군사편찬연구소, 『국방사연표 제2집(1991~2010)』(서울: 국방부 군사편찬연구소, 2013)

대통령자문정책기획위원회, 『새로운 도전, 국가위기관리』(서울: NSC사무처, 2008)

대한민국 정부, 『이명박정부 국정백서, 05권 통일·안보, 원칙있는 대북·통일정책과 선진안보』(
　　　서울: 문화체육관광부, 2013)

_____, 『천안함 피격사건 백서』(서울: 대한민국 정부, 2011)

새누리당, 제18대 대통령선거 새누리당 정책공약집 2012)

육군사관학교 산학협력단, 『임무형 지휘 활성화 방안 연구』(서울: 육군사관학교, 2016)

전병곤, 중국공산당 16기4중전회 결과분석(서울: 통일연구원, 2004)

제18대 대통령직인수위원회, 박근혜정부 국정과제 보도참고자료 2013)

통일부, 『한반도 신뢰 프로세스』(서울: 통일부, 2013)

통일부 통일정책실, 『참여정부의 평화번영정책』(서울: 통일부, 2003)

통일연구원, 『남북관계연표 1948년~2011년』(서울: 통일연구원, 2011)

_____, 『남북관계연표 1948년~2013년』(서울: 통일연구원, 2013)

한국국방연구원, "국방부 공무원 경쟁력 강화 방안 연구,"(한국국방연구원, 2009)

합동참모본부, 『국정감사 보고 자료』(서울: 합참, 2016. 10.)

_____, 『군사용어사전』, 합동참고교범 10-2(서울: 국군인쇄의창, 2010)

_____, 남북 간 신뢰 구축실패 사례(2007. 10)

_____, 이종명 자유한국당 의원 국정감사 요구자료(2004. 10)

_____, 이종명 자유한국당 의원 국정감사 요구 자료 <2000년 남북정상회담 이후 북한
　　　서북도서 도발 현황>(2015. 9)

_____, 『합동성 강화 대토론회』(서울: 국군인쇄의창, 2010)

(5) 언론 보도

_____, "국가안전보장회의 사무처 발족," 「연합뉴스」, 1998. 6. 5.

_____, "북한군 13명 중부전선 군사분계선 월경," 「연합뉴스」, 1998. 3. 13.

_____, "北 잠수정 동해서 그물에 걸려-軍당국 예인," 「연합뉴스」, 1998. 6. 22.

_____, "北, 대포동1호 실험발사-美와 미사일 협상 앞두고," 「연합뉴스」, 1998. 8. 31.

_____, "<합참관계자 일문일답>," 「연합뉴스」, 2001. 6. 3.

_____, "NLL 월선, 경고사격 시간대별 상황," 「연합뉴스」, 2003. 6. 1.

강병철, "朴대통령 '美수출 훈련기, 한미동맹 강화 촉매제'," 「연합뉴스」, 2015. 12. 17.

고형규, "윤광웅 국방보좌관 일문일답," 「연합뉴스」, 2004. 7. 20.

권정상, "노대통령, 北핵무기 보유 美주장 반박," 「연합뉴스」, 2003. 4. 11.

김남권, "朴대통령 첫 군부대 방문...北도발 가차 없이 대응'," 「연합뉴스」, 2013. 12. 24.

김귀근, "北 경비정 올들어 8차례 NLL 월선," 「연합뉴스」, 2001. 5. 29.

_____, "남북 함정 NLL 해역 상호 기동," 「연합뉴스」, 2000. 11. 15.

_____, "北 상선 2척 오늘 NLL 통과," 「연합뉴스」, 2001. 6. 4.

_____, "군, 北 어선 경고 퇴각조치 의미," 「연합뉴스」, 2001. 6. 24.

_____, "'허위보고' 논란서 '보고누락' 발표까지," 「연합뉴스」, 2004. 7. 23.

_____, "軍, 'NLL 충돌' 막도록 작전예규 고쳐," 「연합뉴스」, 2004. 9. 2.

_____, "北경비정 2척 한 때 NLL 월선," 「연합뉴스」, 2005. 5. 13.

_____, "北 전투기 2대 NLL선회 비행," 「연합뉴스」, 2005. 11. 11.

_____, "北소형어선.경비정 NLL 넘었다 돌아가," 「연합뉴스」, 2005. 11. 13.

_____, "서북지역 긴장 '팽팽'..軍 대비태세 유지," 「연합뉴스」, 2009. 5. 8.

_____, "서해교전→'대청해전' 명명," 「연합뉴스」, 2009. 11. 16.

_____, "北 포사격 선포 마지막날..軍 동향 예의주시," 「연합뉴스」, 2010. 1. 29.

_____, "北해안포 도발에 대응포격 안해 논란," 「연합뉴스」, 2010. 8. 10.

_____, "北어선 서해NLL 또 침범..軍경고사격에 퇴각," 「연합뉴스」, 2012. 9. 21.

_____, "軍, 北어선에 경고사격 때 F-15K 출격," 「연합뉴스」, 2012. 9. 22.

_____, "北, 대북전단 향해 고사총 발사...軍, 기관총 대응사격," 「연합뉴스」, 2014. 10. 10.

_____, "軍, NLL 월선 北 어선단속정에 경고사격..北, '고의적 도발'," 「연합뉴스」, 2015. 10. 25.

김기서, "美상원, 대북 제재결의안 채택," 「연합뉴스」, 1998. 9. 3.

김범현, "盧 '北 NLL 월선 대비해야'," 「연합뉴스」, 2003. 3. 26.

_____, "盧 'NLL 우발충돌 없어야'," 「연합뉴스」, 2003. 5. 29.

_____, "국방부 '교과서 개정' 요구," 「연합뉴스」, 2008. 9. 18.

김호준, "北, 강원도 15사단 최전방 GP 향해 2발 총격," 「연합뉴스」, 2010. 10. 29.

_____, "김관진 국방장관 취임..'北 추가도발 시 즉각 응징'," 「연합뉴스」, 2010. 12. 4.

_____, "김 국방, '北 재도발 시 자위권 행사, 강력응징하라'," 「연합뉴스」, 2010. 12. 7.

_____, "北 확성기 타격 준비 움직임 여전..76.2mm 전진배치," 「연합뉴스」, 2015. 8. 22.

_____, "'전쟁위기'에서 '평화의 길'을 찾다..남북관계 획기적 개선 기대," 「연합뉴스」, 2015. 8. 25.

노재현, "北 '30일부터 상호 비방 중단···적대행위 중지 제안'," 「연합뉴스」, 2014. 1. 16.

도광환, "朴대통령-정총리, 사제단 발언 '강경 발언' 왜," 「연합뉴스」, 2013. 11. 25.

민경락, "北, '南 정부가 삐라살포 묵인하면 남북관계 파국'," 「연합뉴스」, 2014. 10. 9.

박성민, "〈신년사〉朴대통령 '정상화 개혁 꾸준히 추진할 것'," 「연합뉴스」, 2013. 12. 31.

박세진, "북한 전투기 NLL 침범 상황·배경," 「연합뉴스」, 2003. 2. 20.

_____, "북한 어선 5일째 NLL 월선," 「연합뉴스」, 2003. 6. 3.

백나리, "미 국방 '핵항모 함장 경질지지'…바이든 '경질은 거의 범죄'," 「연합뉴스」, 2020. 4. 6.

송수경, "민주 '철저히 검증할 것..책임총리제 인식 결여'," 「연합뉴스」, 2013. 2. 8.

신지홍, "朴대통령 '강력한 대북 억지력 속 대화 문 열어놔'," 「연합뉴스」, 2013. 5. 6.

_____, "靑, NSC상임위 설치…안보컨트롤타워 역할 부여," 「연합뉴스」, 2013. 12. 20.

안정원, "朴대통령 '드레스덴 선언'..대북 3大제안 발표," 「연합뉴스」, 2014. 3. 28.

윤동영, "북한 잠수정 발견 정부 움직임-청와대," 「연합뉴스」, 1998. 6. 22.

이귀원, "北 경비정 2척, 서해 NLL 한때 월선," 「연합뉴스」, 2004. 6. 4.

_____, "北선박 NLL 한때 월선..北경비정이 예인," 「연합뉴스」, 2004. 7. 21.

_____, "교신누락 책임자 서면.구두경고," 「연합뉴스」, 2004. 7. 27.

_____, "北경비정 9일밤 한때 NLL 침범," 「연합뉴스」, 2004. 11. 10.

_____, "北 경비정 1척 한때 NLL 월선," 「연합뉴스」, 2004. 12. 7.

_____, "북 경비정 NLL월선..중국 어선 끌고 북상," 「연합뉴스」, 2005. 8. 21.

이상헌, "軍, '새떼' 北항공기 오인..경고사격," 「연합뉴스」, 2009. 10. 18.

_____, "北 해안포 발사..정부 긴박했던 하루," 「연합뉴스」, 2010. 1. 27.

_____, "北 함정, NLL 침범..경고사격에 북상," 「연합뉴스」, 2010. 5. 16.

이성섭, "北 경비정 2척 한때 NLL 침범," 「연합뉴스」, 2002. 6. 28.

이승우, "北, NLL 북측지역에 포사격..南 경고사격," 「연합뉴스」, 2010. 1. 27.

_____, "'북=주적' 개념 6년 만에 부활 확정," 「연합뉴스」, 21010. 5. 25.

이영재, "북한군, 남쪽으로 포격 도발..우리 군 20여발 대응사격," 「연합뉴스」, 2015. 8. 20.

_____, "한미, '워치콘' 격상해 북한군 감시..'동시다발 교전까지 대비'," 「연합뉴스」, 2015. 8. 23.

이유, "북함정 퇴가안하면 곧바로 경고사격," 「연합뉴스」, 2002. 7. 2.

_____, "북 경비정 한때 서해 NLL 침범," 「연합뉴스」, 2002. 11. 16.

_____, "NLL침범 北 경비정에 경고포격 퇴각시켜," 「연합뉴스」, 2002. 11. 20.

이종건, "동해서 무장공비 시체 및 소형 침투정 발견," 「연합뉴스」, 1998. 7. 12.

이충원, "북 경비정 1척 NLL 침범후 북상," 「연합뉴스」, 2003. 5. 3.

장용훈, "北, 최고위급 대표단 AG 폐막식에 왜 보냈나," 「연합뉴스」, 2014. 10. 4.

정윤섭, "靑 '전작권, 국가안위 관점서 봐야..공약파기 아냐'," 「연합뉴스」, 2014. 10. 24.

_____, "남북, '무박 4일' 43시간 마라톤협상 끝 극적타결," 「연합뉴스」, 2015. 8. 25.

조복래, "노대통령 'NLL 침범' 추가조사 지시," 「연합뉴스」, 2004. 7. 19.

조준형, "정부 '北성명 유감..NLL 침범 불용," 「연합뉴스」, 2009. 1. 30.

최정인, "잇단 北 해상포격에 軍대응사격..충돌 없어," 「연합뉴스」, 2011. 8. 10.

추승호, "靑, 수석급 국가위기관리실장 신설," 「연합뉴스」, 2010. 12. 21.

홍창진, "비상벨소리에 F-15K 조종사들 용수철," 「연합뉴스」, 2009. 6. 3.

황대일, "NSC차장 '강군' 관련 발언 군내 논란," 「연합뉴스」, 2004. 6. 27.

_____, "北 선박 또 NLL 월선..경고사격에 퇴각," 「연합뉴스」, 2003. 8. 8.

_____, "北 선박 또 NLL 침범..경고사격 받고 퇴각," 「연합뉴스」, 2003. 8. 18.

_____, "북한군, 경기 연천 DMZ서 총격," 「연합뉴스」, 2003. 7. 17.

_____, "北경비정 서해서 경고사격 받고 퇴각," 「연합뉴스」, 2004. 7. 14.

_____, "북한 선박 또 다시 NLL 월선 후 북상," 「연합뉴스」, 2004. 7. 18.

_____, "NLL 침범 北 경비정은 서해교전 주범," 「연합뉴스」, 2004. 7. 19.

_____, "北경비정 3척 서해상 침범후 퇴각," 「연합뉴스」, 2004. 11. 1.

황재훈, "北 '핵재처리 막바지' 파문," 「연합뉴스」, 2003. 4. 19.

황정욱, "李대통령 '北, 이제까지의 방식에서 벗어나야'," 「연합뉴스」, 2008. 4. 3.

황철환, "北 도발에 南北 서부전선서 포격전..군사적 긴장 최고조," 「연합뉴스」, 2015. 8. 21.

_____, ""피말리는 시간의 연속이었다"..협상 타결까지 숨가빴던 6일," 「연합뉴스」, 2015. 8. 25.

Munoz, Carlo, "U.S. military training should continue on Korean peninsula, says top Marine", The Washington Times, October 10, 2018.

2. 해외 문헌

(1) 단행본

Abrahamsson, Bengt, *Military Professionalization and Political Power*, Beverly Hills: Sage Publications, 1972.

Bouchard, Joseph F., *Command in Crisis: Four Case Studies*, New York: Colombia University Press, 1991.

Callaghan, Jean M. & Kemic, Franz, *Armed Forces and International Security: Global Trends and Issues*,

Sozioiogie: Forschung und Wissenschaft, 2004.

Chuter, David, *Defence Transformation: A Short Guide to The Issues*, Pretoria: Institute for Security Studies, 2000.

Cohen, Eliot A., *Supreme Command: Soldiers, Statesmen and Leadership in Wartime*, New York: The Free Press, 2002.

Croissant, Aurel & Kuehn, David, *Reforming Civil-Military Relations in New Democracies: Democratic Control and Military Effectiveness in Comparative Perspectives*, Heidelberg: Springer, 2017.

Davidson, Janine A. & Brooking, Emerson T. & Fernandes, Benjamin J., *Mending the Broken Dialogue: Military Advice and Presidential Decision-Making*, The Council on Foreign Relations, 2016.

Desch, Micheal, *Civilian Control of the Military: The Changing Security Environment*, Baltimore and London:The Johns Hopkins University Press, 1999.

Feaver, Peter D., *Armed Servants: Agency, Oversight, and Civil-Military Relations*, Cambridge, Massachusetts, and London: Harvard University Press, 2005.

Finer, Samuel E., *The Man on Horseback: The Role of the Military in Politics*, Baltimore: Penguin Books, 1975.

George, Alexander A. & Bennet, Andrew, *Case Studies and Theory Development in the Social Sciences*, Cambridge, MA: MIT Press, 2005.

Hendrickson, David, *Reforming Defence: The State of American Civil-Military Relations*, Baltimore: Johns Hopkins University Press, 1988.

Janowitz, Morris, *The Professional Soldier: A Social and Political Portrait*, New York: Free Press, 1988.

Huntington, Samuel P., *The Soldier and The State: The Theory and Politics of Civil-Military Relation*, Cambridge, Mass: Havard University Press, 1957.

Jarausch, Konrad, *The Enigmatic Chancellor*, New Haven: Yale University Press, 1973.

Jervis, Robert, *Perception and Misperception in International Politics*, Princeton, New Jersey: Princeton University Press, 1976.

Kier, Elizabeth, *Imagining War: French and British Military Doctrine Between the Wars*, Princeton: Princeton University Press, 1997.

Mahnken, Thomas G., *Technology and the American Way of War*, New York: Columbia University Press, 2008.

Smith, Louis, *American Democracy and Military Power*, Chicago: University of Chicago Press, 1951.

Stepan, Alfred, *The New Professionalism of Internal Warfare and Military Role Expansion*, Alfred Stepan ed., Authoritarian Brazil: Origins, Policies and Future, New Haven: Yale University

Press, 1977.

Van Evera, Stephen, *Causes of War: Power and the Roots of Conflict*, Ithaca, NY: Cornell University Press, 1999.

_____, Guide to methods for students of political science, New York: Cornell University Press, 1997.

Welch, Claude, *Civilian Control of the Military: Theory and Cases from Developing Countries*, Albany: State University of New York Press, 1976.

(2) 논문

Aurel, Croissant & Kuehn, David & Chambers, Paul & Wolf, Siegfried O., "Beyond the Fallacy of Coup-ism: Conceptualizing Civilian Control of the Military in Emerging Democracies," *Democratization*, 17-5(October, 2010)

Avant, Deborah, "The Institutional Sources of Military Doctrine: Hegemons in Peripheral Wars," *International Studies Quarterly*, 37-4(December, 1993)

Baker, Tom, "On the Genealogy of Moral Hazard," Texas Law Review, 75(December, 1996)

Berry. Jr., F. Clifton, "A General Tells Why the Army Is Its Own Worst Enemy," *Armed Forces Journal 114*(July, 1977)

Binkley, John, "Clausewitz and Subjective Civilian Control: An Analysis of Clausewitz's Views on the Role of the Military Advisor in the Development of National Policy," *Armed Forces & Society*, 42-2(April, 2016)

Collier, David, "Understanding Process Tracing," *Political Science and Politics*, 44-4(October, 2011)

Davidson, Janine, "Civil-Military Friction and Presidential Decision Making: Explaining the Broken Dialogue," *Presidential Studies Quarterly*, 43-1(March, 2013)

Feaver, Peter D., "Crisis as Shirking: An Agency Theory Explanation of the Souring of American Civil-Military Relations," *Armed Forces & Society*, 24-3(Spring, 1998)

_____, "The Civil-Military Problematique: Huntington, Janowitz, and the Question of Civilian Control," Armed Forces & Society, 23-2(Winter, 1996)

Hooker jr., Richard D., "Soldier of the State: Reconsidering American Civil-Military Relations," *Parameters, Journal of the US Army War*, 33-4(Winter, 2003)

Kay, Adrian & Baker, Phillip, "What Can Causal Process Tracing Offer to Policy Studies? A Review of the Literature," *Policy Studies Journal*, 43-1(December, 2015)

Neustadt, Richard E., "White House and Whitehall," *The Public Interest*, No. 2(Winter, 1966)

Nickel, Ted, "The attribution of intention as a critical factor in the relation between frustration and aggression," *Journal of Personality*, 42(September, 1974)

Norman, Jocelyn E., "The Rally Around the Flag Effect: A Look at Former President George W. Bush and Current President Barack Obama," *Honor Thesis*(College of Saint Benedict&Saint John's University, 2003)

O'merea, Jr., Andrew P., "Civil-Military Conflict Within The Defense Structure," *Parameters, Journal of the US Army War* College, 3-1(March, 1978)

Rowell, David & Connelly, Luke B., "A History of the Term Moral Hazard," *Journal of Risk and Insurance*, 79(December, 2012)

Sestak, Joseph A., "The Seventh Fleet: A Study of Variance between Policy Directives and Military Force Postures." *Ph.D. diss.*,(Havard, 1984)

Schweller, Randall L., "Bandwagoning for Profit: Bringing the Revisionist State Back In," *International Security*, 19-1(Summer, 1994)

Snyder, Jack, "Civil-Military Relations and the Cult of the Offensive, 1914 and 1984," *International Security*, 9-1(Summer, 1984)

Wendt, Alexander, "Anarchy is What States Make of It: The Social Construction of Power Politics," International Organization, 46-2(January, 1992)

3. 인터넷 자료

https://www.archives.gov/publications/prologue/2006/spring/gerry.html
https://dialogue.unikorea.go.kr/ukd/a/ad/usrtaltotal/View.do?id=245
https://www.youtube.com/watch?v=KNbw8RP_8BM
http://www1.president.go.kr/news/newsList.php?srh[view_mode]=detail&srh[seq]=4019
https://nkinfo.unikorea.go.kr/nkp/overview/nkOverview.do?sumryMenuId=MR102